浙江省哲学社会科学规划课题“创新型企业家转型机制分析与对策研究”（20NDJC197YB）成果

环境保护、能源效率与企业创新转型

——基于生态文明视角

余祖伟　车瑞　刘玮　李唐　著

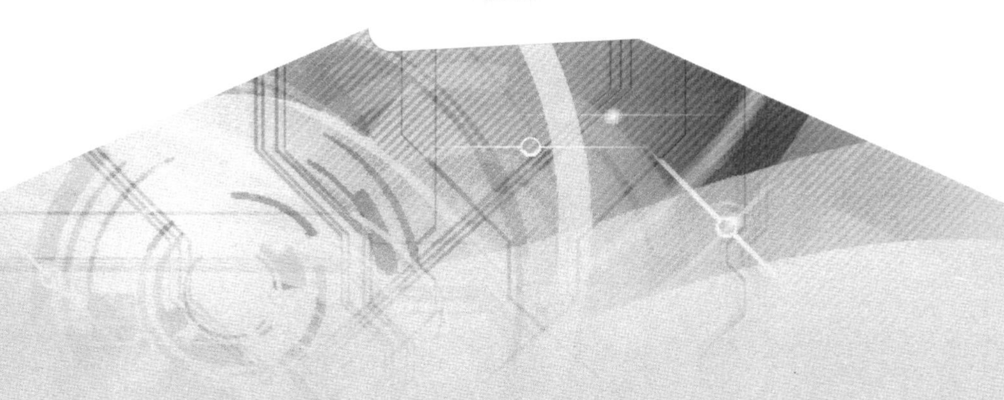

Environmental Protection, Energy Efficiency and Transformation of Corporate Innovation

from the Perspective of Ecological Civilization

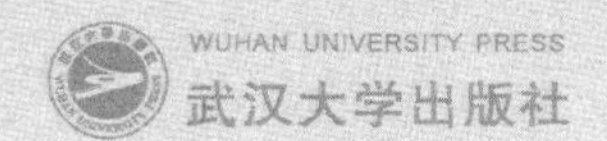

WUHAN UNIVERSITY PRESS
武汉大学出版社

图书在版编目(CIP)数据

环境保护、能源效率与企业创新转型:基于生态文明视角/余祖伟等著.—武汉:武汉大学出版社,2023.9
ISBN 978-7-307-23951-7

Ⅰ.环… Ⅱ.余… Ⅲ.①企业环境保护—研究—中国 ②企业创新—研究—中国 Ⅳ.①X322.2 ②F279.23

中国国家版本馆 CIP 数据核字(2023)第 165933 号

责任编辑:徐胡乡　　责任校对:李孟潇　　版式设计:马　佳

出版发行:**武汉大学出版社**　(430072　武昌　珞珈山)
(电子邮箱:cbs22@whu.edu.cn　网址:www.wdp.com.cn)
印刷:武汉邮科印务有限公司
开本:720×1000　1/16　印张:17.75　字数:358 千字　插页:1
版次:2023 年 9 月第 1 版　　2023 年 9 月第 1 次印刷
ISBN 978-7-307-23951-7　　定价:78.00 元

前　言

能源是人类社会生存发展的重要物质基础，攸关国计民生和国家战略竞争力，随着中国改革开放，能源和生态文明环境问题逐步成为我国经济发展中的焦点和热点问题。2022 年 1 月 7 日，全国生态环境保护大会在北京召开。国家主席习近平出席会议并发表重要讲话，谈到我国自然生态环境先天不足，整体生态环境系统脆弱。中国当前的能源和环境形势不容乐观，主要表现为消费需求不断增长，资源约束日益加剧；能源效率有待提高，节能降耗任务艰巨；能源消费结构矛盾突出，环境污染严重，提高能源效率是解决这些难题的必经之路。

当前，世界能源格局深刻调整，供求关系总体缓和，应对气候变化进入新阶段，新一轮能源革命蓬勃兴起。我国经济发展步入新常态，能源消费增速趋缓，发展质量和效率问题突出，供给侧结构性改革刻不容缓，能源转型变革任重道远。"十四五"时期是全面建成高质量发展社会的决胜阶段，也是推动新能源革命的蓄力加速期，牢固树立和贯彻落实创新、协调、绿色、开放、共享的发展理念，遵循能源发展"四个革命、一个合作"战略思想，深入推进能源革命，着力推动能源生产利用方式变革，建设清洁低碳、安全高效的现代能源体系，是能源发展改革的重大历史使命。"创新是引领发展的第一动力，是建设现代化体系的战略支撑"，自从工业化以来，能源成为人类社会生产活动和经济发展的必需品。然而，在经济增长的同时，煤炭、石油和天然气等能源的使用也给大自然带来了不可修复的伤害。环境恶化迫使世界多个国家开始发展新能源产业以改变能源现状。截至 2020 年，我国新能源消耗量占全球消耗量的比例已从 2009 年的 7.7%增长到 25.6%，可以看出国家对新能源企业的重视程度。但我国新能源企业起步较晚，核心的技术壁垒很难打破，也很难有技术效率上的突破，当前，创新驱动已经是很多国家的核心战略，更是一个国家屹立世界之林不倒的重要因素，加速企业科技创新转型，提升全要素生产率，是应对能源效率问题的解决方案之一，也是推动经济发展和增长的必由之路。

本书以从生态文明、环境保护和企业创新的角度来研究中国工业能源效率这一中心问题为出发点，以习近平书记的环境保护理论作为指导原则，运用熊彼得企业创新理论、经济增长理论、能源经济学、环境经济学和生态文明等理论知识，利用非参数超效率 SE-SBM(super-efficiency slacks-based measure)模型方法建立全要素框架下的能源效率模型，利用不同层面数据，分别对不同国家、不同地区、不同行业的工业能源效率进行评价，并运用计量模型对能源效率差异进行解释，寻求能源效率背后诸多因素的影响机制、方向和大小，从而为节能减排实践提供科学依据。此外，本书与现有能源效率研究的最大区别在于，吸收环境经济学和生态文明建设的前沿研究成果，将污染物纳入全要素生产率框架，从而在一个新的视野下考察能源效率。

为什么要研究中国工业能源效率，如何测度能源效率？在第一章绪论中，本书从全球和中国能源的供给、需求、利用效率以及环境压力等方面，阐述了工业经济的可持续发展离不开能源效率的改善与提高。同时介绍了本书采用的研究思路、主要内容和方法。

什么是能源效率，如何测度能源效率，以及影响能源效率的可能因素有哪些？在第二章对能源和环境相关的理论模型以及现有的能源效率的文献进行了梳理和概括，厘清能源效率研究的脉络。接着，在第三章对当前常用的单要素能源效率模型以及本书将要采用的基于超效率 SE-SBM(super-efficiency slacks-based measure)模型方法的全要素能源技术效率模型、全要素能源经济效率模型和全要素能源相对效率模型进行介绍和评述。

在国际宏观视野上，中国的能源效率处于怎样的位置？为了弄清楚中国能源效率在国际上的地位和水平，第四章对此进行了研究，运用超效率 SE-SBM 模型方法的全要素能源技术效率模型，对世界上 80 个国家(地区)2000—2020 年的样本数据进行实证研究，结果表明，相比以前，中国的全要素能源技术效率取得了巨大的进展，但是与发达国家相比较为落后，其中一个重要原因在于中国的规模效率低下，而规模效率低下的根源在于财政分权制度下的地方竞争与市场分割，以及工业化过程中的资本过度深化。

从工业行业视角来看，我国正处于工业化进程中，工业耗能和污染排放占到全国总水平的 70%以上，因此，研究我国能源和环境问题，必然要研究工业能耗和污染排放。第五章利用我国制造业工业 28 个行业 1999—2007 年的面板数据测算了各行业综合环境因素的全要素能源效率，结果表明我国工业行业全要素能源效率普遍较低且两级分化严重，而产权结构、规模、资本深化、能源结构等因素影响着我国工业行业间能源效率的差异。进一步地，在第六章，利用我国 30 个省级 2000—2020 年面板数据考察了中国工业能源效率的地区差异性及成因，结果显示，我国区域、省际间工业能源效率存在较大的地区差异性。地区工业经济结构(规模结构、所有制结构和要素禀赋)、人均生活水平、技术因素、能源结构、外商直接投资等因素可以较好地解释这种地区能源效率的差异性。

我国工业经济的节能减排潜力到底有多大？在第七章，利用我国制造业工业 28 个行业 2000—2020 年面板数据，对各行业的节能、减排潜力进行了实证分析，结果表明，大多数工业行业节能、减排潜力巨大。从理论上讲，“十四五”规划制定的单位国内生产总值能耗比2015年均下降15%、单位国内生产总值二氧化碳排放比2015年均下降18%的目标在理论上是可行的。

从微观企业行为来看，在第八章，我们分析了微观企业创新与全要素生产率之间的关系，从不同类型企业的全要素生产率之间的比较发现，技术创新型企业的全要素增长率是最高的，劳动密集型的企业全要素生产率增长已经趋缓，也从人力资本的质量分析了企业全要素增长率的影响，对于技术型企业，人力资本的质量对于促进企业全要素生产率的增长作用明显，最后探讨了在中国经济不断成长的背景下，面对劳动力成本不断攀升的情况，企业创新转型的策略选择。

基于前面的宏微观分析，我国工业在能源短缺和环境污染两大困境下，如何实现可持续发展？第九章针对我国工业经济发展与能源、环境的协调问题进行了定性分析，并就当前焦点问题、美国“碳关税”问题进行了讨论与分析，提出其应对之策。

最后，在第十章，总结了中国可持续发展的经济，必须从生态文明和环境保护的角度，提升能源利用效率和企业创新转型，才能从根本上保证经济发展的可持续。

目　录

第一章　绪　　论

在传统的发展模式中，经济发展和环境保护是一个“两难”问题，如何解决这一问题？20 世纪 80 年代，有着 1000 多人口的余村作为当时浙江省安吉县最大的优质石灰岩开采区，村集体收入每年达 300 万元。但是因为环境污染和山体破坏带来的一系列问题，他们生活得并不安乐。生态文明和环境问题归根到底是经济发展方式问题。为转变经济增长方式，从 2003 年起，浙江安吉余村开始陆续关闭矿山、石灰窑和水泥厂，村集体收入出现断崖式下降，村民人均收入也受到很大影响。2005 年 8 月，时任浙江省委书记的习近平同志到浙江安吉余村进行调研，指出“绿水青山就是金山银山”，为余村指出一条经济发展和环境保护包容性增长的转化路径。经过多年的实践探索，截至 2021 年年底，山清水秀的余村村集体收入超过 800 万元，余村经济转型不仅见证了“绿水青山就是金山银山”生态文明发展理念的成功，也为中国和世界经济未来可持续发展指出了一条生态文明的发展方式。

2022 年 10 月 16 日，中国共产党第二十次全国代表大会在北京隆重开幕，习近平主席指出，中国共产党的中心任务就是团结带领全国各族人民全面建成社会主义现代化强国、实现第二个百年奋斗目标，以中国式现代化全面推进中华民族伟大复兴，同时也要推动绿色发展，促进人与自然和谐共生。随着世界经济不断发展，我们将面对四大严峻的社会经济问题：人口危机、粮食危机、能源危机和环境危机，本书我们将重点讨论分析环境和能源这两大问题。

当前，世界能源格局深刻调整，供求关系总体缓和，应对气候变化进入新阶段，新一轮能源革命蓬勃兴起。我国经济发展步入新常态，能源消费增速趋缓，发展质量和效率问题突出，供给侧结构性改革刻不容缓，能源转型变革任重道远。能源与环境密切相关，过度的资源开采必然会破坏当地的生态环境，落后地区为了发展经济，在人力资源缺乏的情况下，只能引进高能耗与高污染的项目。自 1992 年邓小平南方谈话以来，我国工业化进程加快，对能源的依赖程度日益加剧、对环境的破坏程度加重。能源短缺、经济发展和环境污染的矛盾不断激化，污染之后再治理这种模式在某些地方官员的思想中，根深蒂固。官员行为的短期化成为我国能源和环境经济问题中一个比较独特的现象。

在我国工业化过程中，能源与环境问题已十分突出。一方面，能源供应跟不上经济增长对能源的需求；另一方面，我国的能源利用效率很低，存在大量的能源浪费。可以说，能源增长面临着既要满足经济社会发展需求，又要减轻环境污染的双重压力。我国“十三五”时期能源发展，非化石能源消费从12%上升到15.9%，涨幅达到3.9%，远高于其他能源增速。其中，常规水电、风电、太阳能发电、核电装机容量分别达到3.4亿千瓦、2.8亿千瓦、2.5亿千瓦、0.5亿千瓦，非化石能源发电装机容量稳居世界第一。能源问题集中表现在：一是资源分布不均。经济发达地区能源短缺、供应不足。二是中国能耗高、能源效率低。三是以煤为主的能源消耗结构带来严重的环境污染。中国在煤炭、石油、天然气等一次能源中，煤炭相对丰富，占据能源消费总量的70%以上，但化石能源的燃烧带来严重的环境污染问题。四是产业结构不合理。在国民经济三次产业中，工业的产出占比近43%，但消耗了70%以上的能源，排放了85%以上的SO_2、70%以上的CO_2等污染气体，所以未来的节能减排重点抓手在工业。

总的来说，“十三五”期间我国能源结构不断优化，低碳转型效果显著。我国能源技术装备已经具备了一定的优势，如新能源和电力装备制造能力全球领先，低速风电技术和光伏电池转换效率不断突破，且全面掌握了第三代核电技术。下一步需要全面提高能源产业现代化水平。

“十四五”时期现代能源体系建设的主要目标有：

(1)能源综合生产力达到46亿吨标煤以上(原油2亿吨、天然气2300亿方、发电装机30亿千瓦)；

(2)单位GDP碳排放五年累计下降18%；

(3)单位GDP能耗降低13.5%；

(4)非化石能源发电占比达到39%；

(5)非化石能源消费达到20%；

(6)电气化率达到30%；

(7)灵活性调节电源占比达到34%；

(8)电力需求侧响应能力达到最大用电负荷的3%~5%。

《“十四五”现代能源体系规划》(以下简称《规划》)提出，到2035年，基本建成现代能源体系。能源安全保障能力大幅提升，绿色生产和消费模式广泛形成，非化石能源消费比重在2030年达到25%的基础上进一步大幅提高，可再生能源发电成为主体电源，新型电力系统建设取得实质性成效，碳排放总量达峰后稳中有降。

因此，“十四五”时期是全面建成小康社会的决胜阶段，也是推动能源革命的蓄力加速期，牢固树立和贯彻落实创新、协调、绿色、开放、共享的发展理念，遵循能源发展“四个革命、一个合作”战略思想，深入推进能源革命，着力推动能源生产利用方式变革，建设清洁低碳、安全高效的现代能源体系，是能源发展改革的重大历史使命。能耗“双控”与碳排放控制是“十四五”时期的重要考核指标，《规划》要求坚决遏制高耗能、高排放、低水平的项目发展，优先保障民生和高新技术产业用能需求，加快全国碳市场建设，推动能耗“双控”向碳排放总量和强度“双控”转变。同时，《规划》还强调，新增的可再生能源和原料用能不纳入能源消费总量控制。我国工业经济要实现可持续发展，必须协调好其与能源、环境之间的关系，其中至关重要的一点是提升我国工业能源利用效率。能源效率的提升，可实现在能源投入不变条件下生产更多产出，或在产出不变条件下减少能源投入。利用好中国的能源、提升能源利用效率和保护好中国的环境，应该成为今后政府与社会关注的热点问题，能源效率问题已成为我国极为重要的发展战略问题。

第一节　能源与环境问题

一、全球能源问题

按照《科学技术百科全书》给出的定义，能源是可从其获得热、光和动力之类能量的资源。凡是可以不断得到补充或能在较短周期内再产生的能源称为再生能源；反之，则称为非再生能源。风能、水能、海洋能、潮汐能、太阳能和生物质能等是可再生能源；煤、石油和天然气等是非再生能源。地热能基本上是非再生能源，但从地球内部巨大的蕴藏量来看，又具有再生的性质。核能的新发展将扩大使用核燃料循环技术，核聚变的能可比核裂变的能高出 5~10 倍，核聚变最合适的燃料重氢(氘)又大量存在于海水中，可谓“取之不尽，用之不竭”。核能是未来能源系统的支柱之一。

近年来，能源价格的飙升、温室效应的加剧和能源供需形势的不断恶化，使能源短缺与环境问题成为全球能源问题的主题。能源出口国利用手中的能源在外交中纵横捭阖，寻求政治、经济与战略利益，进口国为了自身能源安全则千方百计试图控制能源的生产与运输，能源政治的倾向越来越严重。各方高度关注中、印等新兴国家能源消耗量显著增加的现象。据世界能源署预测，至 2030 年发展中国家能源需求量的增幅占世界总需求量增长的 74%。2007 年中国的二氧化碳排放量已与美国旗鼓相当，2013 年中国已超过美国成为第一大石油消费国，2030 年全世界一半的能源需求来自亚洲，印度能源消费将增加一倍，成为第一大二氧化碳排放国。实际上，能源问题不仅是需求增长过快，还包括能源分配不均，发达国家人均能源消耗量远高于发展中国家，而中国 1/2 的温室气体排放是为世界其他国家制造产品造成的，而世界上尚有 16 亿人无电可用，不能因西方造成的问题而让发展中国家停止发展。现阶段，全球能源呈现如下特征：

(一)能源价格将宽幅震荡

21 世纪初期，国际局势复杂多变，国际原油价格大幅攀升。2001 年 1 月至

2008年7月，布伦特期货价格由24美元/桶上涨至146美元/桶，涨幅高达508%。之后，受全球经济危机影响，2008年年底，布伦特油价跌破40美元/桶。2009年至2014年，油价震荡回升，保持在90~125美元/桶区间波动。2014—2016年，由于世界石油市场出现21世纪以来最严重的供应过剩，尽管地缘政治风险事件频发，但造成的供应中断量相对较小，不足以撼动石油市场的供应过剩局面。2017年以来国际油价震荡上行，受OPEC减产、美国页岩油复产、全球库存高位的多重影响，2017年布伦特原油现货价格在45~67美元/桶的区间震荡，年均价格54.85美元/桶，较2016年均价上涨21.6%。2017年10月下旬以来，在OPEC延长减产、美国原油库存下降、地缘政治等因素的推动下，国际油价进入上行通道。2018年年初，国际油价继续攀升至70美元/桶，2018年年初至2018年3月，油价在62~70美元/桶范围内波动，主要原因在于：世界经济需要有一次能源低价释放的过程，以美国为首的国家为走出泥潭，短期内试图通过发行货币等刺激手段来拯救经济，而美国发行货币的担保是通胀率。为保持较低的通胀率，美国不得不把对通胀影响最为严重的石油价格从高位上打下来，这就是当时美国等国家集体投放6000万桶原油储备、联手做空油价的实际含义。同时，中国等新兴市场国家对能源的需求会促使能源价格有上涨的预期。二者结合，就造成能源价格从高位回落到现在较为正常的供需关系上。但是，在2021年，在全球经济复苏、库存紧张和产能不足的背景下，石油供应变得紧张，而且OPEC+国家继续限制供应，因此环比油价上涨了50%。到了2022年，在全球地缘政治变化的刺激下，上半年国际油价大幅攀升后高位震荡，布伦特原油期货均价为104.94美元/桶，环比上涨37.27%，同比上涨60.90%。

(二)能源供需宽松化

美国页岩油气革命推动全球油气储量、产量大幅增加。液化天然气技术进一步成熟，全球天然气贸易规模持续增长，并从区域化走向全球化。非化石能源快速发展，成为能源供应新的增长极。世界主要发达经济体和新兴经济体潜在增长率下降，能源需求增速明显放缓，全球能源供应能力充足。世界能源消费重心加速东移，发达国家能源消费基本趋于稳定，发展中国家能源消费继续保持较快增长，亚太地区成为推动世界能源消费增长的主要力量。美洲油气产能持续增长，成为国际油气新增产量的主要供应地区，西亚地区油气供应一极独大的优势弱化，逐步形成西亚、中亚-俄罗斯、非洲、美洲多极发展新格局。近年来，中国石油对外依存度不断提升，迫切需要外围能源供应来帮助完成向发达国家的转变。

(三)能源结构低碳化

《能源发展“十三五”规划》指出，世界能源低碳化进程进一步加快，天然气和

非化石能源成为世界能源发展的主要方向。经济合作与发展组织成员国天然气消费比重已经超过30%，2030年天然气有望成为第一大能源品种。欧盟可再生能源消费比重已经达到15%，预计2030年将超过27%。日本福岛核事故影响了世界核电发展进程，但在确保安全的前提下，主要核电大国和一些新兴国家仍将核电作为低碳能源发展的方向。

（四）新能源发展将更为迫切

全球能源转型的基本趋势是实现化石能源体系向低碳能源体系的转变，最终进入以可再生能源为主的可持续能源时代。为此，许多国家提出了以发展可再生能源为核心内容的能源转型战略，联合国政府间气候变化专家委员会（IPCC）、国际能源署（IEA）和国际可再生能源署（IRENA）等机构的报告均指出，可再生能源是实现应对气候变化目标的重要措施。90%以上的联合国气候变化《巴黎协定》签约国都设定了可再生能源发展目标。欧盟以及美国、日本、英国等发达国家都把发展可再生能源作为温室气体减排的重要措施。①

中国经过40余年经济发展，以化石能源为主的能源生产和消费规模不断增加，据国家统计局的一项研究，1996—2005年，我国人均用电量从868千瓦时增至4321千瓦时，增长4倍；劳动生产率由1535美元/人提高到7318美元/人，增长3.8倍；人均生活用电从93千瓦时增至584千瓦时，增长5.3倍，与GDP增长5.1倍同步。2000—2019年，我国人均用电从1063千瓦时增至5157千瓦时，人均生活用电从132千瓦时增至734千瓦时。2019年，美国人均用电11140千瓦时，人均生活用电4865千瓦时，分别为中国的2.2倍和6.6倍。而SO_2的排放量从2000年的19.95百万吨到2019年的14.41百万吨，国内资源环境约束凸显，迫切需要大力发展新能源，加快推进能源转型。

表1-1　**“十三五”能源发展成就**

指　　标	2015年	2020年	年均/累计
能源消费总量（亿吨标准煤）	43.4	49.8	2.8%
能源消费结构占比			
其中：煤炭（%）	63.8	56.8	（-7.0）绝对值
石油（%）	18.3	18.9	（0.6]绝对值
天然气（%）	5.9	8.4	（2.5）绝对值

① 《可再生能源发展“十三五”规划》，2016年12月。

续表

指　　标	2015 年	2020 年	年均/累计
非化石能源(%)	12.0	15.9	(3.9)绝对值
一次能源生产量(亿吨标准煤)	36.1	40.8	2.5%
发电装机容量(亿千瓦)	15.3	22.0	7.5%
其中：水电(亿千瓦)	3.2	3.7	2.9%
煤电(亿千瓦)	9.0	10.8	3.7%
气电(亿千瓦)	0.7	1.0	8.2%
核电(亿千瓦)	0.3	0.5	13.0%
风电(亿千瓦)	1.3	2.8	16.6%
太阳能发电(亿千瓦)	0.4	2.5	44.3%
生物质发电(亿千瓦)	0.1	0.3	23.4%
西电东送能力(亿千瓦)	1.4	2.7	13.2%
油气管网总里程(万千米)	11.2	17.5	9.3%

资料来源：《“十四五”现代能源体系规划》，2022 年 3 月。

2015 年，我国商品化可再生能源利用量为 4.36 亿吨标准煤，占一次能源消费总量的 10.1%；如将太阳能热利用等非商品化可再生能源考虑在内，全部可再生能源年利用量达到 5.0 亿吨标准煤；计入核电的贡献，全部非化石能源利用量占到一次能源消费总量的 12%，相比 2010 年提高 2.6 个百分点。2015 年年底，全国水电装机为 3.2 亿千瓦，风电、光伏并网装机分别为 1.29 亿千瓦、4318 万千瓦，太阳能热利用面积超过 4.0 亿平方米，应用规模都位居全球首位。全部可再生能源发电量 1.38 万亿千瓦时，约占全社会用电量的 25%，其中非水可再生能源发电量占 5%。生物质能继续向多元化发展，各类生物质能年利用量约 3500 万吨标准。“十三五”时期，我国能源结构持续优化，低碳转型成效显著，非化石能源消费比重达到 15.9%，煤炭消费比重下降至 56.8%，常规水电、风电、太阳能发电、核电装机容量分别达到 3.4 亿千瓦、2.8 亿千瓦、2.5 亿千瓦、0.5 亿千瓦，非化石能源发电装机容量稳居世界第一。

“十四五”时期是为力争在 2030 年前实现碳达峰、2060 年前实现碳中和打好基础的关键时期，必须协同推进能源低碳转型与供给保障，加快能源系统调整以适应新能源大规模发展，推动形成绿色发展方式和生活方式。当前，以新能源为支点的我国能源转型体系正加速变革，大力发展新能源已上升到国家战略高度，成为顺应我国能源生产和消费革命的发展方向。

二、中国能源问题

（一）中国能源发展现状

1. 中国经济快速发展，能源消费总量上升势头强劲

从1992年的2.72万亿元至2021年的114.37万亿元，我国名义经济总量增长了42倍。从2012年以来，单位国内生产总值能耗累计降低24.4%，相当于减少能源消费12.7亿吨标准煤。2012—2019年，以能源消费年均2.8%的增长支撑了国民经济年均7%的增长，能源消费结构向清洁低碳加快转变。2019年煤炭消费占能源消费总量比重为57.7%，比2012年降低10.8个百分点；天然气、水电、核电、风电等清洁能源消费量占能源消费总量比重为23.4%，比2012年提高8.9个百分点；非化石能源占能源消费总量比重达15.3%，比2012年提高5.6个百分点，已提前完成到2020年非化石能源消费比重达到15%左右的目标。新能源汽车快速发展，2019年新增量和保有量分别达120万辆和380万辆，均占全球总量一半以上；截至2019年年底，全国电动汽车充电基础设施达120万处，建成世界最大规模充电网络，有效促进了交通领域能效提高和能源消费结构优化。

2021年，我国能源生产稳定增长、能源利用效率持续提升、能源消费结构进一步优化、终端用能电气化水平加快提高。随着我国经济社会秩序持续稳定恢复，能源需求也呈逐步回升态势。2021年能源消费总量52.3亿吨标准煤，比上年增长5.2%，较2020年增长3个百分点。发达国家工业化过程的历史经验，人均能源消费与人均GDP之间遵循全周期的“S”型规律，这意味着随着中国工业化进程加快，对能源总量需求会不断增加，人均能源消费也会持续增加，而且增加的空间很大。

2. 能源供给短缺现象日益严重

尽管我国是能源大国，总储量居世界第三，但人均能源占有量较少，主要能源煤炭、原油和天然气的人均储量不足世界平均水平的1/2，这决定了我国能源可开采量和开采年限非常有限。

纵向看，从1992—2007年，我国能源生产从10.7亿吨标准煤增加到2017年的35.9亿吨标准煤，平均年增长率为7.9%，低于能源消费的平均年增长速度9.6%。能源供给短缺现象近年来频繁发生，截至2017年年底，能源消费缺口为2亿吨，超过能源消费总量的11%。2021年全年能源消费总量52.4亿吨标准煤，比上年增长5.2%。

随着能源供求缺口扩大，我国不得不更多地依赖从国外进口，其中石油的进口占主导。自1993年中国成为石油净进口国以来，石油进口量每年递增1000万吨左右，石油对外依存度逐年攀升，到2017年，中国全年的日均原油进口量为840万桶/日，首次超过美国的790万桶/日，成为全球第一大原油进口国，对外依存度上

升到70%，这对中国的能源安全构成了现实的威胁。

3. 能源利用效率偏低

1971—2021年，全球的能源消费总量增长了178.82%，整体呈上升趋势。其中，美国、欧盟及日本能源消费总量分别增加了26.05艾焦（EJ，Exajoules）、13.49艾焦和5.2艾焦。主要的发达国家中，仅有德国能源消费总量与1971年比较有所下降。作为在50年间增量唯一超100艾焦量级的国家，中国能源消费总量增加高达147.57艾焦，增幅达1463.99%。

1971年全球能源强度64.49艾焦/万亿美元，2021年降至6.19艾焦/万亿美元，50年间，全球单位GDP能耗整体水平下降了90.4%。美日欧德等世界主要发达国家及中国能源强度均呈现了下降趋势且降幅较大。其中，1971—2005年，全球能耗水平下降了85.1%。同期，美国、欧盟、德国及日本的降幅均高于全球平均水平，分别下降了7.07%、89.96%、90.45%及91.06%。虽然中国的减量较大，但同期降幅仅有67.22%，与发达国家相比仍有一定差距。然而，2005—2021年，全球单位GDP能耗仅下降了35.59%，能源强度降速放缓。在此阶段，中国单位GDP能耗反而下降较快。

2005—2021年，中国能源强度下降了73.15%，总下降幅度是同期全球能源强度降幅的2倍。在同一时间段，美国、欧盟、德国及日本降幅分别为45.63%、38.25%、40.12%及23.13%，降速放缓。然而，值得注意的是，中国的能源强度的绝对数值在各个时间段均高于全球平均水平，与世界主要发达国家相比也还存在着较大差距。2021年，主要发达国家的能源强度大多在3~4之间，而我国高达8.89，远高于全球6.19的水平。

4. 温室气体排放迅猛增加，环境污染严重

能源产品在生产、消费过程中会产生大量的污染物，尤其是含碳、含硫能源品，如煤炭、石油等在燃烧过程中会排放出CO_2、SO_2等温室气体或有害气体，另外残余的废水废渣，加剧了水质、空气、土壤污染，对人体健康与生态环境都有影响。根据IEA（2008）的统计，1980—2006年，我国化石燃料燃烧产生的CO_2排放量的平均增速为5.73%，2001年后增速加快，平均增速超过10%；2001—2006年，中国排放增加量占全球排放增加量的58%，2017年，中国的CO_2排放量占全球总量的近26%，2021年，我国CO_2排放量超过119亿吨，占全球总量的33%，排放量居世界第一。在碳排放最多的国家中，印度和中国两个国家占了全球能源需求增长的70%。

中国的温室气体排放已令世界侧目，同样也令我们自己担忧，中国、欧盟和美国是全球温室气体排放量最大的3个国家和地区，其温室气体排放量占全球排放总量的一半以上。根据世界银行的调查，在全球污染最严重的20个城市中，中国城市占了16个，严重的空气污染对人们的健康构成了潜在乃至现实的威胁。我国各

流域的水污染持续加剧，譬如，从松花江水污染事件到太湖的蓝藻爆发等，已严重影响到生产和人民群众的饮用水安全，造成了巨大的经济损失。

2006 年，中国的温室气体排放总量为 60.2 亿吨，仅次于美国，位居全球第二；2021 年，中国碳排放总量超过 115 亿吨，在世界碳排放总量的占比大约是 27%，大约相当于美国、欧盟和日本三个加起来的碳排放量总和，居世界首位。从人均排放量看，中国人均 8.2 吨/人，超过欧盟的 5 吨，虽然还低于美国现在的 13 吨。从发达国家工业化进程的历史经验来看，如果不采取有效措施，中国的人均 CO_2 排放量还会有非常大的上升空间，这会使得我国的排放总量不断增加。从单位能源排放 CO_2 量来看，我国是欧美等发达国家的 1～2 倍，值得注意的是，我国能源消费是以煤炭为主，而欧美国家是以天然气、核能为主的能源消费结构。

尽管在《京都议定书》框架中，包括中国在内的发展中国家没有强制性减排责任，但从 2009 年年末哥本哈根世界气候大会形势来看，如果要求西方发达国家为发展中国家温室气体减排提供资金和技术支持，他们肯定会在政治上不断要求重新建立一个包括中国在内的新排放体系；而且美国深陷金融危机，美国国内贸易保护主义不断抬头，2009 年，美国众议院通过了《限量及交易法案》和《清洁能源安全法案》，授权了美国政府可以对包括中国在内的不实施减排限额国家的进口产品征收碳关税，也就是说从 2020 年起美国开始征收碳关税(CarbonTariffs)，即对进口排放密集型产品如电解铝、钢铁、水泥、化工产品和众多机电产品等征收特别的 CO_2 排放关税，这实质上是一种新型绿色贸易壁垒。所以，中国无论是从经济可持续发展，还是为保护国家利益出发，都亟待重视节能减排实践工作，加大环境治理投入，狠抓能源利用效率。

(二)中国能源资源特点

1. 能源资源总量比较丰富

中国拥有较为丰富的化石能源资源。其中，煤炭占主导地位。我国煤炭资源储量丰富，预测地质储量超过 4.5 万亿吨，是世界煤炭第一生产大国，2016 年探明储量为 1.6 万亿吨，占全球总量达到 21.4%。已探明的石油、天然气资源储量相对不足，油页岩、煤层气等非常规化石能源储量潜力较大。中国拥有较为丰富的可再生能源资源。水力资源理论蕴藏量折合年发电量为 6.19 万亿千瓦时，经济可开发年发电量约 1.76 万亿千瓦时，相当于世界水力资源量的 12%，列世界首位。

2. 人均能源资源拥有量较低

中国人口众多，人均能源资源拥有量在世界上处于较低水平。煤炭和水力资源人均拥有量相当于世界平均水平的 50%，石油、天然气人均资源量仅为世界平均水平的 1/15 左右。耕地资源不足世界人均水平的 30%，制约了生物质能源的开发。

3. 能源资源赋存分布不均衡

中国能源资源分布广泛但不均衡。煤炭资源主要赋存在华北、西北地区，水力资源主要分布在西南地区，石油、天然气资源主要赋存在东、中、西部地区和海域。中国主要的能源消费地区集中在东南沿海经济发达地区，资源赋存与能源消费地域存在明显差别。大规模、长距离的北煤南运、北油南运、西气东输、西电东送，是中国能源流向的显著特征和能源运输的基本格局。能源资源开发难度较大，与世界相比，中国煤炭资源地质开采条件较差，大部分储量需要井工开采，极少量可供露天开采。石油天然气资源地质条件复杂，埋藏深，勘探开发技术要求较高。未开发的水力资源多集中在西南部的高山深谷，远离负荷中心，开发难度和成本较大，非常规能源资源勘探程度低，经济性较差，缺乏竞争力。

(三)改革开放以来中国能源工业发展

1. 中国能源工业发展现状

(1)供给能力明显提高

经过几十年的努力，中国已经初步形成了以煤炭为主体、电力为中心，石油天然气和可再生能源全面发展的能源供应格局，基本建立了较为完善的能源供应体系。建成了一批千万吨级的特大型煤矿。根据经济发展状况、各行业发展前景和用能需求，2018 年我国能源消费将延续消费结构清洁化、高效化趋势，消费总量呈低速增长，预计约 45.7 亿吨标准煤。其中，非化石能源和天然气仍是拉动能源消费增长的主导力量，占一次能源消费的比重继续提高，天然气消费量约 2640 亿立方米；煤炭消费量将略有减少，约在 38.5 亿吨，占一次能源消费比重继续下降；石油消费量约 6 亿吨，占一次能源消费比重保持稳定。从生产端来看，预计 2018 年一次能源生产总量约 36.7 亿吨标准煤，其中煤炭 36.6 亿吨，石油 1.91 亿吨，天然气 1560 亿立方米，一次电力 2.1 万亿千瓦时。据悉，2021 年我国能源生产总量达到 43.3 亿吨标准煤。能源综合运输体系发展较快，运输能力显著增强，建设了西煤东运铁路专线及港口码头，形成了北油南运管网，建成了西气东输大干线，实现了西电东送和区域电网互联。

(2)能源总量和结构存在问题

目前我国能源面临的主要问题是总量和结构问题，而能源结构问题又是其中的重中之重。对于这种状况的解决除可考虑节约使用能源外，还应考虑能源结构的调整。能源结构的问题主要表现在能源的生产和消费结构与实现可持续发展的要求不协调。一方面，我国的能源资源比较贫乏，人均能源资源占有量和消费量远远低于世界平均水平，单位产品能耗水平则远远高于世界平均水平，能源浪费严重；另一方面，我国能源消费结构非常不理想，煤炭约占 70%，而且这种以煤炭和石油为主的低质型、易污染的能源消费结构，因排放大量 CO_2 和 SO_2 等有害物质，加重了环境污染的程度。城市是能源消费的主体，因此调整城市的能源结构势在必行。

(3)能源结构调整与城市未来的发展紧密相关

不同城市，由于经济发展水平、产业结构不同，以及所处区域的能源供应、赋存状况的差别，决定了在能源结构调整上所采取的措施也不相同。由于我国的石油、天然气储采比均较低，满足不了目前工业化、城市化的需求，这一态势决定了应考虑向国际市场进口，还应考虑对可再生资源如水电、风能和太阳能的开采和利用。

2. 中国能源工业发展前景

衡量和评价一个国家(或地区)的能源效率水平，主要有两大类指标：能源经济效率指标和能源技术效率指标。能源经济效率(能源强度)是某项经济指标、实物量或服务量与所消耗的能源量的比值。能源技术效率是指在使用能源的活动中所得到的有效能与实际输入的能源量之比，一般用百分率表示。一个国家的能源效率落后不外乎两大原因，一是能源技术效率落后；二是能源经济效率不高。同发达国家相比，我国在能源技术方面尚有差距，但是在先进设备上的差距正在缩小，部分能源设备已达到国际领先水平，整体的能源技术效率也有很大提高。因此，能源效率的差距主要体现在能源经济效率上。

我国正处在工业化、城市化进程中，在此期间，伴随人口向城市的大量聚集，对物质、能源、住房、基础设施的需求将会大幅度增加，而基础性生产必然带来能源大消耗。现在，我国每年的 GDP 增长速度都在加快，能源消耗量是一般发达国家的好几倍。以德国为例，德国的商品出口总额和中国比较接近，但它的能源消耗总量只有中国的 1/7，工业方面的能耗甚至更低。而德国的出口商品在国际市场上能换来的金钱比我国多得多。原因在于，德国出口的是高端产品，不是靠数量取胜。由此可见，能源效率落后的重要原因，不在于技术，而在于经济结构不合理。

我国现在是世界能源消费第一大国，在工业方面的能源消费远远超过其他工业国家，工业能源需求主要集中在化工、钢铁、食品加工及其他制造业；交通、商用住宅的能源消耗量相对较少，因此要寻求一条中国特色之路，不可盲目学习西方。以汽车为例，截至 2022 年，世界上发达国家的千人汽车保有量大多在四五百辆以上，美国更是高达 837 辆，接近一人一辆，而我国大约是 220 多辆，全球排名 70 多名。由于人口众多，我国还要继续大力发展公共交通、轨道交通。我国现在的状态是超大型城市太多，人口密度很高。在北京，有车一族的方便是一种与更不方便相比的方便。大家都在路上堵着，花更长的时间去上班，并不是工业化所追求的结果。所以我国应当根据自身的资源情况来设计城市规模。比如建筑节能，这是一个广义的概念，不是说整个建筑技术、建筑设备都是先进的，就能达到节能的目的。用国际流行的现代化技术建设大楼，其单位面积的能源消耗反而高，因为许多新大楼的外部结构是全封闭的，只有靠机器通风。又比如，建筑内的温度也不一定要追求夏冷冬热，造成夏天穿西服、冬天穿T恤的怪现象，这与我国的自然气候是不相适应的。提高我国的能源效率，在技术上有很多可改进的地方，在消费模式上也需要引导、改进。

中国现阶段应该充分借鉴国外的先进经验，重视能源与环境的立法工作，并辅之以相应的经济杠杆（即通过合法权利的界定和优化选择来提高资源的配置效率）。如从20世纪80年代开始，欧盟国家便开始尝试生态税，对能源的不合理使用和污染严重的行业进行收税，从而达到优化城市发展的目的。此外，美国、澳大利亚等国家目前都已建立起了比较完备的环境保护法律体系，实践证明这些措施已经取得了良好的社会效果。相比之下，我国在环境立法方面的建设比较落后。今后，我国环境政策法规的信息制定要发动群众参与；环境政策的出台要广泛宣传，做到家喻户晓；环境政策的落实要广泛吸收民间智慧。

我国以煤炭为主的能源供应体系不仅难以支撑巨大的能源需求，且会带来极大的环境污染问题，因此我国推出的《"十四五"现代能源体系规划》[①]明确指出，"十三五"期间，实现2020年、2030年非化石能源占一次能源消费比重分别达到15%、20%的能源发展战略目标，进一步促进可再生能源开发利用，加快对化石能源的替代进程，改善可再生能源经济性。在新能源行业上，我国与其他国家的差距较小，甚至有一定优势，这个机会我们一旦抓住，就可以大大增强我国能源的主导权，并在影响世界政局，遏制和削弱一些石油出口国的影响力，保持国内能源价格相对稳定方面，有更大的战略调整空间。

三、全球环境问题

2017年1月，习近平在日内瓦万国宫出席"共商共筑人类命运共同体"高级别会议，并发表题为《共同构建人类命运共同体》的主旨演讲，强调我们应该遵循天人合一、道法自然的理念，寻求永续发展之路。要倡导绿色、低碳、循环、可持续的生产生活方式，平衡推进2030年可持续发展议程，不断开拓生产发展、生活富裕、生态文明的发展道路。

全球生态环境问题多种多样，归纳起来有两大类：一是自然演变和自然灾害引起的原生环境问题，也叫第一环境问题，如地震、洪涝、干旱、台风、崩塌、滑坡、泥石流等。二是人类活动引起的次生环境问题，也叫第二环境问题和"公害"。次生环境问题一般又分为环境污染和环境破坏两大类。如乱砍滥伐引起的森林植被的破坏、过度放牧引起的草原退化、大面积开垦草原引起的沙漠化和土地沙化、工业生产造成大气、水环境恶化等。到目前为止已经威胁人类生存并已被人类认识到

---

① 《"十四五"现代能源体系规划》，2022年3月。

的环境问题主要有：全球变暖、臭氧层破坏、酸雨、淡水资源危机、能源短缺、森林资源锐减、土地荒漠化、物种加速灭绝、垃圾成灾、有毒化学品污染等众多方面。

1. 全球变暖

全球变暖是指全球气温升高。近100多年来，全球平均气温经历了冷-暖-冷-暖两次波动，总的看为上升趋势。进入20世纪80年代后，全球气温明显上升。1981—1990年，全球平均气温比100年前上升了0.48℃。导致全球变暖的主要原因是人类在近一个世纪以来大量使用矿物燃料(如煤、石油等)，排放出大量的CO_2等多种温室气体。由于这些温室气体对来自太阳辐射的短波具有高度的透过性，而对地球反射出来的长波辐射具有高度的吸收性，也就是常说的“温室效应”，导致全球气候变暖，全球降水量重新分配，冰川和冻土消融，海平面上升等，既危害自然生态系统的平衡，更威胁人类的食物供应和居住环境。

2. 臭氧层破坏

在地球大气层近地面20~30千米的平流层里存在一个臭氧层，其中臭氧含量占这一高度气体总量的十万分之一。臭氧含量虽然极微，却具有强烈的吸收紫外线的功能，因此，它能挡住太阳紫外线辐射对地球生物的伤害，保护地球上的一切生命。然而人类生产和生活所排放出的一些污染物，如冰箱、空调等设备制冷剂的氟氯烃类化合物，以及其他用途的氟溴烃类等化合物，它们受到紫外线的照射后可被激化，形成活性很强的原子与臭氧层的臭氧(O_3)作用，使其变成氧分子(O_2)，这种作用连锁般地发生，臭氧迅速耗减，使臭氧层遭到破坏。南极的臭氧层空洞，就是臭氧层破坏的一个最显著标志。南极上空的臭氧层是在20亿年的漫长岁月中形成的，可是仅在一个世纪里就被破坏了60%。北半球上空的臭氧层也比以往任何时候都薄，欧洲和北美上空的臭氧层平均减少了10%~15%，西伯利亚上空甚至减少了35%。因此科学家警告说，地球上空臭氧层破坏的程度远比一般人想象的要严重得多。

3. 酸雨

酸雨是由于空气中二氧化硫(SO_2)和氮氧化物(NO_x)等酸性污染物引起的pH值小于5.6的酸性降水。受酸雨危害的地区，出现了土壤和湖泊酸化，植被和生态系统遭受破坏，建筑材料、金属结构和文物被腐蚀等一系列严重的环境问题。酸雨在20世纪五六十年代最早出现于北欧及中欧，当时北欧的酸雨是欧洲中部工业酸性废气迁移所至，70年代以来，许多工业化国家采取各种措施防治城市和工业的大气污染，其中一个重要的措施是增加烟囱的高度，这一措施虽然有效地改变了排放地区的大气环境质量，但大气污染物远距离迁移的问题却更加严重，污染物越过国界进入邻国，甚至飘浮很远的距离，形成了更广泛的跨国酸雨。此外，全世界使用矿物燃料的量有增无减，也使得受酸雨危害的地区进一步扩大。全球受酸雨危害严重的有欧洲、北美及东亚地区。80年代，我国酸雨主要发生在西南地区，到90年代中期，已发展到长江以南、青藏高原以东及四川盆地的广大地区。

4. 淡水资源危机

地球表面虽然2/3被水覆盖，但是97%为无法饮用的海水，只有不到3%是淡水，其中又有2%封存于极地冰川之中。在仅有的1%淡水中，25%为工业用水，70%为农业用水，只有很少一部分可供饮用和其他生活用途。然而，在这样一个缺水的世界里，水却被大量滥用、浪费和污染。加之，区域分布不均匀，致使世界上缺水现象十分普遍，全球淡水危机日趋严重。据统计，世界上有100多个国家存在着不同程度的缺水，其中28个国家被列为缺水国或严重缺水国。中国水资源总量并不算多，排在世界第6位，而人均占有量更少，排第88位，属于干旱缺水严重的国家之一。世界上任何一种生物都离不开水，人们贴切地把水比喻为生命的源泉。然而，随着地球上人口的激增，生产迅速发展，水已经变得比以往任何时候都要珍贵。一些河流和湖泊的枯竭，地下水的耗尽和湿地的消失，不仅给人类生存带来严重威胁，而且许多生物也正随着人类生产和生活造成的河流改道、湿地干化和生态环境恶化而灭绝。不少大河如美国的科罗拉多河、中国的黄河都已雄风不再，昔日“奔流到海不复回”的壮丽景象已成为历史。

5. 资源、能源短缺

当前，世界上资源和能源短缺问题已经在大多数国家甚至全球范围内出现。这种现象的出现，主要是人类无计划、不合理地大规模开采所致。以中国为例，国家统计局发布的数据显示，2020年能源消费总量49.8亿吨标准煤，比上年增长2.2%。全球的能源消费量更是巨大。因此，在新能源(如太阳能、快中子反应堆电站、核聚变电站等)开发利用尚未取得较大突破之前，世界能源供应将日趋紧张。此外，其他不可再生性矿产资源的储量也在日益减少，这些资源终究会被消耗殆尽。

6. 森林锐减

森林是人类赖以生存的生态系统中的一个重要的组成部分。由于世界人口的增长，对耕地、牧场、木材的需求量日益增加，导致对森林的过度采伐和开垦，使森林受到前所未有的破坏。据2020年《世界森林报告》指出，自1990年以来，全球已有4.2亿公顷森林土地被转换为其他用途。过去十年间，虽然毁林速度放缓，但每年仍有约1000万公顷森林被开垦为农业用地或转换为其他用途。

7. 土地荒漠化

简单地说，土地荒漠化就是指土地退化。1992年联合国环境与发展大会对荒漠化的概念作了这样的定义：“荒漠化是由于气候变化和人类不合理的经济活动等因素，使干旱、半干旱和具有干旱灾害的半湿润地区的土地发生了退化。”1996年6

月 17 日第二个世界防治荒漠化和干旱日，联合国防治荒漠化公约秘书处发表公报指出：当前世界荒漠化现象仍在加剧。全球现有 12 亿多人受到荒漠化的直接威胁，其中有 1. 35 亿人在短期内有失去土地的危险。荒漠化已经不再是一个单纯的生态环境问题，而是演变为经济问题和社会问题，它给人类带来贫困和社会不稳定。到 2017 年为止，全球荒漠化的土地已达到 3600 万平方千米，占到整个地球陆地面积的 1/4，相当于俄罗斯、加拿大、中国和美国国土面积的总和。全世界受荒漠化影响的国家有 100 多个，尽管各国人民都在同荒漠化进行抗争，但荒漠化仍在加速扩大。在人类当今诸多的环境问题中，荒漠化是最为严重的灾难之一。对于受荒漠化威胁的人们来说，荒漠化意味着他们将失去最基本的生存基础——有生产能力的土地消失。

8. 物种加速灭绝

物种就是指生物种类。现今地球上生存着 500 万～1000 万种生物。一般来说，物种灭绝速度与物种生成的速度应是平衡的。但是，由于人类活动破坏了这种平衡，使物种灭绝速度加快，据统计，全世界每天有 75 个物种灭绝，每小时有 3 个物种灭绝。2019 年，联合国邀请了 500 多名专家，对自然界的现状进行调查，得出的报告显示，全球 800 万个物种中，有 100 万个物种面临灭绝的威胁。包括 50 万种植物，还有 50 万种昆虫。物种灭绝对人类社会发展带来的损失和影响是难以预料和挽回的。

9. 垃圾成灾

全球每年产生垃圾近 100 亿吨，而且处理垃圾的能力远远赶不上垃圾增加的速度，特别是一些发达国家，已处于垃圾危机之中。美国素有垃圾大国之称，其生活垃圾主要靠表土掩埋。过去几十年内，美国已经使用了一半以上可填埋垃圾的土地，30 年后，剩余的这种土地也将全部用完。我国的垃圾产生量也相当可观，在许多城市周围，排满了一座座垃圾山，这些垃圾除了占用大量土地外，还污染环境。危险垃圾，特别是有毒、有害垃圾的处理问题(包括运送、存放)，因其造成的危害更为严重、产生的危害更为深远，成为当今世界各国面临的一个十分棘手的环境问题。

10. 有毒化学品污染

市场上经常使用的化学品有 7 万多种，而《危险化学品目录》(2022 年版)中就列出了近 3000 种，其中不少有致癌、致畸、致突变作用，对人体健康和生态环境有危害。随着工农业生产的发展，不断有新的化学品投入市场。由于化学品的广泛使用，全球的大气、水体、土壤乃至生物都受到了不同程度的污染、毒害。近年来，涉及有毒有害化学品的污染事件日益增多，如果不采取有效防治措施，将对人类和动植物造成严重的危害。

四、中国环境问题

(一)中国经济发展带来的环境问题

中国资源价格与环境成本长期扭曲，处于很低的水平，使得我国与资源环境相关的“两高一资”型产品国际竞争优势明显，国外大量的“两高一资”型产业向国内转移。与美国等发达国家外资投资领域主要集中在高新技术产业、服务业等不同，我国外资投资的领域主要集中在制造业，尤其是“两高一资”型产业，如我国实际使用外资额中，制造业占 53.3%，远高于居于第二位的房地产业的 23.9%。2016 年实际利用外资总额中，制造业所占比重为 57.7%。2017 年，全国新设立外商投资企业 35652 家，同比增长 27.8%；实际使用外资 8775.6 亿元人民币，同比增长 7.9%，实现平稳增长。高技术产业实际吸收外资同比增长 61.7%，占比达 28.6%，较 2016 年年底提高了 9.5 个百分点。高技术制造业实际使用外资 665.9 亿元，同比增长 11.3%。其中，电子及通信设备制造业、计算机及办公设备制造业、医疗仪器设备及仪器仪表制造业同比增长 7.9%、71.1%和 28%。高技术服务业实际使用外资 1846.5 亿元，同比增长 93.2%。其中，信息服务、科技成果转化服务、环境监测及治理服务同比分别增长 162%、41%和 133.3%。

由于这些外资企业大多为外向型企业，产品多为出口，从而进一步推动了我国出口量的增加，以及贸易顺差的不断扩大。1994—2006 年，除了 1998 年由于受到亚洲金融危机的影响，资本项目出现 63.2 亿美元的逆差外，其余年份经常项目和资本项目均出现顺差，且逐年增加，使得我国的外汇储备由当初的不足千亿美元急剧增加到 2021 年 12 月底的 3.25 万亿美元，继续保持世界第一大外汇储备国的地位，国际收支长期失衡。

资源价格和环境成本偏低，刺激了我国出口量的增加，同时也促进了国际产业向国内的转移。我国长期以来实行的出口退税政策，增强了我国“两高一资”型产品在国际市场上的竞争力，相应推动了出口量持续扩大。在引进外资方面，我国各地各级政府相继出台了大量的优惠政策，尤其是税收优惠，包括 25%的所得税税率(低于内资企业 33%的税率)，以及如“三免两减半”的各种减免税措施。从而使我国成为全球投资洼地，吸引了大量外资流入。

由于这些外资主要集中在制造业，尤其是“两高一资”相关产业，最终加剧了我国资源供给压力和环境恶化程度。尽管国家采取了取消和降低出口退税、开征或提高出口关税、实施出口许可证管理等一系列调控措施，但以钢铁等为代表的“两高一资”产品出口增速依然很快，例如，钢材出口量 2018 年增长 97.7%，钢坯增长 40.9%。此外，主要耗能产品产量增速明显加快，火力发电量增长 18.3%，全社会用电同比增长 15.83%，其中重工业的用电增长高达 19.32%，铝、粗钢、焦炭、铁合金等高耗能产品产量同样增长迅速。

总之，经济发展与投资的高速增长，一方面带来总产出和国民收入的增加；另一方面也导致资源需求压力不断加大，环境恶化程度日趋严重。反过来，环境的恶化又制约了我国经济的进一步发展，客观上将对我国重化工业的发展和经济结构升级造成明显的需求约束，为我国经济的可持续发展埋下隐患。在全球普遍关注气候变化等环境问题的今天，我国的资源环境问题也引发了一系列其他问题。

对资源与原材料需求的过快增长必然导致国际市场相关资源与原材料供给偏紧以及价格大幅上涨。中国经济加快发展对主导性资源与主要原材料需求持续大幅增长，不仅使一些发达国家倍感资源竞争的压力，也因此成为影响国际市场相关资源与原材料供求状况及其价格水平的风向标，甚至出现了中国需求状况与国际市场价格水平的联动效应。

一些发达国家意识到了中国已经逐步从廉价的能源出口国变成了能源进口国，出于战略角度考虑，能源对于国家生存发展是至关重要的，中国经济的高速增长使得大量的资金、能源流入中国，打破了原有的能源格局，这对他们的既得利益是一种威胁，中国的一些积极开拓海外资源的商业努力也被视为别有用心的战略扩张。

中国原来的经济发展方式是资源消耗型，国家统计局公布的 2018 年第一季度经济发展状况显示，重工业发展迅速，其中高耗能的产业发展更为突出。中国资源环境成本低在一定程度上导致现阶段我国对外贸易顺差不断加大，从而导致了与其他国家的贸易摩擦，其中以中美贸易摩擦最为严重，美国在该问题上持续对人民币升值进行施压。而这些政治外交压力，反过来又影响到我国的经济发展，各种各样的贸易壁垒直接导致出口量下降，环境、能源等外交压力迫使我们不得不迅速调整产业结构，许多相关企业缺乏缓冲，损失惨重，而人民币的大幅升值，更是直接导致许多出口企业利益严重受损。

(二) 中国资源环境问题的出路

构建资源节约型、环境友好型社会，大力发展循环经济，实现环境治理模式从末端治理向源头和全过程控制的转变；要加快经济结构的战略性调整，转变经济增长方式的步伐，推进经济社会的信息化，走新型工业化道路；要采取政府主导与市场机制相结合的原则，加快企业科技改革与创新，创造良好的政策环境和体制保障。

完善法律法规体系和监督监管机制。首先，需要加强对环境资源整体性综合法律调整方面的立法。其次，尽管我国已经出台了一系列关于环境保护方面的法律法规，但是在具体实施方面的立法尚有缺失，还需要完善。最后，针对资源环境法律存在规定“软”、权力“小”、手段“弱”等问题，要及时修订相关资源环境法律，明确落实地方政府在地方环境保护工作中应负的责任。

由于历史的、自然的和人为的原因，我国环境资源问题头绪繁多，原因复杂，这也决定了全国及地方各级人大环境资源保护监督工作面广量大、任务繁重等特点。各级人大要进一步认真履行职责，推进工作创新，增强监督实效；工作内容上要突出社会关注焦点、重点、难点和热点；工作手段上，要坚持法律监督、舆论监督和群众监督相结合；工作方法上，各级人大上下联动，形成合力；在工作作风上，树立认真负责、锲而不舍、一抓到底的精神。全面开展资源节约和环境保护工作。建立科学的政绩考核标准体系，扭转地方政府仅仅追求 GDP 的政绩观，充分发挥干部政绩考核在环保和发展中的重要作用；依靠科技进步，发展“循环经济”，实现经济增长方式从粗放型向集约型的转化；改革环保执法监督体制，增强环保执法力度，时任国务院总理李克强提出一定要“建立完备的环境执法监督体系”。

开展国际资源环境问题合作。中国作为一个发展中国家，在全球资源战略中，应突出重点，集中力量搞好区域经济合作，尤其是与周边国家的政治、经济合作，构建集体安全保障体系。

(三)能源效率的重要性

其一，能源效率的提升包括“开源”与“节流”的双重含义。与“开源”(增加能源供给)和“节流”(抑制能源需求)的途径相比，能源效率的提升意味着生产单位产出的能源投入更少，或者单位能源带来的产出更多，其作用于“降低投入”和“增加产出”两个方面。

其二，能源效率提升的手段很多。除了行政手段，如设置行业能效标准、产品能耗要求外，还可以通过市场手段实现，如借助价格、税收手段调控，合理反映市场供需力量的能源价格将迫使企业改进生产技术，减少生产过程的能源浪费，以达到提升生产率的目标。

其三，能源效率的提升也可达到“减排”的目的。能源效率的提升将通过能源消费结构优化、能源产品替代以及能源技术升级等方式，降低在生产、消费环节产生的污染物排放，实现经济发展与环境保护的协调发展。

可以说，我国节能减排实践，其实质就是要开展一场持久的能源效率革命。而实现能源效率革命的首要问题是要对能源效率的现状及其影响因素，有一个全面、准确的认识与评价。

第二节　研究方法

本书以研究中国工业能源效率这一现实问题为出发点，在生产理论、经济增长理论、能源经济学、环境经济学理论和循环经济发展理论基础上，运用非参数方法——数据包络分析(Data Envelopment Analysis，DEA)基础上的改进模型，Tone

(2001)构建的新的DEA模型即超效率SBM模型(Super_SBM)，是一个非径向(non-radial)非角度(non-oriented)DEA模型。建立全要素框架下的能源效率模型，利用不同层面数据，分别对不同国家、不同地区、不同行业的工业能源效率进行评价，并运用计量模型对能源效率差异进行解释，寻求能源效率背后诸多因素的影响机制，从而为我国工业可持续发展与节能减排实践提供科学依据。本书还在企业创新与全要素生产率方面进行深入探讨，从而以一个新的视野考察我国工业生产效率。

在理论上，经济学主要关注“效率”和“公平”两大主题，尤其以“效率”为重点。过去在理论上对于效率的研究较多侧重于对劳动生产率和资本报酬率的考察，对于能源效率的关注则是自西方能源危机爆发后才开始兴起的。近年来，随着人类经济对能源的高度依赖，以及能源大量消耗引发的全球气候变暖，一些发达国家开始对能源效率进行研究，如欧盟先后出台了《欧盟新能源政策》《欧盟能源绿皮书》，用于指导欧盟各国的能源统计标准便于能效比较，并在2006年公布了《能源效率行动计划》，设定了到2020年前减少总能源消耗20%的宏伟目标。本研究的理论意义在于，采用全要素生产率框架，将现有的投入端的K-L结构扩展为K-L-E三要素结构，同时在产出端增加了对污染物排放的考察，从而整合了要素投入、经济产出与环境污染三部分。这一全要素生产率框架还可进一步扩展，用来考察能源政策、环境管制的经济绩效。

另外，本书主要集中研究我国工业能源效率问题，得到的研究成果对相关部门调控高能耗、高污染、低效率的工业经济节能减排工作具有一定的参考价值和指导意义。在经典全要素生产率框架下(多要素单产出)考虑环境因素这一非合意性产出，更能科学、合理地对各国、各地区及各行业的能源-经济-环境的协调程度做出比较与评价，探究差距成因，这无疑有利于我国缩小与发达国家之间能源效率差距，也有利于缩小我国国内不同地区、行业之间的差距，对今后节能减排实践以及“两型社会”建设有一定的借鉴作用。

能源效率包括能源技术效率和能源经济效率。能源技术效率主要是指由生产技术、产品生产工艺和技术设备所决定的能源效率。能源技术效率的改进，往往是和生产工艺和路线合理化、先进的技术装备和生产技术以及技术创新和技术发明联系在一起的。能源经济效率主要是指经济发展水平、产业结构、价格水平、管理水平、对外开放度以及经济体制等经济因素对能源利用效率的影响(史丹，2002)。具体来说，关于能源技术效率的衡量方法主要有热力学指标、物理热量和经济热量指标，关于能源经济效率的衡量方法主要有纯经济指标，该指标是根据投入能源的市场价值与产出的市场价值进行测量的。本书能源效率主要指能源经济效率，具体包括能源消耗强度和全要素能源效率。

(1)能源消耗强度，即常用单位国内生产总值能耗。单位国内生产总值能耗是指一定时期内，一个国家或地区每生产一个单位的国内生产总值所消耗的能源，常用形式是“能源—GDP”，单位是吨标准煤/万元 GDP。

(2)全要素能源生产效率，主要通过数据包络分析(DEA)基础上的超效率 SBM 模型测算全要素生产率框架下的能源效率，该能源效率指标是度量在固定能源投入下实际产出能力达到最大产出的程度，或者说在产出固定条件下所能实现最小投入的程度，它是一个可以大于 1 的正数，且无量纲，因此不会受到变量单位变化的影响，它的优点是能够很好测度能源要素以及其他要素在生产中的技术效率。

在充分搜集现有国内外相关研究文献的基础上，进行了较为深入的分析、归纳，吸取了前人有价值的研究成果。在研究中，广泛地借鉴了环境经济学、发展经济学、产业经济学和运筹学、循环经济学等学科的理论和方法。本书主要采用了实证分析和规范分析相结合，定性分析和定量分析相结合的研究方法。

(1)实证分析和规范分析相结合

实证分析是规范分析的前提，规范分析是实证分析的提炼与升华。本书以全要素生产率理论为基础，对我国不同层面(国家、地区、行业)的能源效率和全要素生产率进行深入细致的实证分析，并对考虑能源约束和环境约束前后的能源效率变化进行了比较、评价，这对我国工业化和节能减排的政策制定提供了一定参考价值和指导意义，也对我国企业创新提出了新的思路。

(2)定性分析和定量分析相结合，以定量分析为主

本书中大量采用定量分析，譬如采用生产率前沿分析方法(数据包络分析 SE-SBM 模型、Malquist-Luemberger 指数法和方向性距离函数)对不同层面的能源效率和企业全要素生产率的测算，并运用可行广义最小二乘法对其差异进行回归分析。在定量分析的基础上，最后对分析结果进行定性描述、归纳整理。

第二章　能源与环境研究理论方法

第一节　最优控制理论

在研究能源开采和环境保护问题时，经济学家们常用的工具是最优控制理论。最优控制理论源于维纳创立的经典控制论，1948 年维纳发表了题为《控制论——关于动物和机器中控制与通信的科学》，第一次科学地提出了信息、反馈和控制的概念，为最优控制理论的诞生和发展打下了基础。

在最优控制理论中，我们研究一个受控的动力学系统或运动过程，借助数学分析的方法，从众多备选的控制方案中找出最优的一个，目的是使系统在由初始状态转移到某个状态时，我们关注的一个或者多个目标为最优。在经济学中，我们通常要求解最优消费与最优投资的问题，目标是促使一国或者多国的经济稳定而快速地增长。在能源问题上，我们也关注这样的问题：为了保障一国的 GDP 增长水平，该国应该采取什么样的能源政策？至于环境领域，现在很多研究关注在不同的目标(可以是社会福利水平最高，也可以是人均收入水平最高)下，确定最优的污染排放水平。

求解最优控制问题，常见的方法是贝尔曼 1956 年提出的动态规划方法、苏联学者庞特里亚金 1958 年提出的最大值理论和经典的变分法。在本章中，我们介绍极大值原理，因为在能源与环境领域，控制变量通常受到约束与限制并且时间连续。

一、极大值原理

一般性的最优控制问题可以表述为：

$$\begin{aligned} &\max_{x}\int_{0}^{T} \mathrm{e}^{-\rho t} U(k,\ x,\ t)\,\mathrm{d}t \\ &\text{s. t.}\quad \dot{K} = A(k,\ x,\ t) \end{aligned} \tag{2-1}$$

在式(2-1)中，时间 T 可以是有限的，也可以是无限的。x 是共态变量，我们用 k 表示状态变量。因此，是问题的控制变量。x 与 k 可以是单变量，也可以是多变量或者向量。

首先，我们用经典的拉格朗日函数来分析一下上述问题：

$$L(K,\ x,\ t;\ \lambda)=U(K,\ x,\ t)+\lambda(t)A(K,\ x,\ t)+\dot{\lambda}(t)K-\rho\lambda K \tag{2-2}$$

式中，前两项 $U(K,\ x,\ t)+\lambda(t)A(K,\ x,\ t)$ 是哈密尔顿函数，如果按照经济学的符号来理解上述的拉格朗日方程，会得出一些有趣的直觉性理解：第一项代表当前消费的效用；第二项代表资本的边际效用(资本未来的收益)；第三项是当期资本的资本利得；最后一项是放弃当期的消费所形成的资本的损失。接下来，我们求解最优的 λ。

引理 2.1.1 对于任何一个函数 $\lambda(t)$，

$$\int_0^T e^{-\sigma t}U(K,\ x,\ t)\mathrm{d}t=\int_0^T e^{-\rho t}L(K,\ x,\ t)\mathrm{d}t-e^{-\rho T}\lambda(t)K(T)+\lambda(0)K(0) \tag{2-3}$$

证明：根据 L 的定义，可得：

$$U(K,\ x,\ t)=L(K,\ x,\ t;\ \lambda)+\lambda(t)A(K,\ x,\ t)+\dot{\lambda}(t)K(t)-\rho\lambda K$$

两边同时积分：

$$\int_0^T e^{-\rho t}U(k,\ x,\ t)\mathrm{d}t=\int_0^T e^{-\rho t}L(k,\ x,\ t;\ \lambda)\mathrm{d}t$$
$$+\int_0^T e^{-\rho t}[\lambda(t)A(K,\ x,\ t)+\dot{\lambda}(t)K(t)-\rho\lambda K]\mathrm{d}t$$

代入约束条件：

$$\int_0^T e^{-\rho t}[\lambda(t)A(K,\ x,\ t)+\dot{\lambda}(t)K(t)-\rho\lambda K]\mathrm{d}t$$
$$=\int_0^T e^{-\rho t}[\lambda(t)\dot{K}+\dot{\lambda}(t)K(t)-\rho\lambda K]\mathrm{d}t$$

求解上述微分方程：

$$\int_0^T e^{-\rho t}[\lambda(t)\dot{K}+\dot{\lambda}(t)K(t)-\rho\lambda K]\mathrm{d}t=\int_0^T e^{-\rho t}\frac{\mathrm{d}}{\mathrm{d}t}[\dot{\lambda}(t)K(t)]$$
$$=\lambda(t)K(0)-e^{-\rho t}\lambda(T)K(T)$$

为了求解最优的路径，我们关注下列三项：

(1)经典拉格朗日函数的积分；

(2)不受 x 影响的 $\lambda(0)K(0)$ 值；

(3) $e^{-\rho T}\lambda(T)k(T)$ 的值。

最后一项除非为零，否则解起来很麻烦。此时，我们引入下列横截性条件：

命题 2.1.1：在时间有限的情形中，$e^{-\rho T}\lambda(T)=0$；在时间无限的情形中，$\lim\limits_{t\to\infty}e^{-\rho T}\lambda(T)=0$。

接下来，我们分析可以解决下列最优化问题的充分条件：

$$\max\int_0^T e^{-\rho t}L(K,\ X,\ t)\mathrm{d}t \tag{2-4}$$

充分条件为：

(1)如果满足横截性条件；

(2)如果存在一条可能的路径 $K^*(t)$，$X^*(t)$，使得下式成立：

$$L^* \equiv L(K^*(t),\ X^*(t)) \geqslant L(K(t),\ X(t))$$

那么可行的路径 $K^*(t)$，$X^*(t)$ 就是最优的路径。

证明：因为 $\int_0^T e^{-\rho t}U(K^*(t),\ X^*(t),\ t)\mathrm{d}t \geqslant \int_0^T e^{-\rho t}L(K(t),\ X(t),\ t)\mathrm{d}t$

对于所有其他可行的路径 $(K(t),\ X(t))$ 都成立，那么，

$$\int_0^T e^{-\rho t}U(K^*(t),\ X^*(t),\ t)\mathrm{d}t$$

$$= \int_0^T e^{-\rho t}L(K^*(t),\ X^*(t),\ t)\mathrm{d}t + \lambda(0)K(0) - e^{-\rho t}\lambda(T)K^*(t)$$

$$\geqslant \int_0^T e^{-\rho t}L(K(t),\ X(t),\ t)\mathrm{d}t + \lambda(0)K(0) - e^{-\rho t}\lambda(T)K^*(t)$$

根据第二个条件，

$$\int_0^T e^{-\rho t}L(K(t),\ X(t),\ t)\mathrm{d}t + \lambda(0)K(0) - e^{-\rho t}\lambda(T)K^*(t)$$

$$= \int_0^T e^{-\rho t}L(K(t),\ X(t),\ t)\mathrm{d}t + \lambda(0)K(0)$$

根据横截性条件，

$$\int_0^T e^{-\rho t}U(K(t),\ X(t),\ t)\mathrm{d}t$$

$$= \int_0^T e^{-\rho t}L(K(t),\ X(t),\ t)\mathrm{d}t + \lambda(0)K(0) - e^{-\rho t}\lambda(T)K(t)$$

$$= \int_0^T e^{-\rho t}L(K(t),\ X(t),\ t)\mathrm{d}t + \lambda(0)K(0)$$

用严格的数学表达，如果：

(1) $f(x)$ 在 x 上是凹的；

(2) $f'(x) = 0$，当 $x = x^*$。

那么 x^* 就是极大值。

在最优控制问题上，我们也有类似的充分条件：

(1) $L_k(K^*(t),\ X^*(t),\ t;\ \lambda) = 0,\ t \in [0,\ T]$；

(2) $L_x(K^*(t),\ X^*(t),\ t;\ \lambda) = 0,\ t \in [0,\ T]$；

(3) $L(K(t),\ X(t),\ t)$ 在 k 和 x 上是凹函数；

(4) $\lambda(t) \geqslant 0$。

那么 $L(K^*(t), X^*(t), t) \geqslant L(K(t), X(t), t)$，其中 $K^*(t)$，$X^*(t)$ 是最优的路径。

二、污染控制模型

我们表述一个简单的最优污染控制模型（Keeler、Spence、Zeckhauser，1971）。在这个经济模型中，劳动是生产所需要的基本生产要素，我们假设全部的劳动配置在两种生产活动中，一种生产我们所需要的食品，另一种则是生产 DDT（一种杀虫剂）。一旦生产出了 DDT，它就成了一种污染源，只能在自然界中慢慢分解。由于现在虫害较严重，DDT 又成为第二种生产要素，它与劳动结合在一起，确定食品的产量。对于整个社会而言，我们的目标是最大化食品产生的效应扣除 DDT 引起的负效应之后的净现值，模型的设定如下：

L=全部的劳动力，为了简便，我们假设它是不变的；

v=生产 DDT 所使用的劳动的数量；

$L-v$=生产食品所使用的劳动的数量；

P=t 时的污染存量；

$a(v)$= DDT 的产出速度；$a(0)=0$；当 $v\geqslant 0$ 时，$a'>0$，$a''<0$；

δ=DDT 污染在自然界中分解的速度；

$C(v)=f(L-v, a(v))$是生产食品的速度；$C(v)$是凹函数，$C(0)>0$，$C(L)=0$；$C(v)$在 $v=V>0$ 时获得一个最大的值，如图 2-1 所示。

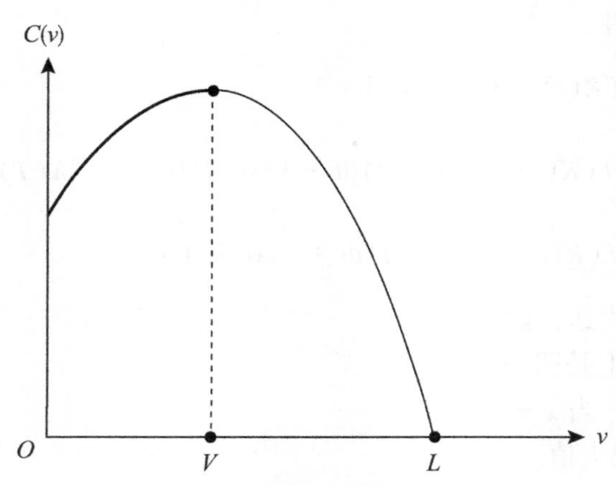

图 2-1　生产使用劳动和速度的关系曲线

我们应该注意一点，$C(v)$是严格凹函数的充分条件是 $f_{12}\geqslant 0$，当然 f 为凹函数和单调函数所需要的条件也要满足；

$g(C)$= 消费者的效应水平；$g'(0)=\infty$，$g'(0)\geqslant 0$，$g''<0$；

$h(P)$= 生产的负效用；$h'(0)=0$，$h'\geqslant 0$，$h''>0$；

针对上述的设定，我们将问题表述为下列含约束条件的最优控制问题：

$$\max\{J=\int_0^{\infty} e^{-\rho t}[g(c(v))-h(P)]dt\}$$

$$s.t \quad \dot{P}=\alpha(v)-\delta P,\ P(0)=P_0,\ 0\leqslant v\leqslant L \tag{2-5}$$

怎么解上述问题呢？我们按照极大值原理来求解：

$$L=g[c(v)]-h(P)+\lambda[\alpha(v)-\delta P]+\mu v$$

$$\dot{\lambda}=(\rho+\delta)\lambda+h'(P),\ \mu\geqslant 0,\ \mu\nu=0$$

我们得到一阶条件：

$$\frac{\partial L}{\partial \nu}=g'[c(v)]c'(v)+\lambda\alpha'(v)$$

因为汉密尔顿函数是凹的，那么 $\lim\limits_{t\to\infty}\lambda(t)=\bar{\lambda}$ =常数就是最优化的充分条件。通过相位图分析：由于 $h'(0)=0$，$g'(0)=\infty$，并且 $v>0$，那么在均衡的时候，经济体需要生产一定的 DDT，即 $\bar{\mu}=0$。模型中均衡值 $\bar{P}$、$\bar{\lambda}$ 与 $\bar{v}$ 如下所示：

$$\bar{p}=\frac{\alpha(\bar{v})}{\delta}$$

$$\bar{\lambda}=-\frac{h'(\bar{P})}{\rho+\delta}=-\frac{g'[c(\bar{v})]c'(\bar{v})}{\alpha'(\bar{v})}$$

借助以上最后的一式以及我们前面所作的关于 g，C 与 a 的导数所作的假设，我们可得 $\bar{\lambda}<0$。据此，我们可知 $\lambda(t)$ 总是负值。这一现象的经济解释是，$-\lambda$ 是污染所产生的成本。设 $v=\Phi(\lambda)$ 表示 $\mu=0$ 时上式的解，那么，

$$\nu^*=\max[0,\ \Phi(\lambda)]$$

从我们对 λ 的经济解释中可知，当 λ 增大时，污染所导致的成本将减少，这一点证明了随着 DDT 产量的增加，食品的产量也随之增加。因此，我们可以合理地假设：

$$\frac{d\Phi}{d\lambda}>0$$

λ^c 的性质则保证，$\Phi(\lambda^c)=0$；当 $\lambda<\lambda^c$ 时 $\Phi(\lambda)<0$；当 $\lambda>\lambda^c$ 时 $\Phi(\lambda)>0$。

图 2-2 中画出了 $\dot{P}=0$ 与 $\dot{\lambda}=0$ 的相位图，图中：

$$P=\frac{\alpha(\nu^*)}{\delta}=\frac{\alpha(\max[0,\ \Phi(\lambda)])}{\delta}$$

$$h'(p)=-(\rho+\delta)\lambda$$

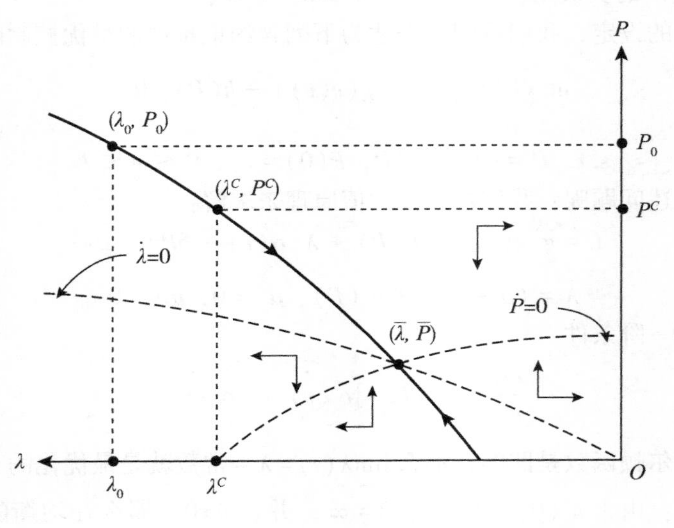

图 2-2　$\dot{P} = 0$ 与 $\dot{\lambda} = 0$ 的相位图

$h'(0) = 0$ 表明 $\dot{\lambda} = 0$ 这条线应该穿过原点。对上列方程求关于 λ 的导数并且借助前面的式子，我们可得：

$$\frac{\mathrm{d}p}{\mathrm{d}\lambda} = \frac{\alpha'(v)}{\delta}\frac{\mathrm{d}v}{\mathrm{d}\delta} > 0$$

$$\frac{\mathrm{d}p}{\mathrm{d}\lambda} = -\frac{\rho + \delta}{h''(p)} < 0$$

既然 λ^c 与 $\dot{P} = 0$ 曲线相交，p^c 的存在告诉我们：如果现有的污染存量大于 p^c，那么最优的控制方案就是 $v^* = 0$，这说明不会生产任何数量的 DDT。如果 $p^0 > p^c$，如图 2-2 所示，那么 $v^* = 0$ 直至污染存量的自然消解使得它的数量减少到 p^c。此时，共态变量的值也增大到值 λ^c。

最优的控制就是从此时开始 $v^* = \phi(\lambda)$，并且路径收敛到 $(\bar{\lambda}, \bar{P})$。在均衡处，$\bar{v} = \Phi(\bar{\lambda}) > 0$，说明从长期来看，最优的选择是随时生产一定数量的 DDT。只有在初始时刻，污染的存量高于 p^c 时，那个数量才非最优的。在污染的自然降解速度 δ 增大时，p^c 也随之增大。也就是说，自然降解的速度越快，可以承受的污染水平也就越高。但是，DDT 的 δ 很小，即降解很慢，因此能够承受的污染数量也就很小，小到实际上已经禁止使用了。

第二节　市场结构与能源开采

一、竞争和垄断框架下的最优勘探和开采

(一)竞争厂商

首先，考察不可再生资源的竞争性厂商行为：厂商将每一时刻的资源价格 p 视为给定，选择每一时刻的资源供给量 q（该开采量来源于已经探明的资源储量 R），从而实现跨时利润最大化。另外，资源开采的平均成本 $C_1(R)$ 依赖于已经探明的储量，并设定 $C'_1(R) < 0$，$\lim\limits_{R \to 0} C_1(R) \to +\infty$，这表明：探明储量越少，开采成本越大；当探明储量为零时，开采成本无穷大。最后，通过付出勘探努力 w 可以发现新的同类资源，由此会提高已经探明的储量 R，设定累积新发现储量 x 与勘探努力 w 存在如下关系：

$$\dot{x} = f(w, x) \quad f_w > 0 \quad f_x < 0 \quad f_{ww} < 0 \quad f(0, x) \tag{2-6}$$

上式表明：首先，随着勘探努力的提升，新增储量也越大；随着新探明总储量的增大，同样的勘探努力所发现的新增储量将会减少。其次，定义勘探成本 $C_2(w)$ 为勘探努力的单调递增的凸函数，即 $C'_2(w) > 0$，$C''_2(w) > 0$。因此，厂商将面临如下动态规划问题：

$$\begin{aligned} \max_{q,\ w} \quad & W = \int_0^{\infty} (pq - C_1(R)q - C_2(w)) \mathrm{e}^{-rt} \mathrm{d}t \\ \text{s.t.} \quad & \dot{x} = f(w, x) \\ & \dot{R} = \dot{x} - q \\ & R \geqslant 0,\ q \geqslant 0,\ w \geqslant 0,\ x \geqslant 0 \end{aligned} \tag{2-7}$$

上述规划的 Hamilton 方程如下：

$$H = [pq - C_1(R)q - C_2(w)]\mathrm{e}^{-rt} + \lambda_1(f(w, x) - q - \dot{R}) + \lambda_2(f(w, x) - \dot{x}) \tag{2-8}$$

上述方程是资源瞬时供给量 q 的线性函数；对于勘探努力 w 而言，一般情况下则是非线性的。其中，关于状态变量集合 (R, x) 的一阶条件如下：

$$\frac{\partial H}{\partial R} + \dot{\lambda}_1 = 0 \Rightarrow \dot{\lambda}_1 = C'_1(R)q\mathrm{e}^{-rt} \tag{2-9}$$

$$\frac{\partial H}{\partial x} + \dot{\lambda}_2 = 0 \Rightarrow \dot{\lambda}_1 = -(\lambda_1 + \lambda_2)f_x \tag{2-10}$$

关于控制变量集合 q 的库恩-塔克条件如下：

$$\frac{\partial H}{\partial q} \leqslant 0, \quad q \geqslant 0, \quad \frac{\partial H}{\partial q}q = 0$$

进一步，集中考察开采量大于零的情形，得到：

$$p - C_1(R) = \lambda_1 e^{rt}$$

由于 λ_1 是额外一单位的已探明储量所带来的未来利润的现值增量，因此，λ_1 永远为一正值，但是根据式(2-9)，它的时间导数 $\dot{\lambda}_1$ 是负的。因此，即使进一步的勘探活动可以发现更多的新储量，在某一时刻开采将会终止(一般该时刻会发生在已探明储量耗尽之前)。式(2-7)对时间进行微分，并且利用 $\dot{R} = f(w, x) - q$，以及式(2-9)可得：

$$\dot{p} = rp - rC_1(R) + C_1'(R)f(w, x) \tag{2-11}$$

当不存在资源勘探活动时，上述微分方程最后一项将会消失，并会得到一个关于资源价格 p 的递增时间路径。另外，当 $C_1'(R) = 0$ 时，即开采成本与已探明资源储量无关时，此时资源价格的时间路径将不再受勘探活动的影响，完全退化成一个恒常开采成本的 Hotelling 问题。当 $C_1'(R) < 0$ 时，由于整个跨期开采计划中所涉及的资源储量(已经探明储量加上勘探活动所发现的储量)大于初始时刻储量，因此，相比没有勘探活动的情形，厂商初始时期设定的资源价格将会更低。有无勘探两种情形下的资源价格的时间路径如图 2-3 所示。

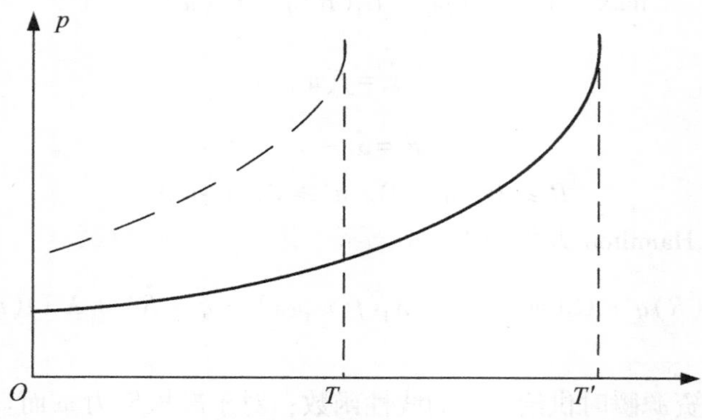

图 2-3 实(虚)线表示有(无)勘探活动的资源价格路径

最后，关于勘探努力 w 的一阶导数条件如下：

$$\frac{\partial H}{\partial w} = 0 \Rightarrow (\lambda_1 + \lambda_2)f_2(w, x) = C_2'(w)\mathrm{e}^{-rt} \tag{2-12}$$

联立可得下列关系：

$$\lambda_2 = \frac{C'_2(w)\mathrm{e}^{-rt}}{f_w} - [p - C_1(R)]\mathrm{e}^{-rt} \tag{2-13}$$

$$\dot{\lambda}_2 = -\frac{f_x}{f_w}C'_2(w)\mathrm{e}^{-rt} \tag{2-14}$$

式(2-14)对时间进行微分，并代入 $\dot{R} = f(w, x) - q$，$\dot{x} = f(w, x)$ 可得：

$$\dot{\lambda}_2 = -\frac{f_{wx} \cdot f}{(f_w)^2}C'_2(w)\mathrm{e}^{-rt} + \frac{f_w(C''_2(w) - C'_2(w))f_{ww}}{(f_w)^2}\dot{w}\mathrm{e}^{-rt} - r\mathrm{e}^{-rt} - C'_1(R)q\mathrm{e}^{-rt} \tag{2-15}$$

联立可得勘探努力的微分方程：

$$\dot{w} = \frac{C'_2(w)[(f_{wx}/f_w) \cdot f - f_x + r] + C'_1(R)qf_w}{C''_2(w) - C'_2(w)\dfrac{f_{ww}}{f_w}} \tag{2-16}$$

式(2-11)、式(2-16)的第一个边界条件依赖于 $\frac{C'_2(0)}{f_w(0)}$ 是否等于零，首先考察 $\frac{C'_2(0)}{F_w(0)} = 0$ 的情形。在终端时刻 T（即开采终止时刻），额外的勘探努力已经没有价值，因此 $w(T) = 0$。第二个边界条件来自横截条件，由于不存在与累积勘探量相关的终端成本，因此 $\lambda_2(T) = 0$。另外，根据 $C'_2(0)/f_w(0) = 0$ 的假设，可知 $p(T) = C_1(R_T)$，这意味着：资源价格跨时上升，储量下降(开采成本提高)，直到最后一单位资源所带来的利润变为零。最后，通过公式 $p - C_1(R) = \lambda_1\mathrm{e}^{rt}$ 可知：$\lambda_1(T) = 0$，即贴现租金跨时下降，并在终端时刻变为零。

接下来，考察 $\frac{C'_2(0)}{f_w(0)} = \phi > 0$ 的情形。在这种情形下，勘探努力将在开采终止之前的某一时刻就变为零。设 $T_1 < T$，为勘探努力下降为零的时刻。运用横截条件，仍然可以得到 $\lambda_2(T) = 0$。而且，只要 $w = 0$，可得 $\dot{\lambda}_2 = 0$，因此，$\lambda_2(T_1) = 0$。因此，当 $t > T_1$ 时，可得：$p - C_1(R) = \lambda_1\mathrm{e}^{rt} = \phi$，$\dot{\lambda}_1 = -r\lambda_1$。进一步可得：$C'_1(R)q = -r\phi$。这表明当 $p - C_1(R) \to \phi$，$-C'_1(R)qr^{-1} \to \phi$ 时，$\lim_{t \to T_1} w(t) = 0$。而后，当 $t > T_1$ 时，$p - C_1(R)$ 与 $C'_1(R)q$ 均保持不变，因此，当 q 继续下降时，资源价格、开采成本以及 $C'_1(r)$ 将跨时上升。最后，式(2-7)表明：由于新发现的储量可以被开采和售卖，或者被储藏(由此减少了开采成本)，因此新发现的储量是具有价值的。当边际开发成本 $C'_2(f_w)^{-1}$ 等于开采和售卖一单位资源所获得的净收益

以及单位资源的储藏成本(所导致的未来开采成本的净现值)。

因此，给定f，C_1和C_2的特殊函数形式，以及关联资源价格p和开采量q的需求曲线，利用前述的边界条件，式(2-11)和(2-16)能够同时被解出，由此得到价格时间路径(以及开采量的时间路径)和勘探努力。勘探努力、价格以及开采量的时间路径极度依赖于储备量的初始值。勘探努力的跨时最优需要在两个方面进行权衡，即推迟勘探所获得的收益和由于较低储量所造成的高开采成本。如果初始储量很大，那么初始开采成本就比较低，勘探活动将会被推迟。反之，如果初始储量较小，勘探活动从很早时期就会开始，以便增加探明储量。在后一种情形，开采量初始时期是跨时递增的(相应地，价格将是跨时递减的)，随后，当勘探活动不断衰减时，储量和开采量将转而下降。在下一节，我们将详细考察价格以及勘探努力的时间路径。

(二)垄断厂商

与竞争厂商一样，垄断厂商也是选择勘探努力以及开采量的时间路径，最大化贴现利润。与竞争市场的差异之处在于，它面临一条向下倾斜的市场需求曲线，即$p'(q) < 0$。关于状态变量的条件与上一节相同，复制如下：

关于状态变量集合(R, x)的一阶条件如下：

$$\frac{\partial H}{\partial R} + \dot{\lambda}_1 = 0 \Rightarrow \dot{\lambda}_1 = C_1'(R) q \mathrm{e}^{-rt} \tag{2-17}$$

$$\frac{\partial H}{\partial x} + \dot{\lambda}_2 = 0 \Rightarrow \dot{\lambda}_3 = -(\lambda_1 + \lambda_2) f_x \tag{2-18}$$

然而，关于控制变量集合q的一阶条件将变为：

$$\lambda_1 = [MR_1 - C_1(R)]\mathrm{e}^{-rt} = [p + qp'(q) - C_1(R)]\mathrm{e}^{-rt} \tag{2-19}$$

上式对时间微分，并且将式(2-17)代入：

$$\frac{\mathrm{d}MR}{\mathrm{d}t} = r(MR - C_1(R)) + C_1'(R) f(w, x) \tag{2-20}$$

与竞争市场情形一样，式(2-20)表明：如果开采成本与已探明资源储量无关时，此时边际收益的时间路径将不再受勘探活动的影响，退化成一个恒常开采成本的 Hotelling 问题。即边际收益与开采成本的差值按照贴现率跨时增加。然而，给定任意的初始储量水平，与不存在勘探活动的情形相比，勘探活动会使得可供开采的储量更大，从而使得初始价格(以及边际收益)更低。

令$\dfrac{\partial H}{\partial w} = 0$，并将式(2-19)代入，得到关于$\lambda_2$的下述表达式：

$$\lambda_2 = \frac{C_2'(w)\mathrm{e}^{-rt}}{f_w} - [MR_t - C_1(R)]\mathrm{e}^{-rt} \tag{2-21}$$

上式对时间微分，并令其与式(2-18)相等，得到关于勘探努力的如下方程：

$$\dot{w} = \frac{C_2'(w)\left[(f_{wx}/f_w)\cdot f - f_x + r\right] + C_1'(R)qf_w}{C_2''(w) - C_2'(w)\dfrac{f_{ww}}{f_w}} \tag{2-22}$$

该表达式与竞争情形完全一样，但这并不意味着垄断与竞争情形下的勘探活动的时间路径是相同的。相对于竞争情形，只要垄断情形下的初始开采量更低，$\dot{w}$ 将会更大(由于 $C_1'(R)<0$)，即垄断情形下勘探努力跨时递增得更快。因此，无论初始已探明储量较大或者较小，垄断厂商初始时期的勘探活动相比竞争厂商会较少，但是后期会比竞争情形下多，由此，勘探努力的时间导数也要比竞争情形下大。换而言之，相比竞争情形，垄断厂商的勘探活动更加向未来配置。

二、最优勘探和开采行为

对于竞争情形下的可耗尽资源问题，在资源储量被逐渐消耗时，资源价格将缓慢攀升，因此，要么当最后一单位被开采资源的边际利润为零(开采成本随储量减少而上升的情形)，要么当最后一单位资源被开采时，价格之高足以窒息市场需求(开采成本恒常的情形)。对于本节中的不可再生资源模型，价格路径依赖于初始的储量水平，以及开采成本的大小和跨时变化路径。如果初始储量较大，此时，开采成本较低，价格将会与 Hotelling 模型一样缓慢上升。反之，如果初始探明储量较小，并且开采成本依赖于探明储量，初始价格将会较高，随着勘探活动不断进行，储量将不断增加，并导致价格开始下降，最后阶段才会再次出现缓慢上升的时间路径。下面将详细考察两种形态的资源价格变化路径。

(一)资源价格稳定攀升

如果开采成本是恒常的，价格的时间路径将与 Hotelling 模型完全一样：价格与不变的开采成本之间的缺口将按照时间贴现率跨时上升。然而，即使开采成本依赖于已经探明的资源储量，如果初始已探明储量较大，此时，初始价格将会较低，价格的时间路径就仍然可能是跨时上升的。具体而言，当初始已探明储量较大时，开采成本 $C_1(R)$ 较小，并且开采成本的上升幅度 $-C_1'(R)$ 较小，价格将会上升。实际上，资源价格的上升幅度略低于贴现率。除此外，观测式(2-22)，分母始终为正数，分子中第一项始终为正数，并且第二项较小，因此，$\dot{w}$ 的初始值也大于零。由此，勘探努力从初始一个较低的水平开始攀升(在资源的初始储量较大时，开始时期不需要什么新资源勘探，勘探活动将会被推迟到将来，并以此获得勘探成本的时间贴现收益)。由于初始时期几乎没有什么勘探活动，资源储量将会跨时下降，然而，随着勘探活动的跨时增加，资源储量的下降速度是跨时递减的。随着资源储量变得足够少，在某一时刻 $\dot{w}$ 会转而变为负数（$-C_1'(R)$ 变得非常大），当大部分资源储量被耗尽时，勘探努力将逐渐递减为零。当最后一单位被开采资源所带来的利润为零，而且勘探活动不复存在时，资源价格将上升到窒息整个市场需求的水平。在这一时刻，资源并未被耗尽，然而，此时却不再值得勘探新的资源储量。这种类型的勘探努力和资源储量的时间路径参见图 2-4 中的实线部分。

如果开采成本与资源价格、勘探成本相比甚小，那么拥有较大的资源探明储量并无价值，于是，所有勘探活动都会被推迟到整个动态规划时期的最后一段时间。这在图 2-4 中用虚线表示。

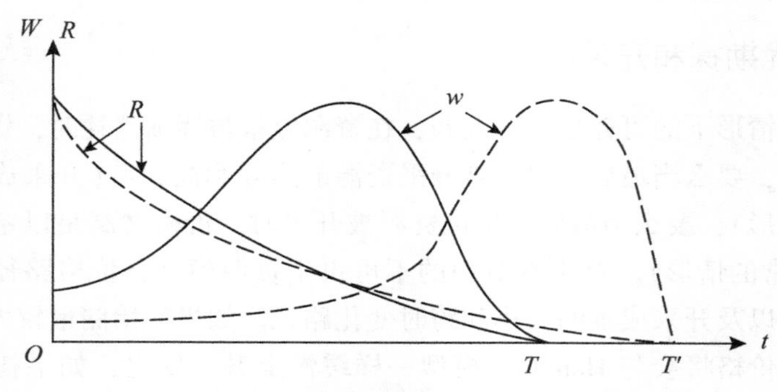

图 2-4 勘探活动和已探明储量(初始储量较大)

(二)资源价格时间路径

如果要完整地描述资源利用的整个历史，资源价格的 U 型路径更加符合客观现实。在这种情形下，初始已探明储量非常小，此时，初始价格将会非常高，由于开采成本 $C_1(R)$ 很大，并且开采成本的上升幅度 $-C_1'(R)$ 很大，初始时期，价格将会从一个非常高的水平上逐渐下降。另外，由于开采成本的上升幅度 $-C_1'(R)$ 很大，勘探努力也从一个非常高的水平上逐渐下降。初始时期，探明储量将会增加（此时，勘探活动较多），在后期，由于勘探活动趋于消失，并且勘探活动的效果下降，探明储量将会逐渐较少。当储量开始减少时，价格开始上升，直至需求、勘探活动、最后一单位被开采资源的利润同时变为零为止，该情形如图 2-4 中实线所示。

如果开采成本较小，此时并无必要持有一个较大的资源探明储量，勘探活动将递减得更快。而后，随着开采量的增加，$\dot{w}$ 将会变为正数，勘探活动跨时递增，这会使得资源储量不至于非常快的被耗尽。最后，随着勘探收益跨时递减，$C'_1(R)$ 将成为主导项，导致 $\dot{w}<0$，勘探活动开始逐渐递减为零。由于开采成本依赖于储量水平，价格将再次呈现 U 型变化路径，该情形如图 2-4 中虚线所示。

相位图两种情形：对于 $\dot{R}=0$ 这条曲线，当 R 较大时，几乎呈垂直状态；当 R 较小时，此时开采量也较小，该线将会弯向原点。同时，由于储量或者勘探活动的增加均会使得 $\dot{w}$ 增加，因此，$\dot{w}=0$ 这条曲线将是向下倾斜的。当开采量 q 减少或者累计新探明储量 x 增加时，$\dot{w}=0$ 这条曲线将向左移动；如果开采成本相对较低，该曲线将更加接近原点。在图 2-4 中，$(\dot{w}=0)_1$ 的曲线对应于较大的开采成本；$(\dot{w}=0)_2$，$(\dot{w}=0)_3$ 均对应于较小的开采成本，但是 $(\dot{w}=0)_2$ 对应于开采量较小、累积新探明储量较大的情形，$(\dot{w}=0)_3$ 正好相反。如果初始探明储量较大，曲线 A 给出了相应的最优轨道：资源储量递减，勘探活动先递增后递减。如果初始探明储量较小，最优轨道取决于开采成本：若开采成本较大，曲线 B 给出了相应的最优轨道，相对于 A，勘探活动更多，且跨时递减；若开采成本较小，曲线 C 给出了相应的最优轨道，勘探活动初始递减，而后递增，然后再次递减。

上述所有轨道均穿越 $\dot{w}=0$ 的曲线，此时 $\dot{w}$ 变为正数，随着开采量 q 的增加，$\dot{w}=0$ 的曲线将会右移，$\dot{w}$ 再次变为负数。而且，随着开采量 q 递减以及累计新探明储量 x 增加时，$\dot{w}=0$ 的流水线将会向左方回移，资源储量持续下降。

（三）非耗尽的情形

某些不可再生的资源（如铝土岩），并不存在完全耗尽这一状态。如果勘探收益并不随着新探明储量的增加而递减，即 $f_x=0$，开采活动将可以无限进行下去。在这种情形中，将存在一个过渡阶段，使得探明储量逐渐逼近其稳态值 $\bar{R}$，此后，稳态勘探活动所探明的新储量增量 $\bar{w}$ 将等于单位时间内的开采量 $\bar{q}$。由于 $f_x=0$，累积新探明储量的增加并不会使得穿越 $\dot{w}=0$ 的曲线移动。轨道 A 和 B（分别对应于较大初始储量和较小初始储量情形）给出了一个长期均衡——恒常的储量和开采量。其他路径会导致储量和开采量（无上界的）跨时递增，或者导致储备减少和开采停止。在稳态时，令式（2-16）中的 $f_x=0$，$\dot{w}=0$，可得：

$$\frac{C'_2(w)}{f_w}=-\frac{C'_1(\bar{R})\bar{q}}{r} \tag{2-23}$$

上式右边是单位储备增加所带来的开采成本节约的现值，左边是单位储量的边际勘探成本。如果右边小于左边，使得勘探努力小于稳态水平将会获得更大的利润，此时，$\dot{w} > 0$，$w < \bar{w}$，$R > \bar{R}$；类似地，如果右边大于左边，使得勘探努力大于稳态水平将会获得更大的利润，此时，$\dot{w} < 0$，$w > \bar{w}$，$R < \bar{R}$。另外，$(\bar{w}, \bar{R}, \bar{q})$与初始储量并不相关。在竞争情形下，厂商最大化有下述利润表达式：

$$\max_{\bar{w}} \quad \prod = p\bar{q} - C_1(\bar{R})\bar{q} - C_2(\bar{w})$$

$$\text{s. t.} \quad \bar{q} = f(\bar{w}) \tag{2-24}$$

求取其一阶条件得：

$$\bar{w} = g(\bar{R}, \bar{p}) \tag{2-25}$$

另外，令 $\dot{w} = 0$，式(2-16)将变为：

$$\frac{C'_2(\bar{w})}{f_w} = -\frac{C'_1(\bar{R})\bar{q}}{r} \tag{2-26}$$

联立式(2-25)、式(2-26)以及$\bar{q} = f(\bar{w})$，需求曲线$\bar{p} = p(\bar{q})$信息可以内生所有稳态变量。这可以视为资源储量领域的“黄金法则”：无论初始资源存量为多少，资源储量总会调整到其稳态水平，此时，利润也达到其稳态。

三、结论

本节表明：很多“可耗尽的”资源更应被理解为不可耗尽但是不可再生的资源。资源的勘探和开采速度相互关联，应该联合决定。勘探活动增加了资源储量，降低了开采成本。最优勘探行为应该基于两方面的考虑：

(1)推迟勘探活动所获得的成本节约；

(2)勘探所带来的开采成本降低以及更大储量所带来的开采收益。勘探活动的时间路径十分依赖于初始储备数量和开采率。

本节模型能够解释整个资源使用历史——从早期的储量积累到最终的勘探和开采活动逐渐消失。模型表明：如果初始储量较少，价格的时间路径将呈“U”形，而不像 Hotelling 模型那样跨时递增。这能帮助我们更好地理解现实世界，例如，OPEC 形成之前，世界原油价格长期呈下降趋势；世界铝土卡塔尔形成之前，铝土价长期呈下降趋势，这都是由于探明资源储量不断增加的缘故。

在资源使用历史的后期，价格将会像 Hotelling 模型预言的那样跨时递增。然而，勘探活动将会减缓价格上升的速度，因此，当观测到资源租金上升速度小于市场利率时，并不必然意味着市场垄断的存在。最后，本章考察了新资源的开发(对于该种资源而言，耗尽状态可以不予考虑，勘探和储备积累则是必须的)，结果表明：稳态并不依赖于初始资源储量。

本节模型忽略了很多重要问题：资源共享性，除完全竞争和完全垄断外的其他市场结构，政府控制，不确定性。其中，不确定性是本章模型的重要发展方向，因为资源的勘探活动充满了风险。

第三节　垄断与不可再生资源

在关于“能源危机”的调查里，人们普遍认为产油国和石油公司之间存在共谋行为，他们将石油价格推向了一个比竞争的市场均衡中能达到的更高的价格水平。这一节，我们在竞争市场和垄断者利益最大化条件下，对于不可再生的自然资源的开采率做比较研究。研究结果表明，垄断者们实际上实行他们的垄断权力的余地很小，实际上，在零开采费用的情况下，自然界对于恒定的弹性需求规划的“第一近似值”，垄断价格和竞争性均衡价格实际上是相等的，在某些情形下，垄断者甚至比市场竞争者更有意愿去保护自然资源。

一、两阶段模型

首先，考虑一个两阶段的问题。假设零交易成本，我们将固定储量的石油在两个时间段进行分配。我们没有在第一阶段消费的石油将会在第二阶段进行消费。第一阶段的需求曲线，从左边起，以及下一阶段的需求曲线，以 $1+r$ 的比率贴现到现在，r 为利率，从右边起。在竞争性均衡中，个人卖出一单位石油的价格必然是相同的，因此 $p_t=p_t+1/(1+r)$，因此市场均衡是两条需求曲线的交点处。

而对于垄断者来说，比较他这个阶段可以享有的边际收益以及 $1+r$ 折扣率后的边际收益，他将以从这个阶段转移一部分销量到下一个阶段的方式获得下一阶段的收益，垄断的均衡价格和竞争性市场价格是相同的，如果我们拥有均衡的弹性曲线，价格对于边际利润是成比例的，两者的平衡是相同的。如果下一阶段需求的比这个阶段的要高，下一阶段的边际利润对于价格的比率将会较之这一阶段的要高，这说明在竞争性价格里，下一阶段经过打折扣的边际利润超过了这一阶段的边际利润，因此在下一阶段想要销售得更多是有代价的：垄断者们将会比市场竞争者们更有想保护资源的意愿，如果下一阶段的弹性较之这一阶段要低的话，则情况相反。

在有开采代价的条件下，对于竞争性均衡的条件是租金，也就是说价格减去开采成本，我们用 c 来表示，随着利率上升，即：

$$p_t - c = \frac{p_{t+1} - c}{1 + r}$$

在相同的垄断条件下，利率上升则边际利润上升，

$$\mathrm{MR}_t - c = \frac{\mathrm{MR}_{t+1} - c}{1 + r}$$

显然，当弹性需求不变时，因为边际利润是价格的一部分，当下一阶段的折扣后租金(价格减去开采成本)等于这个阶段时，下一阶段的净折扣后边际利润大于这一阶段。同样，减少这一阶段的销量和扩张下一阶段的销量是需要付出代价的，在为正的开采成本以及恒定的弹性需求下，一个垄断者将会比社会最理想化条件下的竞争者更有意愿去保护资源。垄断者与竞争者一样，最终会耗尽其所有的自然资源，唯一的问题是一个垄断者是否可以重新转移不同时点销量来增加收益的折现值，分析显示，通过拥有的权利来实现这个重新分配是非常恰当的。

在一个零开采成本的多期模型中，竞争性的均衡会要求价格随着利率上升而上升，而垄断者正好要求边际利润随着利率上升而上升。但是如果是在恒定需求弹性条件下，价格对于边际利润是成比例的，因此价格同样随着利率上升。因为当时间趋近无穷的时候，均衡会导致资源的耗尽，竞争性市场均衡和垄断均衡实际上是被同样的一系列方程式所描述的，两个均衡是完全相同的。

二、基本模型

对于资源量 q 的需求公式表示为以下形式：

$$p = f(t)q^{\alpha-1},\ 1 \geqslant \alpha \geqslant 0 \tag{2-27}$$

$1/1-\alpha$ 是需求的弹性，垄断者的意愿是最大化其收益：

$$\max\int_0^{\infty} p(t)q(t)\mathrm{e}^{-rt}\mathrm{d}t \tag{2-28}$$

最大化收益受约束于资源总量 S_0，

$$\int_0^{\infty} q(t)\mathrm{d}t \leqslant S_0 \tag{2-29}$$

将式(2-27)代入式(2-28)，引入 λ 为对于式(2-29)的拉格朗日变量，我们的最大化问题将可以重新列成如下公式：

$$\max\int_0^{\infty} [f(t)q^{\alpha}\mathrm{e}^{-rt} - \lambda q]\mathrm{d}t \tag{2-30}$$

暗含着我们设置 $q(t)$ 以使得

$$\alpha q^{\alpha-1}\mathrm{e}^{-rt}f - \lambda = 0 \tag{2-31}$$

把(2-27)代入(2-31)，两边取对数，微分得到

$$\frac{\dot{p}}{p} = r \tag{2-32}$$

这与我们熟悉的在竞争性市场上自然资源随着时间进程的价格变化是相同的，价格必须随着利率上升。再一次使用式(2-28)，有

$$\frac{\dot{q}}{q}=\frac{r-\frac{\dot{f}}{f}}{\alpha-1} \tag{2-33}$$

因此，竞争市场和垄断市场都会满足差异的式(2-34)和式(2-30)，这说明了价格在时间的每一个阶段，无论是在竞争性市场还是在垄断性市场都是相同的，使其得到加强的必须是自然资源的利用率。因为我们的消费是弹性不变的，只要 $f(t)>0$，$q>0$。因此，如果 $f(t)>0$ 是一直满足的，资源是以渐近线的形式逐渐被耗尽的。从另一方面来说，如果 $t\geqslant T$ 时，$f(t)=0$，那么这个资源已经被用完了，同时在竞争性市场和垄断市场上都用完了，就在 T 点这个时刻。

三、增长性的需求曲线弹性

对于之前部分的研究，两个假设非常关键，不为时间所改变的恒定的弹性，以及零开采成本。但是在这里以及接下来的部分中，将取消这两个条件的限定。

如果需求的弹性随时间增长所增长，我们也可以预想到，这是在给定资源条件下可替代的资源被开发出来的必然结果。我们之前已经从同样的方程式里获得了 $p(t)$ 的最优价格。利用式(2-31)对时间进行求导，得

$$\frac{\dot{p}}{p}=r-\frac{\alpha'}{\alpha} \tag{2-34}$$

在这里，对于消费量来说，$\alpha'>0$。对于垄断者来说，价格的增长率将会慢于竞争市场。这反过来说明如果式(2-30)满足，垄断者的自然资源利用率最初是较低的，垄断者使用了一个更为保护环境的政策。

四、开采成本

当开采成本需要考虑的时候，一个相似的关于垄断者遵循一个极端的资源保护政策的偏见出现了。令开采成本对于每一单位开采的资源是相当的，但相对于时间来说是减少的。

因此我们令 $g(t)$ 是关于时间的单位开采成本，t，$g'\leqslant 0$。垄断者收益现在是：

$$\int_0^{\infty}(fq^{\alpha}-gq)\mathrm{e}^{-rt}\mathrm{d}t \tag{2-35}$$

最大化收益需要

$$(\alpha fq^{\alpha-1}-g)\mathrm{e}^{-rt}-\lambda=0 \tag{2-36}$$

在求导和整理后，公式变为

$$\frac{\dot{p}}{p}=r(1-r_m)+\frac{\dot{g}}{g}r_m \tag{2-37}$$

同时，$r_m = \frac{g}{\alpha p}$，r_m 是被边际利润分割开的开采成本。很明显，r_m 必须小于1，如果开采成本迅速下降的话，或 r_m 较大，那么市场价格会实际下跌。相反来看，竞争性均衡的解意味着所有公司在开采石油时是同质的，得到净利润为 $p(t) - g(t)$，或者在这一阶段暂时不开采石油，等到下一阶段再开采，得到净收益为

$$\frac{p(t+1) - g(t+1)}{1+r}$$

也就是

$$\frac{p(t+1) - p(t)}{p(t)} = \frac{g(t+1) - g(t)}{g(t)} \frac{g(t)}{p(t)} + \frac{r(p(t) - g(t))}{p(t)}$$

或者，在连续的时间里

$$\frac{\dot{p}}{p} = r(1 - \gamma_c) + \frac{\dot{g}}{g}\gamma_c$$

同时，$\gamma_c = \frac{g}{p}$，因此如果在任何 t，$p(t)$ 对于竞争性和垄断市场是相同的，$\gamma_c < \gamma_m$，所以竞争性市场的 $\frac{\dot{p}}{p}$ 要大于垄断性市场。因此价格曲线仅仅在一点交叉，垄断者会采取一个更能体现自然资源保护论的政策。注意到垄断者较之竞争产业有一个较低的最初产出率，如果总供给是最终要用尽的，垄断者的价格将会逐渐降低。因此尽管现在的这一代对于石油付出了较高的价格，在随后的时代里将会受益。但是，垄断均衡是在无效率的不断变化中的。如果垄断被取消了，现在这一代可以以较高的价格补偿未来的一代，而且境况仍然会变好。

五、投机者和混合市场

在我们以上假设的一些情况中，例如，当需求弹性下降的时候，自然资源的价格较之利率要上升得快。这刺激了投机者购买自然资源并储存起来，提供的储存费用并不会很高。在这个范围内，如果储存成本是零，价格会随着利率上升，就算垄断者想要挥霍社会资源，快速消耗它们，投机者们也会阻止他们这么做。因此垄断和竞争均衡是相等的。

有些人持反对意见，不认为如果价格较之利率上升得慢。如果存在一个混合市场，有一个较大的石油供给者以及一大群小石油供给者，那么在均衡里小供给者将会在价格随着利率上升的时候先开采他们的石油，当所有的存储耗尽的时候，大石油供给者开始开采，而此时价格相对于利率来说上升得更慢。

六、结论

当然，垄断者和竞争性市场会有许多不同之处。尤其是需要的回报率不同，例如，垄断者可以更容易地进入资本市场，而且由于有较大的规模，可以更好地分散风险。上文假设里垄断者对资本的回报率有更小的需求(也就是 r 较小)，表明垄断者较之市场竞争者会采用更为保护资源的政策。

在任何垄断者会采取保护资源政策的情形中，如果一个产业目前是卡特尔竞争的，这将会带来价格上的不连续跳跃。在石油价格上这个跳跃是否因为本书中讨论过的一些因素所导致，我们仍然没有定论。在这个情形中，政府较之大石油公司来说是否更难进入资本市场是有争议的，因此卡特尔化以后相关的利率更高。此外，如果石油公司考虑到国有化的可能性很大，他们将会采取一个快速的开采政策。相似地，如果不同公司(国家)面临的利率是不同的，那么他们意愿开采的比率也是不同的。很明显，市场的均衡会使面临最高利率的公司最先进行开采(当他是一个生产者时，价格随着他的利率上升)，那么次高利率的公司也是如此。如果不同的公司面临不同的开采成本，最低开采成本的公司将会最先开采，以此类推，总是将可以延迟的成本推迟到未来进行，竞争性市场均衡保证了这个情况是会发生的，垄断者市场也是如此。实际上不同的公司面临不同的开采成本，同时表面上有不同的折现率是由以下几个原因导致的：(1)边际开采成本相同，尽管平均开采成本并不相同。(2)开采成本和时间的偏好率相互抵消，低开采成本与低利率相互联系。(3)公司(国家)并不面对着一个可以恒定不变的借进和贷出的利率。(4)更特别的是，对于风险不同的态度以及判断对于开采延期的影响。

税收政策提供了更多关于市场解决办法以及最优开采率的不同看法，但是最重要的是，资本利得优惠待遇和资源耗尽补贴也许不会影响到垄断市场和竞争市场的相对比率。如果开采成本是零的话，一个固定的资源耗尽补贴对跨期资源分配没有影响(因为价格关于利率上涨，资源耗尽补贴在现有的折现期在石油资源耗尽时是独立的)，因此，在常规需求弹性条件下，无论有没有资源耗尽补贴，关于垄断和竞争的跨期资源分配都是相同的。在为正的开采成本下，资源耗尽补贴鼓励了超速开采(因为在利率上涨的情况下，租金也会上涨)，价格会较之利率上涨得较慢，因此未来的资源耗尽补贴的折现值会下降。因为垄断的价格比竞争情形下的上升要慢，有假设提出资源耗尽补贴对于加速开采效应上，在先前阶段的影响会比后面阶段更为显著。因为持有一部分自然资源的回报是一个资本利得，资本利得是在一个较为优惠的税率上征税的，上升价格的均衡利率是 $\frac{r(1-t_p)}{1-t_{c0}}$，在这里 t_p 和 t_{c0} 是个人所得和资本利得的税率，因此对于资本利得的优惠对待会导致过分的资本保护。

第四节 开采成本与不可再生资源

标准加总式不可再生资源的开采模型的基本假定认为，开采成本与储量水平是反向关系，但是，考虑到开采的激励与储量价值等因素，经验性检验的非加总模型说明，开采行为在企业试图平衡集约的和分散的边际开采以及使用者成本时会发生，开采行为进行到矿藏的边际寻找成本等于它的现值时停止，并展现出一个U型的价格路径。

一、引言

当单个矿藏的储量不断减少时，开采成本趋于上升。因此，开采的一个主要动机就是，寻找新的矿藏以抵消现有矿藏耗尽所带来的加总的开采成本的上升。然而，关注储量耗尽的成本效应使得经济学家普遍认为：在某段时间，不是新矿藏的发现减少了老矿藏的开采，使得总的储量下降从而导致开采成本上升；就是新矿藏的开采超过了老矿藏的开采，使得开采成本下降。事实上，这意味着储量基被看做单个大的矿藏：如果它变得更小，就会产生更高的开采成本；反之，会产生更低的开采成本。

这一思路的缺陷在于，它没有认识到：(1)矿藏的其他特征，如资源耗尽的状态会影响开采成本的水平；(2)具有低开采成本特征的矿藏最先被找到。如果最优的矿藏(具有低开采成本的矿藏)最先被找到，即使新发现的矿藏提高了储量基，也没理由相信开采成本会下降。如果新矿藏的质量更低，储量基和开采成本都将上升，或者至少它们之间的直接关系变得模棱两可。

开采成本与储量大小之间负相关的假设在不可再生资源经济学的模型中具有重大意义，这些模型是相关文献的重要组成部分。当总储量与总开采成本之间的关系不明显时，这些模型将无法预测最优开采的性质或者价格路径的可能形状。为了支持这种关系可能不是负相关的，可以提供一个经验性的证据，如加拿大艾伯塔省的石油储量与加总的开采成本之间存在很强的正相关。下面我们给出一个非加总模型，它设定每个矿藏的开采成本随各自储量的下降而上升，同时最优的矿藏也最先被找到。这样模型考虑了两方面的价格效应，这也是加总模型所不具备的。分析表明，该模型导致对开采目的有一个新的解释。另外，在成本模型中的关系明确，使得价格路径可能的形状就变得可预测了。

二、可加总不可再生资源勘探与开采模型

这一部分将展示一个加总模型，这种模型的特征在文献中被普遍接受。这一模

型意味着一个假定的有竞争力的企业基于多个矿藏的总储量做出最优的开采决定。假定企业面临一个外生的价格，具有完整的产权以及最大化开采所获得利润现值，公式如下：

$$\pi = \int_0^{\infty} [Pq - C(q, R) - \omega v] e^{-rt} dt \tag{2-38}$$

约束条件是：

$$\dot{R}(t) = \dot{X}(t) - q(t); \quad R(0) = R_0 \tag{2-39}$$

$$\dot{X}(t) = f[v(t), X(t)]; \quad X(0) = X_0 \tag{2-40}$$

式(2-38)中，P 表示被开采资源的价格，ω 是勘测单位成本，γ 是折现率，$C(q, R)$ 代表开采总成本函数。式(2-39)说明总的现存储量的变化 $R(t)$ 是探明量 $X(t)$ 与开采量 $q(t)$ 之差，式(2-40)表明新矿藏的勘测速率取决于勘测成本 $V(t)$ 与累积的探明量 $X(t)$。

按照通常的假定 $C_R < 0$，得到如下结论：模型中进行开采的动机主要对它降低开采成本有影响。另外，$C_R < 0$ 说明勘测对市场价格有负影响，这种关系在对成本函数加以限制时更加明显。基于此假设，均衡路径就是

$$\dot{P} = r[P - \bar{C}(R)] + \bar{C}_R f(v, x) \tag{2-41}$$

如果初始储量很小而 $\bar{C}_R$ 绝对值将会很大，那么储量的小幅增加会导致开采成本的大幅下降。这种情况下，价格可能会出现一段时间的下跌。这一结果支持了 U 型价格路径的观点。然而，前面提到在加总模型中，我们没有理由得到 $C_R < 0$。从集约边际方面看，尽管到储量减少时开采成本趋于上升，但是从分散边际来看，随着储量增加开采成本将上升，因为最优的矿藏通常被最先找到。又因为现存储量的变化是这两方面变化的加总，所以开采成本与总储量的变化可能正相关也可能负相关。如果 $\bar{C}_R < 0$，分散边际的价格效应占主导，模型中主要的开采动机消失了，价格必然上涨以满足式(2-41)，而且模型无法预测出 U 型价格路径。

我们利用艾伯塔省石油开采行业 1951—1982 年的年度总数据来检验 $C_R < 0$ 的假设。总开采成本为营运和资本成本之和，且被转变为实际量。艾伯塔省确定的石油储量数据作为储量的变量。结果让我们放弃了 $C_R < 0$ 的假定。事实上，我们发现成本与储量明显正相关，这也说明对于这组数据，$C_R>0$的假设比其他文献所认同的假设更加合理。

三、不可再生资源的非加总模型

为了阐述公司运营在集约边际和分散边际上的平衡，从而避免上述问题，我们

给出了非加总模型，企业各时间段做如下选择：(1)勘测成本导致适当数量的新矿藏开发；(2)每个新矿藏的开采速度；(3)已发现矿藏的开采速度。模型最重要的特征是开采成本函数的具体说明。我们假定 t 时期第 k 个矿藏的成本取决于开采速度 $q(k, t)$，剩余的储备分数 $R'(k, t)=\dfrac{S(k)-X(k, t)}{S(k)}$，$S(k)$ 是原有矿藏的大小，$X(k, t)$ 是累积的加总量，$G(k)$ 是一个具有外生特性的矢量。

如前所述，最优矿藏被最先找到。因为矿藏的质量主要取决于 $S(k)$ 以及 $G(k)$ 所包含的因素，所以随时间的变化，这些变量被认为以这样一种方式变化，即使得开采成本上升。在石油开采的例子中，油井将逐渐变小，岩石的可渗透性降低，油井的压力降低，这都将使开采成本上升。

想要使获得矿藏质量下降的方法不依赖于矿藏的物理特性，但是仍然满足我们的目的，下面给出了第 N 个被发现的矿藏的开采成本函数：

$$C[q(N, t), R'(N, t), N] \tag{2-42}$$

随着累积的矿藏数量增加，$C_N>0$ 这一条件与最优矿藏被最先找到这一概念一致。我们假定式(2-42)有以下一般性质：

$$C_N>0,\ C_{qq}>0,\ C_R<0,\ C_{qR}<0$$

当我们假定时刻 t 存在一个连续的矿藏量，每个都在 t 时刻之前被发现，而且对所有矿藏 $S(k)=1$，t 时刻勘测与开采所获得的边际利润为

$$\int_0^{N(t)}\{P(t)q(k, t)-C[q(k, t), R'(k, t), k]\}\mathrm{d}k-w(t)v(t) \tag{2-43}$$

企业的目的是选择 $q(k, t)$ 和 $\nu(t)$ 来最大化利润的现值，从而目的是最大化

$$\pi=\int_0^{\infty}\left(\int_0^{N(t)}\{P(t)q(k, t)-C[q(k, t), R'(k, t), k]\}\mathrm{d}k-w(t)v(t)\mathrm{e}^{-rt}\mathrm{d}t\right) \tag{2-44}$$

约束条件为：

$$\dot{R}'(k)=-q(k, t),\ k\in(0, N(t)) \tag{2-45}$$

$$\dot{N}(t)=n(t)=f[v(t), N(t)] \tag{2-46}$$

式(2-46)中发现的矿藏数量 $n(t)$ 取决于勘测成本 $\nu(t)$，而与累积发现的矿藏数量 $N(t)$ 成反比。从而，模型中不断增加的累积发现的矿藏使得寻找和开采成本上升。

当我们把 $\lambda(k, t)$ 作为与 t 时刻发现的第 k 个矿藏的储量保有量相联系的主变量，$\mu(t)$ 是与状态变量 $N(t)$ 相联系的主变量，在式(2-45)、式(2-46)约束下的最大化等式(2-44)，并且通常非负的限制使得每个矿藏的开采速度等于边际开采成本与边际使用者成本之和，即

$$
\begin{aligned}
&C_q[q(i,\ t),\ R'(i,\ t),\ i] + \lambda(i,\ t)e^{rt} \\
&= C_q[q(j,\ t),\ R'(j,\ t),\ j] + \lambda(j,\ t)e^{rt};\ i,\ j \in (0,\ N(t))
\end{aligned} \tag{2-47}
$$

将这一情形应用于所有矿藏，包括现已经发现的，从而对勘测动机具有意义。因为现存矿藏储量的下降造成开采成本上升，勘测的一个重要目的就是寻找新矿藏以降低这些成本的上升程度。因而，与加总模型相反，进行勘测是合适的，即使矿藏是低质量的。理由是寻找开采成本连续上升的矿藏作为分散边际收益以抵消集约边际方面上升的开采成本，勘测成本的一阶条件可写成：

$$
\frac{w(t)}{f_v} = \mu(t)e^{rt} \tag{2-48}
$$

说明当探寻一个矿藏的边际成本等于额外探寻一个矿藏的影子价格现值时，最优的 $\boldsymbol{\nu}(t)$ 实现了。解 $\boldsymbol{\mu}(t)$ 的微分方程能获得对这一条件更大的洞察。

$$
\mu(t) = V(k,\ t) + \int_t^{\infty}\left[\frac{f_N(v(s),\ N(s))}{f_v}\right]e^{-rt}ds \tag{2-49}
$$

现存矿藏的存量下，$V(k,\ t)$ 是 t 时刻矿藏的最大化的资产价值。式(2-49)说明一个矿藏的影子价格等于储备量的资产现值加上额外负值，即 t 时刻额外发现的矿藏导致的未来开采成本的上升。如果 $f_N = 0$，而新矿藏的边际利润只包含储备量的资产现值，在这种情况下通过等式(2-48)，勘测将一直进行到新矿藏的边际成本等于它的资产现值，这与加总模型里的相反，实行勘测直到边际探索成本等于资源量的阴影价格。

在这个模型里，这种市场价格的平衡行为可以在对 $q(k,\ t)$ 的总一阶求导后得出。在界定了 $Q(t)$ 是市场供应和使用相反的需求方程的情形下，$P = f(Q)$，我们有

$$
\dot{P}(t) = A \cdot \int_0^{N(t)} \frac{C_{qR}q - r(P - C_q) - C_R}{C_{qq}}dk + q(N,\ t)\dot{N}(t) \cdot A \tag{2-50}
$$

在式(2-50)中，

$$
A = \frac{f'(Q)}{\left[1 - f'(Q)\int_0^{N(t)} C_{qq}^{-1}dk\right]} < 0
$$

即使去除了勘测因素 $\dot{N}(t) = 0$ 在式(2-50)中指出的含义还是含糊不清，在模型里，一般情形下存在储备影响。如果储备影响相对于集约边际很小，不确定的因素知道，那么市场价格将会随着时间而增长，但是勘测的效应会降低市场价格增长的速率，因此勘测对于市场价格趋势的影响是明确的，模型可以预测出对于 U 型价格路径的可能。此外，模型与之前的部分讨论是一致的，在加总情形下，开采成本相对于储备是正的。

利用 1976 年统计的 166 个石油交叉随机油田样本测试了模型中开采成本的可

能性，这些数据在1950—1973年的不同年份里面被统计出来，数据包括每一个油田数据，对于水源的开发，石油的产出比例，水的产出比率，天然气和水的注入比率，油田的位置，开发年份，平均开钻成本，以及维持油田运作的平均成本。这些信息可以计算1976年每个样本油田的开采成本。假设对于第 i 个油田的这些成本与总资源的比率是成反比例变动的，总资源在逐渐被耗尽，以及与先前开采的累计开采油田数量正相关。

成本方程 $C_i = C(q_i, R'_i, N_i)$ 是线性的，从而得到了对模型的结论支撑。特别地，$C_q > 0$，$C_R < 0$，$C_N > 0$，这3个变量都是统计学显著的，这个结论表明，这是一个比加总模型更为合理的开采成本的模型。此外，这解释了为什么总开采成本被现实是一个增长的保留方程。

第五节　不确定性下的资源开采和利用

现代工业所依赖的资源已经要开采殆尽了吗？尽管Meadows(1972)在“增长的极限”中提出这样的质疑，但是很多经济学家认为，仅仅基于资源对消费的比例，从而得出这样悲观的结论，是非常荒谬的。如Fisher(1977)，Brown and Field(1978)，Pindyck(1978)致力于其他替代显示性指标，大家得到了一致性的看法，资源的特许或者租金，即资源的影子价格是很好的指标。

如果看到租金能够决定某些主要的资源是否已经接近枯竭，或者至少开始变得稀缺，那么，我们到哪里可以找到这些数据呢？对于资源存量稀缺性的测度，如生产价格、开采成本等这些数据可以获得的，但是租金我们无法获得准确的资料，但是可以通过一个开发和开采的模型来描述租金和发现一个边际单位资源成本之间密切的关系。在确定性条件下，这两种测度是一致的，但是在更为一般的资源开采是不确定性条件下，成本仅仅是对租金估计的一种约束条件。通过分析表明，一些最重要的开采性资源如石油和天然气，其真实成本是上升的，这和早期研究发现储量上升，开采成本和价格稳定或者下降的发现是极为不同的。尽管同意在“增长的极限”中对于稀缺性度量的评判，但是相关的模型和观察表明，对于渐增稀缺性的关注并非不合时宜。

对于这个问题，我们试图回答不确定性条件下，竞争性是否对开采效率有影响，同时会考虑不确定性是否对企业的行为产生影响，不确定性是否导致企业开采更多或是更少，因为模型结论不同于企业面临不确定需求时的情况。

一、不确定性下资源开采模型

为了清晰地分析租金和勘探成本的关系，构造了一个在不确定性条件下，简单的两阶段最优开采模型。这个模型不同于以往的模型，它是李嘉图模式，以连续的方式看待资源的产生，没有资源可得性的限制，每时刻一些资源被开采，但是边际增量的开采需要更多的付出和努力。这隐含假设认为，最好开采的部分总是被最先挖掘。因此，开采的产量取决于开采努力 L 和资源储量 X。我们可以用开采生产函数 $F(L, X)$ 来表示，而且 $F_x > 0$，随着资源储量 X 的增加，我们的产量会增加，$F_{lx} > 0$，说明努力程度增加，会增加资源边际产出。如果资源存量降低，当前资源开采增加了未来的开采成本，人们会倾向于去发现高品位的矿藏从而弥补在开采中损失的量。在更一般的条件下，开采作为企业的研发活动可以改变企业的成本和生产函数。

然而，开采从本质上是一个不确定性的过程，开采活动的投入和产出之间的关系是随进的。因此，开采生产函数有一个随机项作为乘数，可以假设是一个乘积形式：

$$G(R, \theta) = \theta G(R), \ E\theta = 0$$

式中，R 代表开采努力，G 代表开采产出。这是一个分离形式的模型，资源存储量是未知。存储量的不确定性在这里表现为随机生产函数，产生极为不同的结论。我们有理由相信，存储量的增加会有助于防止开采费用急剧扩张，Arrow and Chang（1978），Deshmukh and Pliska（1980）也模型化了企业获得明确储量信息进行开采的行为。

在两阶段的框架内，开采降低储量的事实表明勘探增加了可采量，可以用一个状态方程来描述：

$$X_2 = X_1 - F(L_1, X_1) + \theta G(R),$$

式中，下标代表的是不同的时期，第一期和第二期。在第一期，企业选择一个开采努力水平。由于第一期的勘探努力，第二期开始一个随机的产出可能实现，企业在这个时点做出它的第二期开采决策。因为只有两期可以存在，所以没有必要在第二期勘探。尽管第一期是在不确定性条件下决策，但是企业知道，当随机变量 θ 确定后，第二期的开采决策随之确定。最后，企业面临一个完全产出需求弹性，并且在两期中数值是确定的。

尽管分析可以应用到一个更为广阔的背景，但是为了简化分析，考虑一个风险中性的企业。与大多数文献认为风险中性企业行为契合确定性条件下的企业行为所不同，结论更加符合风险规避企业的行为模式。因此，企业问题可以归纳为，如何最大化两期收益净现值。

$$\max_{L_1, R} W = E\{P_1 F(L_1, X_1) - \omega L_1 - \omega R + \max_{L_2} \beta [P_2 F(L_2, X_2) - \omega L_2]\} \tag{2-51}$$

$$\text{s.t} \quad X_2 = X_1 - F(L_1, X_1) + \theta G(R) \tag{2-52}$$

在此，$P_i(i = 1, 2)$ 代表的是第 i 期的价格，$L_i(i = 1, 2)$ 代表第 i 期的开采努

力，X_1 代表第一期的资源储存量，$F(L, X)$ 代表开采生产函数，且 $F_L > 0$，$F_X > 0$，$F_{LL} < 0$，努力的边际产出是递减的，$F_{LX} > 0$，ω 代表努力的工资，R 代表勘探的努力，$G(R)$ 是勘探的生产函数，β 是折现率，可以得到对于 L_1 的一阶条件：

$$P_1 - \frac{\omega}{F_L} = E\beta P_2 F_X(L_2, X_2) \tag{2-53}$$

式中，右边是资源的租金，可以从资源的边际产出乘以价格，得到资源的收益，然后折现到第一期，就是资源的影子价格，也是资源的租金，它等于左边的第一期价格减去开采成本，$\frac{\omega}{F_L}$ 代表的是每一单位劳动边际产出的成本，就是第一期的开采成本，工资越高，开采成本越高，劳动的边际产出越高，相应的开采成本越低。

而且，如果定义 V 是最优目标函数值，那么

$$\frac{\partial V}{\partial X_2} = E\beta P_2 F_X(L_2, X_2) \tag{2-54}$$

这和对于租金的定义是一致的，反映了随着资源约束条件变化，最优目标函数值的变化，同时也是资源的影子价格。

现在，如何知道边际勘探成本和租金之间的关系，通过对于 R 的一阶条件得到：

$$\omega = E\theta G'(R)\beta P_2 F_X(L_2, X_2) \tag{2-55}$$

假设 θ 一直取期望值 1，那么式(2-55)可以简化为：

$$\frac{\omega}{G'(R)} = \beta P_2 F_X(L_2, X_2) \tag{2-56}$$

可以看到，边际勘探成本确实等于租金。即使是随机变量 θ 的值不确定的条件下，式(2-56)的类似形式也可以推导出来。实际上，如果可以找到很多面临风险企业的边际勘探成本数据，那么就能够计算出这些数据的平均值去估算租金，从而得到一个有偏估计值。

在不确定条件下，甚至同质企业的边际勘探成本都会不一样，这依赖于随机变量 θ 的值。在这里考察期望边际勘探成本 $E\left[\frac{\omega}{\theta G'(R)}\right]$ 和租金之间的关系。

因为 $\frac{\omega}{\theta G'(R)}$ 是 θ 的凸函数，根据詹森不等式(Jensen's inequality)得到

$$E\left[\frac{\omega}{\theta G'(R)}\right] > \frac{\omega}{G'(R)} \tag{2-57}$$

如果在这里已知 $E\theta = 1$，将其代入式(2-55)得到

$$E\left[\frac{\omega}{\theta G'(R)}\right] > E\beta P_2 F_X(L_2, X_2) + \mathrm{COV}[\theta, P_2 F_X(L_2, X_2)] \tag{2-58}$$

可以看到，右边的第一项是租金的期望值，如果协方差是非负值的话，那可以确定无疑地说，期望边际勘探成本会超过租金。如果协方差是负值的话，它们之间的关系就会变得非常令人费解。

这个结果和我们模型的设定是相关的，在确定性条件下，边际勘探成本和租金是等价的，而这极大地依赖于假定发掘产出水平是一个控制变量。事实上，类似的分析来自企业的生产会达到收益最大化的边际产出水平。但是，在随机开采函数条件下，企业能够控制的是勘探的投入而不是产出。我们可以从式(2-56)看到，风险中性的企业设定勘探投入的边际产出等于边际成本，即工资。这种设定的结果就是，这个最后的期望边际成本一般来说并不等于边际收益或者是租金。

协方差项的符号取决于 $\dfrac{\partial F_X}{\partial \theta}$ 的符号，注意到对于 L_2（事后决策变量）的一阶条件，

$$P_2 F_L(L_2^*,\ X_2^*) = \omega \tag{2-59}$$

星号在这里代表的是最优值，在最优状态下，第二期的资源量是 $X_2^* = X_1^* - F(L_1^*,\ \theta X) + \theta G(R^*)$。两边对式(2-59)中的随机变量 θ 微分，可以得到

$$P_2[F_{LL}(\partial L_2^* / \partial \theta) + F_{LX}(\partial X_2^* / \partial \theta)] = 0,$$

因为 $\partial X_2^* / \partial \theta = G(R^*)$，$\partial L_2^* / \partial \theta = \left(-\dfrac{F_{LX}}{F_{LL}}\right) G(R^*)$，可以得到，

$$\frac{\partial F_X}{\partial \theta} = F_{LX} \partial L_2^* / \partial \theta + F_{XX} G(R^*) \tag{2-60}$$

从式(2-60)中，$\dfrac{\partial F_X}{\partial \theta}$ 的符号取决于 $[(F_{LX})^2 - F_{LX}F_{XX}]$。因为，$F_{LL} < 0$，如果 $F_{XX} \geqslant 0$，这个符号无疑是正的，因此，$F_{XX} \geqslant 0$ 是得到期望边际勘探成本大于租金的充分条件。

另外一种解释方式是，给予租金一个上界，边际勘探成本。但是没有下界，通过式(2-57)可以看到，在成本测度上詹森不等式是有偏的。尽管式(2-58)中协方差项反映了企业对于风险的态度，但是其符号为负也不能确定租金的下界。虽然 $\dfrac{\omega}{G'(R)}$ 的估计是有偏的，但是可以利用勘探成本的数据来一致估计 $\dfrac{\omega}{G'(R)}$，确定了(2-58)式中协方差的符号，就可以确定租金的上下界。

可以令 $\lambda = \dfrac{\theta G'(R^*)}{\omega}$，边际勘探成本的倒数，如果 n 个随机变量 θ 的观测值 $\theta_1,\ \cdots,\ \theta_n$ 是可交换的，这个样本的平均值 $\bar{\lambda} = \left(\dfrac{1}{n}\right) \sum_{i=1}^{n} \left[\dfrac{\theta G'(R^*)}{\omega}\right]$ 是 $E(\lambda) =$

$\frac{G'(R^*)}{\omega}$的一致估计。如果仅仅考虑$\theta > 0$时的观测值，$\frac{1}{\lambda}$会是$\frac{\omega}{\theta G'(R^*)}$一致但是有偏的估计，通过式(2-58)，可以得到$\frac{\omega}{G'(R^*)} = EP_2F_X + \mathrm{COV}[\theta, P_2F_X]$，因此数据可以用来限制租金取决于协方差的符号。而且，假设随机变量θ的分布事先已知，那么对于勘探成本$\frac{\omega}{G'(R^*)}$可以得到一个无偏估计，因为可以利用雅可比变换公式(Jacobian transformation formula)推导出一个随机变量函数的分布。

二、不确定性条件下开采努力分配

由于不确定性造成边际勘探成本超过租金(资源的影子价格)，这并不意味着企业会将更多的资源投入开采中，当下述不等式成立时，有可能不确定性导致企业降低开采的努力。

$$E\left[\frac{\omega}{\theta G'(R)}\right] > E\beta P_2F_X(L_2, X_2) \tag{2-61}$$

因为勘探努力水平影响边际勘探成本和租金，不确定性会导致勘探努力水平R的减少，如果$F_{XX} \geqslant 0$，会同时降低边际勘探成本和租金，但是降低租金会更多，以至于式(2-62)从等式变成不等式，接下来，可以很清晰地用图表来分析。

从式(2-54)和式(2-56)的一阶条件出发，我们可以重写它们，得到

$$Eh(L_1, R, \theta) = \omega \tag{2-62}$$

$$Eg(L_1, R, \theta) = \omega \tag{2-63}$$

二阶条件保证了曲线$Eh = \omega$从曲线$Eg = \omega$下方穿过，我们可以从图2-5看到，最优的L_1和R由这两条曲线的交点所决定。

现在，在随机变量θ的分布条件下，我们考虑一个均值保留展型(mean-preserving spread)。一个均值保留展型(MPS)的特例是从确定性转移为不确定性。Rothschild and Stiglitz(1970)指出，在给定L_1和R的值后，对于随机变量θ而言，g是一个凸函数(凹函数)，一个均值保留展型会相应增加(减少)Eg的值。从图2-5我们可以看到，如果在θ上，g是一个凸函数，一个均值保留展型(MPS)会推动曲线$Eg = \omega$向外移动，这个命题对于$Eh = \omega$同样适用。函数g和h的凸凹性由下式决定：

$$g_{\theta\theta} = -\beta P_2F_L\frac{\partial^2 F_X}{\partial\theta^2} \tag{2-64}$$

$$h_{\theta\theta} = 2\beta P_2G'(R)\frac{\partial F_X}{\partial\theta} + \theta G'(R)\beta P_2\frac{\partial^2 F_X}{\partial\theta^2} \tag{2-65}$$

如果$F_{XX} \geqslant 0$，式(2-65)的右边的第一项应该是正的，这是预期边际勘察成本

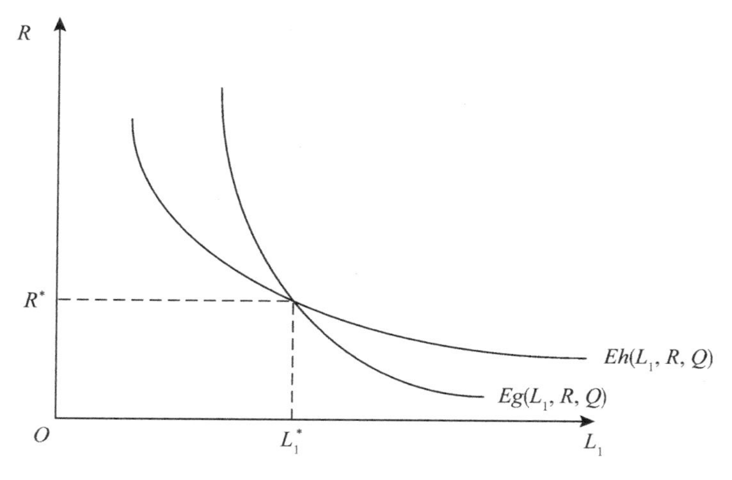

图 2-5 勘探努力水平和开采努力水平

大于租金的充分条件。如果右边第二项是负的，而且绝对值充分大，使得 $h_{\theta\theta}<0$，导致曲线 $Eh=\omega$ 向内移动。但是由于第二项 $\frac{\partial^2 F_X}{\partial\theta^2}$ 是负值，这保证了 $g_{\theta\theta}>0$，使得在均值保留展型下，推动曲线 $Eg=\omega$ 向外移动。

在图 2-6 中，开采和勘探努力水平的边际关系会导致勘探努力的减少和第一阶段的开采增加，期望边际勘探成本超过租金，这说明不确定性不一定导致勘探努力的增加。在这里，不确定性实际上降低了努力程度，同时也降低了边际勘探成本和租金，而且，随后的开采增加进一步降低了租金。净效应是不确定性降低了边际勘探成本和租金，但是租金下降得更多，这导致了上述结果。

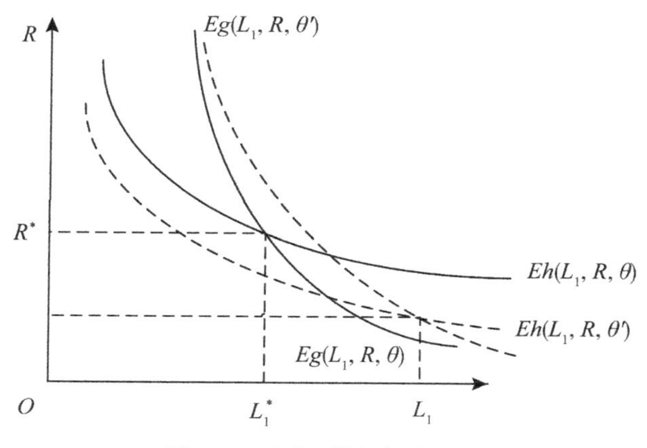

图 2-6 开采和勘探努力水平

三、竞争性开采的效率

在此，我们又提出一个理论问题，开采的风险是否会导致竞争性的均衡偏离社会最优？换句话说，开采中的不确定性是否会导致市场失灵？此处，不做严谨的分析，我们仅仅做一些启发式的讨论。

如果一个企业面临技术上的不确定性，Diamond(1967)指出，给定不确定性的性质，股票市场的竞争性均衡是约束性的帕累托最优，不存在可以重新配置资源导致总体福利增加的可能性。如果整个开采工业面临风险，那么我们模型并不匹配随机生产函数的Diamond条件。因此，如果所有从事开采企业的总产出会遭遇到一些不确定性(相对于个体企业面临的不确定性要小些)，竞争性均衡不是约束条件下的帕累托最优。

这个结果背后的支撑就是，Stiglitz(1979)在不同的背景下讨论在一个确定性条件下，竞争性均衡是一个帕累托最优。给定一个均衡价格集合，企业个体行为不会改变价格，如果仅仅是个体企业面临风险，而不是整个工业，那么同样的假设也会是有效的。即使单个企业的产出是随机的，但是整个工业产出不是随机的，整个工业的产出价格不会因为单个企业的行为而改变，但是，如果是整个工业的风险，单个企业不会忽视他们行为对于价格的影响。因此，竞争性均衡总的来说不同于福利最优时的选择。

第六节　能源效率理论

一、能源效率相关理论

(一)经济增长理论

自1776年亚当·斯密发表《国富论》之后，经济学家们对“增长之谜”的研究步伐就再也无法停止下来。① 在解释经济增长的原因上，经历了古典经济学、新古典经济学、内生增长理论的发展轨迹。以拉姆齐(Ramsey)1928年的经典论文为分水岭，可以把经济增长理论分为两个阶段，1928年以前是经济增长理论的奠基阶段，这一阶段的增长理论称为古典增长理论，之后进入增长理论的成熟阶段，称为新古典增长理论和内生增长理论。

古典经济学时期，亚当·斯密(Adam Smith)从分工和劳动投入两方面来解释

① Robert E. Lucas, Jr. On the Mechanics of Economic Development[J]. Journal of Monetary Economics, 1988, 22(1): 3-42.

经济增长的演变规律。分工有利于生产经验的积累、劳动熟练程度的提高和生产技术的改进，最终有利于劳动生产率的提高。增加生产性劳动者的数目和提高受雇劳动者的生产力是增加产出的两种途径，而这两者都需要以增加资本投入为前提。大卫·李嘉图(David Ricardo)对于经济增长的分析是围绕着收入分配展开的，在考察了工资、利润和地租的变动规律与影响因素后，他认为长期的经济增长趋势会在边际收益递减规律的作用下而停止。托马斯·马尔萨斯(Thomas R. Malthus)对经济增长的讨论是与他的人口原理联系在一起的。在他看来，人口增长与产出增长是不同步的，人口迅猛增长与经济资源的有限性之间存在着尖锐的矛盾，即人口如果不加控制，会以几何级数增加，超过产出的增长速度，最终使得人均产出下降。这一时期，马克思对经济增长理论做出了突出的贡献。马克思的劳动价值理论、剩余价值理论、资本积累理论、资本再生产理论、社会总资本的再生产理论，都是对资本主义经济增长有关问题的研究。马克思在经济思想史上第一次揭示了社会总资本再生产和流通的科学理论体系，其扩大再生产理论把静态分析动态化，把短期分析长期化，并建立了经济增长模型。

新古典经济学时期，马歇尔(Marshall A.)发展了以李嘉图为代表的古典经济学边际报酬递减的思想，认为资本积累和资本家的经营管理才能在推动经济增长的过程中发挥重要作用。资本家的节俭，会将大部分生产成果节省下来转化为储蓄，形成支撑新生产能力的资本投入，较高的储蓄率支撑较高的资本存量水平，较高的资本存量支撑较大的生产规模，给社会带来较多的财富，工人获得更高的工资。同时，马歇尔把知识和教育引入生产要素之中，并提出知识促进经济增长的观点。熊彼特(Joseph Schumpeter)1912年首次在其著作《经济发展理论》中提出创新的概念，并指出创新是经济增长的动力源泉，经济发展的可能性来自静态均衡的破坏，而打破静态均衡的关键在于超额利润诱发的创新。他认为创新是企业家对生产要素进行重新组合。他把创新归纳为五个方面：引进新生产方法，开发新产品，采用新的生产原料，开辟新市场，形成新的生产组合。

在西方经济学教科书中，普遍认为现代经济增长理论的起点是哈罗德-多马(Harrod-Domar)模型的出现。该模型在凯恩斯的短期分析中引入经济增长的长期因素，并强调资本积累在经济增长中的重要性，其关键假设是生产过程中劳动和资本不可替代。多马模型结论表明：经济增长率随着储蓄率的增加而增加，随着资本-产出比的增加而下降。该模型也存在诸多不足，例如，没有考虑技术进步在经济增长中的作用，而且经济的增长路径是不稳定的，等等。索洛（Solow，1956)建立的经济增长模型奠定了新古典经济增长理论的基础，该模型在很长一段时间里处于经济增长理论的主导地位。Solow 模型修正了哈罗德-多马模型的生产要素不可替代的假设，假定资本和劳动可替代，强调市场机制在经济增长过程中的作用，无论经济处于什么样的初始位置，市场机制只要是健全的，就可以选择合适的资本-产出比，来保证充分就业。索洛模型尽管在经济增长理论中前进了一大步，但仍存在两大不足：该模型假定储蓄率和技术进步是外生的。卡斯-库普曼(Cass-Koopmans，1965)在拉姆齐(1928)研究成果的基础上，首次将消费者最优化分析引入新古典模型中，从而将储蓄率内生化，这样便建立了一个更为一般的经济增长模型。尽管该模型实现了储蓄率的内生化，但 Ramsey-Cass-Koopmans 模型与索洛模型对长期稳定增长状态的结论是一致的，即经济的长期增长率取决于外生的人口增长率和技术进步率。新古典经济增长模型一方面认为技术进步是经济增长的决定因素；另一方面却又假定技术进步是外生的，结果使得新古典模型对一些重要的增长事实无法解释。

20 世纪 80 年代，罗默(Romer，1986)、卢卡斯(Lucas，1988)等建立了新经济增长模型，修正了索洛模型技术外生化的假定，把技术进步进行内生化处理。新经济增长理论认为，工业化的知识和人力资本积累引起的内生化技术进步克服了传统的资本边际收益率递减，使得总收益递增，是经济持续增长的动力和源泉。新增长理论主要分为四类：技术类(外溢和发明)模型、分工类模型、贸易类模型和制度类(产权制度、分配制度、金融制度等)模型，从经济增长的动力角度看，新增长理论已经突破了传统增长理论所强调的劳动投入、资本存量等因素，更加强调人力资本、分工、贸易和制度等比较“软”的因素。同时，新增长理论也突破了传统的增长动力机制(完全竞争机制)，提出了垄断性竞争机制和交易费用机制。与新古典增长理论相比，新增长理论从不同侧面探究了经济增长的源泉和机制，在更大范围内解释了经济现象，并提出了促进经济增长的相关政策。①

主流经济增长理论或流派，在不同程度上低估了自然资源对经济的作用。他们通常把自然资源简单看作生产要素，把资源问题演绎成单纯的生产成本问题。随着资源的不断被开采和利用，自然资源的利用成本在增加。但经济学家们认为，随着技术的进步，成本问题相对于资本、劳动等来说，不足以成为经济增长的障碍，因为技术进步可以提高资源的利用效率，并相应地降低生产成本。因此，经济增长理论把技术、资本和劳动等要素作为关注的重点以及模型研究的主要变量，而忽视自然资源的作用。很多经济学家认为，自然资源的丰裕程度、利用状况都会对经济增长产生有利或不利影响。例如，有些地区拥有丰富的自然资源，但缺乏利用自然资源的技术和人才，地区经济难以发展，即“资源诅咒”经济现象；而有些地区虽然自然资源较为贫乏，但具有技术和人才优势，地区经济却获得较快发展，例如，20 世纪 80 年代以前的日本。为此，经济学家的结论是，自然资源不是对经济增长起决定作用的因素，而仅仅是起到一定的影响作用，对经济增长起决定作用的仍是人才、技术和资本。然而，主流经济学家不得不承认：各国经济增长与全球范围内的资源短缺、环境污染、生态恶化之间的矛盾，当前已成为国际性的重大问题之一。

---

① 贺胜兵．考虑能源和环境因素的中国省级生产率研究[D]．武汉：华中科技大学，2009.

(二)环境经济学理论

环境资源从免费物品(free goods)转变为稀有商品(economic goods)是环境经济学产生的基础。① 工业社会之前，环境资源作为人类生存和发展的前提和基础，取之不尽、用之不竭，任何人都可以无偿使用而不会损害他人利益，所以那时也就没有环境资源稀缺与价值之说。然而，自工业革命以来，人类社会形成了规模越来越大的“生产”“消费”模式，使地球生态环境付出了沉重的代价，人类面临着日益严重的环境与资源短缺问题。20世纪60年代中期以前，一些工业发达国家的环境污染由局部逐步发展到整个区域，公害事件不断出现、不断治理，60年代中期以后，人们逐步意识到环境是个多元化、多介质、复杂的综合系统，各种因素相互作用，因此要重视综合治理，保护环境。为适应这种需要，环境经济学应运而生。环境经济学是以系统论为理论基础，将环境视为社会大系统中的一个子系统，从系统的高度研究经济发展与环境保护之间的关系。

环境经济学始于20世纪60年代，成熟于80年代。它是以环境与经济之间的相互关系为特定研究对象，以经济的外部性作为研究的侧重点，以环境的污染和治理、生态平衡的破坏和恢复为主要研究内容的经济学科。环境经济学的形成和发展，在两个方面对人类知识做出了贡献：一是扩展了环境科学的内容，使人们对于环境问题的认识增添了经济分析的视角；二是使经济科学在更为现实和客观的基础上得到发展，增强了经济学对社会现象和人类行为的解释力。而这些为人类克服环境危机的现实行动提供了极大的帮助。环境经济学虽仅有四五十年的发展历史，却产生了非常重要的理论和实践意义。

从演化过程来看，环境经济学理论体系的构筑基础是经济学中的微观经济学和福利经济学，其主要观点有：第一，环境是一种稀缺资源，污染实际上是对这种资源的消耗与浪费；第二，环境是个特殊商品，或者说公共商品，它的价格应由边际收益和边际费用的平衡点来确定；第三，经济发展和环境保护之间有相互促进和相互制约的关系。②

环境经济学所要解决的主要问题是经济活动中的环境绩效，并使这种效应转化为经济信息，反馈到国民经济平衡与核算中去，为正确制定经济发展战略、各项经济政策、解决环境问题的方案提供可靠的经济依据。它的根本任务是正确调节和控制“经济-环境”系统，在经济发展和环境保护之间寻求相对平衡，以保证既为当前的生产发展服务，又为长远的经济发展和环境保护提供自然物质基础，维持经济持续稳定的增长，以达到为子孙后代造福的目的。

---

① 马中．环境与自然资源经济学概论[M]．北京：高等教育出版社，2008：7.

② 曹瑞钰．环境经济学与循环经济学[M]．北京：化学工业出版社，2006：5.

环境问题是随着经济活动的扩张而逐渐产生和深化的，因此环境问题实质是经济问题。如何破解人类经济社会发展过程中所面临的环境难题？在现有可选择的方案中，发展循环经济成为一剂良药。循环经济属于生态经济范畴，它要求运用生态学规律而不是机械论规律来指导人类社会的经济活动。与传统经济相比，循环经济的不同之处在于：传统经济是一种“资源—产品—污染排放”单向流动的线性经济，其特征是高开采、低利用、高排放。在这种经济模式下，人们高强度地把地球上的物质和能源提取出来，然后又把污染和废弃物大量地排放到环境中去，对资源是一种粗放型利用，在把资源持续不断地变成废物的过程中实现经济快速增长。与此不同，循环经济倡导的是一种自然环境和经济发展相协调的发展模式。它要求把经济活动组成一个“资源—产品—再生资源”的反馈式流程，其特征是低开采、高利用、低排放。所有的物质和能源在这个不断往复的经济循环中得到合理和持久的利用，使得经济活动对自然环境的负面影响降低到尽可能小的程度。循环经济为工业化以来的传统经济转向可持续发展提供了战略性的理论范式，从而有望从根本上消除长期以来环境与发展之间的尖锐冲突。①

(三)工业生态理论

一般认为，工业生态理论起源于20世纪80年代末R. 弗罗施等模拟生物新陈代谢过程和生态系统的循环再生过程所开展的“工业代谢”研究。② 1955年，美国学者格特勒(Gertler)在《工业生态学》③一书中，提出了“工业生态学”的概念。自然生态系统是由生物与非生物共同组成的，在这个系统中，能量与物质由低级到高级，又由高级到低级循环传递，这样的互联、互动、循环往复和周而复始，维持了自然界各种物质间的生态平衡，保证了自然生态系统持续运行。受自然生态系统组成和运动的启发，人们对许多工业系统进行分析比较，发现它们也存在着某些互联、互动的关系。于是，人们开始以构建工业企业间的生态链为切入点，实现充分利用资源、减少废物产生、消除环境破坏、提高发展质量的目标。

工业生态理论是根据自然界物质循环的模式规划工业生产系统的理论体系。它试图通过企业间的系统耦合，使工业具有生态链的性质，从而实现物质和能量的多级传递、高效产出和持续利用。例如，火力发电中产生的氮氧化合物是污染物，但可以用做化肥产品的原材料，其废气携带的余热，可用来供热取暖，等等。工业生

① 鲍健强，黄海凤．循环经济学概论[M]．北京：科学出版社，2009：53.

② 杨洁，刘家顺．循环型工业理论与实证研究[M]．北京：中国社会科学出版社，2008：75.

③ Gentler Allenby. Industrial Ecology—An Agenda for Environmental Management[J]. Whole Earth Review，1995，77(3)：4-19.

态理论的要点是横向耦合、纵向闭合和区域整合，它是“清洁生产”的一个更新更高阶段，由企业的生态平衡上升到区域平衡。

如果说清洁生产是单个企业将保护环境意识延伸到企业各个环节，是循环经济的基本层面，那么生态工业则是在产业中的多个企业之间，即在更高的层次和更大的范围延伸环境保护的理论，是循环经济的高级阶段。自然生态系统是一个稳定高效的系统，通过复杂的食物链和食物网，系统中一切可以利用的物质和能源都得到了充分的利用。传统的工业体系中各企业的生产过程相互独立，这是污染严重和资源消耗过多的重要原因之一。工业生态理论按照自然生态系统的模式，强调实现工业体系中物质的闭环循环，其中一个重要的方式是建立工业体系中不同工业流程和不同行业之间的横向共生。通过不同企业或工艺流程间的横向耦合及资源共享，为废物找到下游的“分解者”，建立工业生态系统的“食物链”和“食物网”，达到“变废为宝”的目的。

（四）持续发展理论

可持续发展思想的提出和形成经历了几十年的时间。1962 年，美国海洋生物学家蕾切尔·卡森的《寂静的春天》，引起了很多人对人类和自然环境共存问题的思考。1972 年，美国麻省理工学院教授丹尼斯·米都斯等人向罗马俱乐部提交了著名的《增长的极限》的报告。该报告把全球问题归结为人口、粮食、工业增长、环境污染和不可再生资源的消耗五个方面，批判了“经济增长就是一切”的传统发展观和价值观，为人类的发展确立了自然的界限，这种将资源环境因素引入经济发展视野的做法，标志着可持续发展思想的萌芽。1980 年，世界自然及自然资源保护联盟（IUCN）在《世界自然保护战略》中首先提出“持续发展”这一概念，提出“强调人类利用对生物圈的管理，使生物圈既能满足当代人的最大持续利益，又能保护其满足后代人需求与欲望的能力”。1983 年 11 月，联合国大会通过了成立世界环境与发展委员会的决议，会上任命挪威首相布伦特夫人担任该委员会的主席。1987 年，联合国环境与发展委员会出版《我们共同的未来》，将可持续发展定义为：“既满足当代人的需要又不危及后代人满足其需求的发展。”

1992 年，联合国环境与发展大会以“可持续发展”为指导方针，最后制定并通过了《21 世纪行动议程》和《里约宣言》等重要文件，号召各成员国制定本国的“可持续发展”战略与政策，并加强合作，以推动《21 世纪行动议程》的落实。《21 世纪行动议程》的基本内容是：强调为实现可持续发展战略，保护环境是经济发展进程整体的一个组成部分。要改变忽视生态环境保护的传统发展模式，从资源型经济增长模式逐步过渡到技术型增长模式，提高资源与能源利用效率，实行产业结构调整与合理布局，改革生产工艺，开发新技术，实行清洁生产和文明消费，减少废物排放，协调经济发展与环境的关系，使社会经济发展既满足当代人的需求又不对后代人的需求构成危害，最终达到社会经济、资源与环境持续稳定的发展。

可持续发展涉及经济可持续、生态可持续和社会可持续三个方面的协调统一，要求人类在发展中讲求经济效率、关注生态和谐和追求社会公平，最终达到人的全面发展。

在经济可持续发展方面，可持续发展不仅重视经济增长的数量，更追求经济发展的质量。可持续发展要求改变传统的以“高投入、高消费、高污染”为特征的生产模式和消费模式，实施清洁生产和文明消费，以提高经济活动中的效益、节约资源和减少废物。从某种意义上，集约型的经济增长方式就是可持续发展在经济方面的体现。

在生态可持续发展方面，可持续发展要求经济建设和社会发展要与自然承载能力相协调。发展的同时必须保护和改善生态环境，保证以可持续的方式使用自然资源和环境成本，使人类的发展控制在地球承载能力之内。

在社会可持续发展方面，可持续发展强调社会公平是环境保护得以实现的机制和目标。可持续发展指出世界各国的发展阶段可以不同，发展的具体目标也各不相同，但发展的本质应包括改善人类生活质量，提高人类健康水平，创造一个保障人们平等、自由、教育、人权和免受暴力的社会环境。这就是说，在人类可持续发展系统中，经济可持续是基础，生态可持续是条件，社会可持续才是目的。

二、能源效率相关文献

(一)能源效率研究的兴起

从古典、新古典增长理论，到20世纪80年代内生增长理论，经济学家普遍认为劳动、资本和技术进步是影响经济增长的主要因素，而把自然资源视为外生变量，排除在生产函数和效用函数之外。20世纪70年代的能源危机，以及1972年由米都斯等人撰写的《增长的极限》，在全世界引起剧烈震动。经济学家、社会学家和环境学家开始反思人类的工业化过程。一些学者尝试把能源资源、环境引入经济增长模型中，其中以Dasgupta and Heal(1974)，Stieglitz(1974)等的研究最为突出，他们将能源、自然资源和环境引入Ramsey-Cass-Koopmans模型中，运用新古典增长模型对可耗竭资源的跨期最优开采、利用路径进行了分析，并得出了较为乐观的结论：能源只是经济增长的影响因素而非决定因素，在一定的技术条件下可以被其他要素(如资本量、劳动投入)所替代，因此，即便不可再生能源资源的存量有限，人均消费持续增长仍然是可能的。①

在这场大辩论中，人们逐渐意识到能源在经济发展中的重要地位。另外，石油

① 魏楚，沈满洪．能源效率研究发展及趋势：一个综述[J]．浙江大学学报(人文社会科学学报)，2009(3)：55-63.

危机所带来的劳动生产率下降、通货膨胀现象，为经济学家深入探讨能源与经济增长之间的关系提供了现实依据。

Rasche、Tatom(1977)较早地将能源要素引入CD生产函数，试图寻找能源和经济增长之间的规律，这为后来学者研究两者关系提供了一个基本框架。Renshaw(1981)基于三要素的CD函数对美国经济进行了实证研究，认为能源价格上升能够部分解释美国20世纪70年代出现的劳动生产率下降现象。[①] Nasseha and Elyasianib(1984)，Uri and Hassaein(1985)的实证结果均表明能源价格变化会导致劳动生产率的反向变动。

能源不仅影响经济，对气候也产生了重要的影响。IPCC(1990，1995，2001，2007，2018，2020)的科学家们对人类活动与气候变化的关系进行了长期研究表明：石化能源燃烧排放的温室气体是导致全球变暖的主要原因。Nordhaus(1991)，Cline(1992)，Mendelssohn、Nordhaus and Shaw(1999)，Matthews and Wassmann(2003)，Parry 等(2004)，Tao 等(2006)，Wu 等(2006)，Xiong 等(2007)，Yao 等(2007)从不同领域研究了全球变暖给人类福利造成的影响。泰坦柏格(2003)认为，从长远来看，防止人类危机最重要的战略是通过提高能源利用效率和依赖新技术的发展来削减各国的温室气体排放量。

事实上，早在20世纪90年代，国外有关能源效率、经济可持续发展及环境保护之间关系的研究就多了起来。Hirst(1991)对石油危机后美国经济的分析表明：石油危机之后，美国的能源效率得到了显著改善，能源效率的提高可以降低能源消耗开支，提高经济生产率，减少石油进口和降低依赖性，还可以改善环境质量。[②] Meadows 等(1992)指出，为了能够“超越极限”，实现资源、环境可支持，技术可行和经济增长的目标，必须提高能源的使用效率和利用以太阳能为基础的可再生能源。[③] Daly(1996)则提出一个基于可持续发展的全新框架，认为经济系统只是生态系统的子系统，为了使得资源可持续利用，必须要从强调劳动生产率转向强调资源生产率，通过资源效率改进来实现经济质量上的增长和可持续发展。Patterson(1996)，Filippini and Hunt (2011)，Georgia Makridoid、Kostas Andriosopoulosb 等(2015)提及当前的公共政策领域对于能源效率将越来越关注，这不仅由于能源效率关系到产业竞争力，同时还关系到国家的能源安全利益，此外它与环境利益如

---

① Renshaw E F. Energy Efficiency and the Slump in Labor Productivity in the USA[J]. Energy Economics，1981，3 (1)：36-42.

② Hirst E. Improving Energy Efficiency in the USA：The Federal Role[J]. Energy Policy，1991，19：567-577.

③ Meadous D H，Meadows D L，Randers J. Beyond the Limits[M]. Post Mills，VT：Chelsea Green Publishing Co.，1992.

CO_2减排也息息相关。

可以预见，提高能源效率将是未来各国实现经济增长质量改善、降低温室气体排放的主要手段。

(二)能源效率的测量研究

20世纪末，随着工业革命的步伐加快，能源稀缺性逐渐凸显，越来越多的学者研究能源效率问题，可能源效率如何衡量呢？Patterson(1996)指出，能源效率本身是一个一般化的术语，可以由多种数量上的指标来测算。一般来说，能源效率是指用较少的能源生产同样数量的服务或者有用的产出。问题是如何准确定义有用的产出和能源投入？

传统的基于单要素生产率框架的能源效率只考虑能源要素一种投入，按照对投入和产出的不同界定，一般分为热力学指标、物理-热量指标、经济-热量指标、纯经济学指标。由于前两个指标涉及异质性与加总问题，因此很难反映宏观层面的能源效率；在不同经济体比较时，多采用经济-热量指标(能源消耗强度或能源生产率)，这个指标计算方便但存在不少缺陷，如它无法测量潜在的能源技术效率(Wilson等，1994)，另外，如产业结构的变化(Jenne and Cattell，1983)、劳动同能源之间替代(Renshaw，1981)、能源投入结构的变化(Liu等，1992)等都能改变能源-GDP的比值，但实际上这些因素并没有改变能源技术效率，在跨国比较中，产出GDP的指标还涉及汇率法与购买力平价的选择问题，选择不同汇率会使得能源效率的结果差异很大(朱训，2003；王庆一，2005；施发启，2005；王昆2012)。纯经济指标是根据投入能源的市场价值与产出的市场价值来进行测量，相对于能源-GDP指标能更准确反映能源经济生产率(Turvey and Norbay，1965；Berndt，1978)，但能源的理想价格在操作中难以解决。

基于全要素生产率框架的能源效率指标。Farrell(1957)在Debreu(1951)、Koopmans(1951)对资源最优利用效率研究的基础上提出了技术效率的概念，即在给定各种投入要素的条件下实现最大产出，或者给定产出水平下投入最小化的能力。其思路为：通过测度样本点相对于生产前沿的距离来进行相对效率比较，这一概念更符合经济学“Pareto效率”内涵，并为此后的效率研究奠定了基础。① 它的度量主要包括两个部分：一是生产前沿的确定；二是相对距离的测度。在测度与前沿的距离上主要采用Shephard(1970)定义的基于投入、产出角度的距离函数(Distance Function)。由于生产前沿的线状一般是未知的，主要通过观测样本点(实际投入、产出水平)来估算。非参数方法是通过数据驱动形成一条线性包络凸面作为前沿，

① Lovell C A K，Schmidt S S. The Measurement of Productive Efficiency[M]. New York：Oxford University Press，1993：3-67.

不涉及参数函数的估计，也不需要假设研究对象在技术上是有效率的，但是它不能解释随机扰动。其思路是将投入产出点映射在空间上，以最大产出或者最小投入为效率边界，并由此作为基准来测算其他点同边界之间的距离差距程度。Boles (1966)和Afrait(1972)首先证明了可以通过数学规划来完成这一测算，但直到Charnes、Cooper、Rhode(1978)发展出一个基于规模报酬不变的模型(C^2R)之后，才引起广泛关注和运用，DEA方法可用来计算决策单元(DMU)距离前沿曲线的距离，也就是评价它的效率(Coelli，1996)，从而为经济学家考察技术效率和技术进步提供了强有力的工具。之后，Banker、Charnes和Cooper(1984)进一步放宽规模报酬不变的假设，提出了基于可变规模报酬的BC^2模型，更加符合现实中的经济特征，而且在获取要素价格信息时还可以计算各决策单元的经济效率和配置效率。

能源效率研究领域中，Freeman等(1997)较早运用DEA方法测量能源效率。① Boyd and Pang(2000)运用DEA方法计算了能源效率；另外，在高能耗的企业属于低能源效率的假定下，利用制造业的企业层面数据考察了能源效率同传统的能源消耗强度之间的差异，结果表明，两者之间有差异，但是其相关系数显著。② Fare等(2004)建立包含环境因素的DEA模型来测算环境绩效指数，并提出了计算污染物影子价格的基本框架。Hu and Wang(2006)基于全要素生产率框架，运用DEA方法定义了全要素能源效率指标，即"前沿曲线上最优能源投入"和"实际能源投入"的比值。由于在计算能源效率过程中不仅考虑能源投入，还考虑了其他生产要素的投入，因此弥补了传统指标能源生产率仅考虑了能源单一要素的缺陷。另外，这篇文献首创性地运用中国省级数据来测算各省全要素能源效率及影响因素。③ Hu and Kao(2007)继续在能源效率的基础上提出另一个指标——能源可节约率，并测算了APEC经济体17个国家1991—2000年的能源可节约率和人均可节约量，结果表明，中国的能源可节约率最高，大约一半的能源可通过效率改进的方式降低。④ 国内也有学者基于省级或行业面板数据做类似的研究(魏楚、沈满洪，2007⑤；师傅、

① Freeman S L, Niefer M J, Roop J M. Measuring Industrial Eenergy Intensity: Practical Issues and Problems[J]. Energy Policy, 1997(25): 703-714.

② Boyd G A, Pang J X. Estimation the Linkage Between Energy Efficiency and Productivity[J]. Energy Policy, 2000, 28(5): 289-296.

③ Hu J L, Wang S C. Total-factor Energy of Regions in China[J]. Energy Policy, 2006(34): 3206-3217.

④ Hu J L, Kao C H. Efficient Energy-saving Targets for APEC Economies[J]. Energy Policy, 2007, 35(1): 373-382.

⑤ 魏楚，沈满洪. 能源效率及其影响因素：基于DEA的实证分析[J]. 管理世界，2007(8): 66-76.

沈坤荣，2008[①]；李廉水、周勇，2007[②]；李梦蕴、谢建国、张二震，2013[③]）。

与DEA不同的是，参数法是通过先验的生产函数（或者成本函数）来进行参数估计，将函数中的误差项区分为无效率和随机误差两部分，其优点是能够解释随机噪音，一般可选取CD函数、CES函数或者Translog函数，包括收入份额法、计量经济学法和随机前沿法。[④] Ferrier and Lovell[⑤]（1990）和Fare等[⑥]（1994）利用随机生产前沿函数（Stochastic Production Frontier，SPF）来估计技术效率的方法。王少平、杨继生（2006）运用我国工业12个主要行业1985—2002年的面板数据，研究我国工业行业的能源消费与行业增长的面板协整关系，并基于面板误差修正模型考察了短期动态关系，结果表明，我国工业各主要行业的能源消费与行业能源增长和能源效率之间存在长期均衡，且长期均衡具有显著的短期调整效应。史丹等（2008）基于随机前沿生产函数模型，认为全要素生产率的差异是导致各地区能源效率差异扩大的主要原因。[⑦] 然而，参数法存在一定的缺陷：事先假设存在某种形式的生产函数，然后让数据去拟合可能会造成估计参数的不一致性（Schmidt and Sickles，1984）。

（三）能源效率的影响因素研究

除了研究能源效率的测量之外，另一个研究重点是能源效率的影响因素。什么因素造成不同时段、不同地区（或部门）的能源效率不同？梳理有关能源效率差异成因的研究成果，主要有以下影响因素：

---

① 师傅，沈坤荣．市场分割下的中国全要素能源效率：基于超效率DEA方法的经验分析［J］．世界经济，2008(9)：49-59.

② 李廉水，周勇．技术进步能提高能源效率吗？——基于中国工业部门的实证检验［J］．管理世界，2006(10)：82-89.

③ 李梦蕴，谢建国，张二震．中国区域能源效率差异的收敛性分析——基于中国省区面板数据研究［J］．经济科学，2014(2)：23-38.

④ 贺胜兵．考虑能源和环境因素的中国省级生产率研究［D］．武汉：华中科技大学，2009.

⑤ Ferrier G D, Lovell C A K. Measuring Cost Efficiency in Banking: Econometric and Linear Programming Evidence［J］. Journal of Econometrics, 1990(46): 229-245.

⑥ Fare R, Grosskopf S, Norris M, Zhang Z. Productivity Growth, Technical Progress, and Efficiency Change in Industrialized Countries［J］. The American Economic Review, 1994, 84(1): 66-83.

⑦ 史丹，吴利学，傅晓霞，吴滨．中国能源效率地区差异及其成因研究——基于随机前沿生产函数的方差分解［J］．管理世界，2008(2)：35-43.

1. 产业结构

Maddison[①] 等认为，由于各行业(部门)生产率水平和增长速度存在差别，因此当能源要素从低生产率或者生产率增长较低的部门向高生产率或者生产率增长较高的部门转移时，就会促进经济体总的能源效率提高，而总生产率增长率超过各部门生产率增长率加权和的余额，就是结构变化对生产率增长的贡献，即所谓的“结构红利假说”。

Samuels 在能源研究中发现，产业(部门)结构的调整，尤其是从重工业转向轻工业以及工业内部结构的调整，将降低整个经济的能源消耗强度，[②] 同样地，Reitler 等(1987[③])、Liu 等(1992[④])、Ang(1994[⑤])，Richard and Adam(1999[⑥])也先后从不同角度实证了这点。

中国自 1978 年改革开放以来，产业结构不断调整与优化，能源效率也得到显著改善，吸引了许多国内外学者研究中国产业调整与能源效率的关系。Vaclav(1990[⑦])对中国 20 世纪 80 年代到 90 年代能源消耗强度下降的原因进行实证分析，结果表明，中国工业从能耗高的重工业向能耗低的轻工业转移是能耗下降的主要原因。赵丽霞、魏巍贤(1998)利用三要素的 C-D 生产函数对中国 1978—1996 年的宏观数据进行了实证分析，结果表明自 1978 年以来单位 GDP 能耗下降主要归因于产业结构、技术进步以及资本投入。[⑧] Fisher-Vanden 等(2006)运用 1997—1999 年中国大中型工业企业的面板数据，使用迪氏因素分解法测算能源效率改进中的结构效应，结果发现，工业结构的调整以及部门生产率的提高能够解释中国能源消耗强度

① Maddison A. Growth and Slowdown in Advanced Capitalist Economics: Techniques of Quantities Assessment[J]. Economics Literature, 1987(25): 649-698.

② Samuels G. Potential Production of Energy Cane for Fuel in the Caribbean[J]. Energy Progress, 1984(4): 249-251.

③ Reitler W, Rudolf M, Schaefer H. Analysis of the Factor Influencing Energy Consumption in Industry: A Revised Method[J]. Energy Economics, 1987, 9(3): 145-148.

④ Liu X Q, Ang B W, Ong H L. Interfuel Substitution and Decomposition of Changes in Industrial Energy Consumption[J]. Energy: The International Journal, 1992, 17 (7): 689-696.

⑤ Ang B W. Decomposition of Industrial Energy Consumption: The Energy Intensity Approach[J]. Energy Economics, 1994, 10(16): 163-174.

⑥ Richard G, Adam B. The Induced Innovation Hypothesis and Energy-saving Technological Change[J]. Quarterly Journal of Economics, 1999, 114 (3): 941-975.

⑦ Vaclav S. China's Energy[R]. Report Prepared for the U.S. Congress, Washington D.C: Office of Technology Assessment, 1990.

⑧ 赵丽霞，魏巍贤．能源与经济增长模型研究[J]. 预测，1998(6): 45-49.

下降的现象。①

尽管调整经济结构可以实现资源的更有效配置，改善要素效率，但也有一些学者对此提出质疑，认为“结构红利说”存在一定适用范围，并对此进行了大量的理论和实证研究。

Huang(1993②)，Sinton 等(1998③)，Zhang(2003④)对中国 20 世纪 90 年代能耗强度下降的研究中发现，是工业部门能源效率的提高，而非部门结构变动导致了全国能耗强度的持续下降。Ang 等(2000)在总结了 124 项实证研究后发现，工业化过程中，结构效应对能耗强度的影响相对较小，影响方向不稳定，对于发展中国家的分析结果之间差异性会大一些，但是对大部分国家来说，部门单耗效应比结构效益的影响要大。⑤ Wei and Shen(2007)构建了一个简单的生产曲线，解释了通过结构调整促进能源效率提升是有限的，而且成本会不断上升，真正要实现能源效率持续提升只能依靠技术进步。⑥

王玉潜(2003)运用投入-产出模型，解释了 1987—1997 年中国能源消耗强度变化的原因，结果表明产业结构的调整对单位能耗强度下降有负面的影响。⑦ 史丹(2003)对于中国能源生产率变动趋势的研究发现，1995 年以后产业结构变化对能源效率的作用逐渐减弱。⑧

Zhang(2003)对 1990—1996 年中国全部工业部门(包含采掘业和公用事业)的能耗强度进行拉氏因素分解，结果表明，部门能耗强度下降的贡献率高达

① Fisher-Vanden K，Jefferson G H，Jing kui M，Jianyi X. Technology Development and Energy Productivity in China[J]. Energy Economics，2006(28)：690-705.

② Huang J P. Industry Energy Use and Structure Change：A Case Study of the People's Republic of China[J]. Energy Economics，1993(15)：131-136.

③ Sinton J E，Levine M D，Wang Q Y. Energy Efficiency in China：Accomplishments and Challenges[J]. Energy Policy，1998(26)：813-829.

④ Zhang Z X. Why Has the Energy Intensity Fallen in China's Industrial Sector in the 1990s? The Relative Importance of Structure Change and Intensity Change[J]. Energy Economics，2003(25)：625-638.

⑤ Ang B W，Zhang F Q. A Survey of Index Decomposition Analysis in Energy and Environmental Studies[J]. Energy，2000，25 (12)：1149-1176.

⑥ Wei C，Shen M H. Impact Factors of Energy Productivity in China：An Empirical Analysis[J]. Chinese Journal of Population，Resources and Environment，2007，5 (2)：28-33.

⑦ 王玉潜．能源消耗强度变动的因素分析方法及其应用[J]．数量经济技术经济研究，2003 (8)：151-154.

⑧ 史丹．中国能源需求的影响因素分析[D]．武汉：华中科技大学，2003.

93.31%，而产业结构的贡献率仅为6.69%；[①] 吴巧生、成金华(2006[②])，齐志新等(2007[③])做了类似的研究。

对不同的研究结论，可以参看 Ang and Zhang(2000[④])在一篇综述中做的详细解释，这里不再赘述。

2. 技术进步

在有关技术进步对能源效率影响的实证分析中，由于对技术进步的理解和指标选择的不统一，研究结论也迥然不同。

目前对技术进步的理解有广义和狭义两类：广义的技术进步除了包括科技创新之外，还包括管理创新、制度创新等"软因素"的技术进步；狭义的技术进步仅指科技创新。现有经验研究中衡量技术进步的指标也大致分为两大类，第一类直接度量技术进步，例如，通过数据包络方法测算 Malmquist 生产率指数刻画全要素生产率，或者从技术创新投入角度选择"财政科技支出""R&D 支出"与"科研人员投入"等指标，或者从产出角度选择"专利申请数""专利授予数"等指标作为技术进步的代理变量。第二类间接度量技术进步，通常用"Solow 残差"，[⑤] 也就是测度经济增长中除了要素增长贡献以外的其他未观测或者未计量部分。

技术进步是影响能源效率的一个重要因素，因而，诸多学者对技术进步与能源效率之间的关系进行了研究。刘红玫等(2002)利用1997—1999年大中型工业企业面板数据，[⑥] 冯烽(2015)采用1995—2010年中国29个省区的面板数据，[⑦] 将能源价格、R&D费用等变量分别对煤炭、成品油、电力以及总能源的能耗强度进行回

---

① Zhang Z X. Why Has the Energy Intensity Fallen in China's Industrial Sector in the 1990s? The Relative Importance of Structure Change and Intensity Change[J]. Energy Economics, 2003(25): 625-638.

② 吴巧生，成金华．中国工业化中的能源消耗强度变动及因素分析——基于分解模型的实证分析[J]. 财政研究，2006(6)：75-85.

③ 齐志新，陈文颖，吴宗鑫．工业轻重结构变化对能源消费的影响[J]. 中国工业经济，2007(2).

④ Ang B W, Zhang F Q. A Survey of Index Decomposition Analysis in Energy and Environmental Studies[J]. Energy, 2000, 15(12): 1149-1176.

⑤ Solow(1975)在对美国经济进行增长核算时发现有一部分无法通过要素投入的增长来解释，由此开创了对技术进步测量的先河，因此通过该方法测量出来的技术进步也叫做"Solow 残差"。

⑥ 刘红玫，陶全．大中型工业企业能源密度下降的动因探析[J]. 统计研究，2002(9)：30-34.

⑦ 冯烽．内生视角下能源价格、技术进步对能源效率的变动效应研究——基于PVAR模型[J]. 管理评论，2015(4)：38-47.

归分析，结果表明，能源生产效率提高的主要原因是 R&D 增加的结果。Karen 等(2004)指出，企业研发的投入和对人员的培训能促进企业生产和加工活动的革新，对企业能源强度的下降有 16.9%的贡献。范柏乃等(2004)利用科技投入作为技术进步的代理变量，基于中国 1953—2002 年度的数据研究了其同经济增长之间的关系，Ganger 因果检验结果表明，科技投入的增长导致了经济的增长。① Fisher-Vanden 等(2006)的实证分析发现，能源价格、R&D、产业结构等是降低中国能源强度的主要原因。② 李廉水和周勇(2006)以 35 个工业行业为样本，用非参数 DEA-Malmquist 生产率方法将技术进步广义分解为科技进步、纯技术效率和规模效率 3 个部分，然后采用面板技术估算了这 3 个部分对能源效率的作用，结果表明，技术效率是工业部门能源效率提高的主要原因，技术进步的贡献相对低些，但随着时间推移，技术进步的作用逐渐增强，技术效率的作用慢慢减弱。③ 吴巧生和成金华(2006)的研究表明，中国能源消耗强度下降主要是各部门能源使用效率提高的结果，其中，工业部门的技术改进是影响能源消耗强度的主导因素。④ 齐志新和陈文颖(2006)应用拉氏因素分解法，分析了 1980—2003 年中国宏观能源强度以及 1993—2003 年工业部门能源强度下降的原因，发现技术进步是中国能源效率提高的决定因素。⑤ 刘畅等(2008)对中国 29 个工业行业的面板数据进行实证研究，结果表明，科技经费支出的增加有助于高能耗行业能源效率的提高。⑥ 孙立成、周德群和李群(2008)应用 DEA-Malmquist 方法测算了 1997—2006 年 12 个国家的能源利用效率及变动指数，研究发现，能源利用技术进步增长率的下降是中国能源利用效率未得到提高的主要原因。⑦ 王群伟、周德群(2008)应用基于 DEA 的非参数 Malmquist 指数法研究发现，技术效率比技术进步更有助于能源效率的改善，这可

---

① 范柏乃，江蕾，罗佳明．中国经济增长与科技投入关系的实证研究[J]．科研管理，2004(5)：104-109.

② Fish-Vanden K，Jefferson G H，Liu H M，Tao Q. What is Driving China's Decline in Energy Intensity？[J]. Resource and Energy Economics，2004(26).

③ 李廉水，周勇．技术进步能提高能源效率吗？——基于中国工业部门的实证检验[J]．管理世界，2006(10)：82-89.

④ 吴巧生，成金华．中国能源消耗强度变动及因素分解：1980—2004[J]．经济理论与经济管理，2006(10)：34-40.

⑤ 齐志新，陈文颖．结构调整还是技术进步——改革开放后我国能源效率提高的因素分析[J]．上海经济研究，2006(6)：8-16.

⑥ 刘畅，孔宪丽，高铁梅．中国工业行业能源强度变动及影响因素的实证分析[J]．资源科学，2008(9)：1290-1299.

⑦ 孙立成，周德群，李群．能源利用效率动态变化的中外比较研究[J]．数量经济技术经济研究，2008(8)：57-69.

能与技术进步带来的“回弹效应”①有关。

3. 市场改革

发展中国家和转型中国家，其产权制度、对外开放程度处于不断变革之中，这些也会影响到能源利用效率，其影响途径为：一是产权结构完善，能改善企业内部的激励、监督、约束机制，改善企业的能源配置效率，同时市场化程度越高，灵敏的价格信号会促使企业更有效地利用能源。二是产权越清晰，越有利于改变国有企业的预算软约束问题，更有利于国有企业摆脱政策性负担，按照市场机制经营管理，提高企业能源的利用效率。三是对外开放程度对东道国的影响是多途径的，不仅对东道国的贸易量与资本积累产生直接效益，而且还通过技术外溢、人力资本提高和制度变迁产生间接效应。一方面，对外贸易的扩大和外资的进入不仅可以解决国内就业，带来先进技术和管理经验，它还带来正的外溢效益，比如竞争示范效应、人员流动效应和供应链效应，从而间接地影响东道国企业的绩效；另一方面，外资企业凭借技术、资金和管理经验的优势，对民族产业形成一定的冲击，导致竞争加剧。另外，发达国家把一些高能耗、高污染的产业转移到新兴发展中国家，给东道国带来资源与环境的负面影响。

利用企业层面数据研究所有制对企业绩效的影响。刘小玄（1995②，2000③），谢千里、罗斯基（1996）对中国工业企业的研究发现，非国有企业的产权制度安排相对于国有企业具有更高的要素生产率增长，因为前者对企业所有者更有激励作用。④ 刘小玄、李利英（2005）通过对451家企业1994—1999年的调查数据分析，得到了企业改制的典型特征，即国退民进的改制方向与企业要素效率提高的方向是一致的，也就是企业的产权改革推动了各生产要素的提高。⑤ 涂正革等（2005）利用随机前沿生产模型对1995—2002年的22000家大中型企业数据进行了分析，结论

---

① “回弹效应”最早是Khazzom（1980）提出的，Birol and Keppler（2000）对此进行过探讨，其影响机制是：技术进步一方面降低能源消耗和开支，从而提高能源效率和经济产出，但另一方面由于技术进步使得经济增长，这又导致能源需求增加，同时由于能源开支减少，实际能源价格下降，真实收入水平上升，这两者也会使得对能源需求增加，从而使得能源效率下降。

② 刘小玄. 国有企业与非国有企业的产权结构及其对效率的影响[J]. 经济研究，1995(7)：11-20.

③ 刘小玄. 中国工业企业的所有制结构对效率差异的影响——1995年全国工业企业普查数据的实证分析[J]. 经济研究，2000(2)：17-25.

④ 谢千里，罗斯基. 中国工业改革：创新、竞争与产权内生模型，中国工业改革与效率[M]. 昆明：云南人民出版社，1996.

⑤ 刘小玄，李利英. 企业产权变革的效率分析[J]. 中国社会科学，2005(2)：4-16.

表明，产权结构是影响技术效率的核心因素，是生产力革命的制度基础。① 胡一帆等(2006)使用1996—2001年中国700多家公司调查的统计数据研究了中国国有企业民营化是否有效的问题，通过对国企民营化进程的考察进行分析，发现绩效较好的国有企业优先被民营化；中国的民营化是富有成效的，尤其是提高了销售收入，降低了企业的成本，并最终导致企业盈利能力和生产率的大幅提高，而且在获得这些收益的同时并没有带来大规模的失业问题；由民营机构控股、彻底民营化的企业比那些仍然是国有控股、部分民营化的企业绩效表现更好。② Jefferson 等(2006)对中国大中型企业的 TFP 变动研究发现，企业的所有制改革将激励经理层对资源更加合理利用，从而采取成本节约措施并进行创新。③

另外，从微观层面研究对外开放对能源效率的影响。Jorgenson and Wilcoxen (1993)，Popp(2002)均认为，不断开放的市场不仅对优化能源配置、减少能源消费、选择有效率的能源设备有所帮助，同时也将促使能源节约技术和创新的产生。何洁(2000)将 FDI 的外溢效应分为水平效应和纵向效应，不仅考虑 FDI 的正向效应，还考虑其负面影响，建立了内外资部门的生产函数，并运用1993—1998年深圳29个制造业的面板数据，发现 FDI 产生了明显的外溢效应，提高了国内企业的生产效率以及生产效率的增长速度。④ 姚洋、章奇(2001)同样基于第三次工业普查数据研究了 FDI 的外溢效应，结论为国外三资企业的效率要高于国企，但港澳台三资企业的效率却很低，另外，FDI 的外溢效应主要体现在一省内部，行业的外溢效应并不显著。⑤

对中国宏观经济的分析中，Meyers(1998)讨论了旨在强化市场效率的政策也将产生更有效的能源效率。⑥ Sinton、Fridley(2000)研究发现，中国实施的从国有经济到集体、私人经济以及外国投资的产权改革对改善能源效率具有重要的正向影

---

① 涂正革，肖耿．中国的工业生产力革命[J]．经济研究，2005(3)：4-15.

② 胡一帆，宋敏，郑红亮．所有制结构改革对中国企业绩效的影响[J]．中国社会科学，2006(4)：50-64.

③ Jefferson G H, Huamao B, Xiaojing G, Xiaoyun Y. R&D Performance in Chinese Industry [J]. Economics of Innovation and New Technology, 2006(15): 345-366.

④ 何洁．外商直接投资对中国工业部门外溢效应的进一步精确量化[J]．世界经济，2000(12).

⑤ 姚洋，章奇．中国工业企业技术效率分析[J]．经济研究，2000(10).

⑥ Meyers S. Improving Energy Efficiency: Strategies for Supporting Sustained Market Evolution in Developing and Transitioning Countries [R]. Lawrence Berkeley Laboratory, Berkeley, CA, 1998, Report LBL-41460.

响。① 刘伟、李绍荣(2001)认为我国改革开放中所有制结构的变迁，非国有制比重的上升大大提升了要素效率。② 史丹(2002)认为20世纪90年代中期以后，不断深化的对外开放、外商直接投资的加大都对能源利用效率的改进产生了重要影响，此外还根据樊纲等人构建的分省市场化指数同能源效率之间做了相关分析，其相关系数为72.8%，即市场开放程度同能源效率之间是显著相关的。③ Fan等(2007)为了验证中国自1992年以来的市场改革是否改善能源效率，1979—2003年宏观时间序列数据基础上，对能源价格弹性、能源替代弹性以及能源与资本和劳动的交叉价格弹性分别进行了计算，并结合超越对数生产成本函数进行分段回归，结果表明，1979—1992年，能源价格弹性为0.285，能源-资本、能源-劳动为互补品，这意味着能源价格被扭曲，资源配置存在非效率；1993—2003年，所有的要素需求变得更有弹性，能源价格弹性为-1.236，能源-资本和能源-劳动都表现为替代性，从而验证了市场改革有利于能源效率提高、节约能源的假设。④ 师傅、沈坤荣(2008)利用我国1995—2005年省级面板数据，使用超效率DEA模型测算了各地区的全要素能源效率，结论表明，市场分割扭曲了资源配置，同时地方政府的产业保护造成不同地区产业结构趋同，致使地区间相互牵制难以实现规模经济，从而造成全要素能源效率损失。⑤ 尹宗成、丁日佳等(2008)利用我国1985—2006年时序数据，检验了外商直接投资、人力资本和科技研发投资、产业结构对我国能源效率的影响方向和程度，结果表明，外商直接投资、人力资本和科技研发对提高我国能源效率具有显著的正向作用，而第二产业比重对提高我国能源效率具有显著的负向作用；并进一步验证了人力资本和科技研发投资度量的吸收能力对外商直接投资的技术外溢效应发挥具有明显的抑制作用。⑥

尽管对外开放程度的扩大和国际贸易比重的上升能够为东道国带来技术和效率上的改进，但是众多学者研究发现其中也存在着对外开放陷阱，即外商投资多为数量扩张型，对外贸易基本上是低附加值产品出口，对我国的技术进步和产业升级推

---

① Sinton J E, Fridley D G. What Goes up: Recent Trends in China's Energy Consumption[J]. Energy Policy, 2000(28): 671-687.

② 刘伟，李绍荣．所有制变化与经济增长和要素效率提升[J]．经济研究，1995(7).

③ 史丹．中国经济增长过程中能源利用效率的改进[J]．经济研究，2002(9)

④ Fan Y, Liao H, Wei Y M. Can Market Oriented Economic Reforms Contribute to Energy Efficiency Improvement? Evidence from China[J]. Energy Policy, 2007(35): 2287-2295.

⑤ 师傅，沈坤荣．市场分割下的中国全要素能源效率：基于超效率DEA方法的经验分析[J]．世界经济，2008(9)：49-59.

⑥ 尹宗成，丁日佳，江激宇．FDI、人力资本、R&D与中国能源效率[J]．财贸经济，2008(9)：95-98.

动乏力，而且还凭借其垄断优势和享受的优惠待遇来加剧我国的产业竞争，导致国内企业过度竞争甚至亏损(沈坤荣、李剑，2003①)。

王志刚等(2006)利用超越对数生产函数的随机前沿模型，对1978—2003年中国地区生产效率变化进行了实证研究，结果表明，地区的对外开放程度越高，可以有效地从外部引入先进的技术和管理经验，从而提高该地区的生产效率，但也存在一定的风险，譬如国际生产原料市场价格的波动、国外技术专利的时效性等将使得生产的不确定性增加，从而导致负面的影响，因此其对外开放也要适度，不能只是片面地引进先进技术和外资。②

4. 能源相对价格

除了产业结构调整、技术进步和市场改革三个主要因素之外，能源相对价格也影响能源效率。Boyd and Pang(2000)认为，能源价格对于促进能源效率是重要的，此外其改善还依赖全要素生产率的提高，也就是通过配合其他投入要素的投入比例可以提高能源效率。Birol and Keppler(2000)认为影响能源效率的主要因素除了技术进步外，还包括相对价格的变化，价格的变化同技术进步一样也存在着反馈效应，但技术进步是通过增加实际收入影响能源效率，而相对价格的变化主要通过生产要素之间的替代来产生回弹效应，并认为价格政策和技术创新政策并不相互抵触，而是可以共同配合来提高能源效率。

5. 环境管制

环境管制的严厉或宽松直接影响到一国或地区的产业布局，环境管制越严厉，高能耗、高排放的污染企业就难以进入，越能促进该国(或地区，行业)的节能减排工作，能源的利用效率也越高。越来越多的学者在研究全要素生产率或能源效率问题时引入环境管制。例如，Watanabe and Tanaka以SO_2排放为非合意产出，对1994—2002年中国各省工业技术效率进行测算，并利用环境管制、工业结构等变量对技术效率差异进行了解释。③ 涂正革基于1998—2005年30个省市地区的规模以上工业数据，采用环境技术的方法考察我国各地区的环境、资源与工业的协调性，并从地区工业结构、人均生活水平、科技因素、外商直接投资和环境管制等方面来解释各地区环境技术效率的差异。④ 胡鞍钢利用各省1999—2005年数据，在

① 沈坤荣，李剑．中国贸易发展与经济增长影响机制的经验研究[J]．经济研究，2003(5)：32-40.

② 王志刚，龚六堂，陈玉宇．地区间生产效率与全要素生产增长率分解(1978—2003)[J]．中国社会科学，2006(2)：55-66.

③ Wantanabe M，Tanaka K. Efficiency Analysis of Chinese Industry：A Directional Distance Function Approach[J]. Energy Policy，2007(35)：6323-6331.

④ 涂正革．环境、资源与工业经济增长的协调性[J]．经济研究，2008(2)：93-105.

生产率模型中分别包含了 CO_2、COD、SO_2、废水和固体废弃物五种非合意产出，对省级技术效率进行了测算和排名。①

三、能源效率的收敛性

在收敛性研究中，大多是关于不同国家（或地区）人均收入的趋同分析（Baumol，1986②；Barro and Sala-i-Martin，1992③；Mankiw 等，1992④），对于能源效率的收敛性研究不多。

Miketa and Mulder 对 56 个发达国家与发展中国家在 1971—1995 年，10 个制造业部门的能源生产率进行了收敛性检验，结果表明，本国不同部门之间存在收敛，国家之间不存在收敛，不同国家收敛到不同的稳态，而能源价格、投资率能部分解释能源生产率跨国的差异。⑤ 史丹通过定义中国能源消费的洛伦兹曲线来考察各省能源效率对目标能源效率的偏离，并采用变异系数和极差等指标来考察省级以及东、中、西部地区之间能源效率的趋同性，结果表明，1992—2002 年，能源效率存在绝对趋同，2000 年以后，能源效率在下降，但其变异系数加大，不具有趋同性；如果按照传统的东、中、西划分区域，三大地区之间的差距在逐渐减少，但地区内部的差异较大，其中东部内部能源效率差异下降幅度较大，中西部下降幅度较小。⑥ 师傅、张良悦利用我国大陆地区除西藏的 30 个省（自治区、直辖市）1997—2005 年的面板数据对我国各省能源效率（能源强度）的收敛性进行了研究，结论表明，我国省际的能源效率是趋异的，但从区域层面而言，西部能源效率表现出发散的迹象，东部显示趋同的特征，而中部则呈现出逐步向东部收敛的态势。⑦

---

① 胡鞍钢，郑京海，高宇宁，张宁，许海萍．考虑环境因素的省级技术效率排名（1999—2005）[J]．经济学季刊，2008（7）：933-960.

② Baumol W J. Productivity Growth，Convergence，and Welfare：What the Long-run Data Show [J]. The American Economic Review，1986，76（5）：1072-1085.

③ Barro R J，Sala-i-Martin X. Convergence[J]. Journal of Political Economy，1992，100（2）：223-251.

④ Mankiw N G，Romer D，Weil D N. A Contribution to the Empirics of Economic Growth[J]. Quarterly Journal of Economics，1992，107（2）：407-437.

⑤ Miketa A，Mulder P. Energy Productivity Across Developed and Developing Countries in 10 Manufacturing Sectors：Patterns of Growth and Convergence[J]. Energy Economics，2005（27）：429-453.

⑥ 史丹．中国能源效率的地区差异与节能潜力分析[J]．中国工业经济，2006（10）：49-58.

⑦ 师傅，张良悦．我国区域能源效率收敛性分析[J]．当代财经，2008（2）：17-21.

第七节 生态文明思想

一、生态文明的涵义

(一)生态

“生态”一词是外来语，源于希腊文，意谓居所、栖息地。1866年，德国动物学家厄恩斯特·海克尔从生态学科理论演化的角度首次提出“生态”一词。他从生物学研究领域出发，认为生态是一个生物学名词，指的是对生物群落生存状态的反映。同时，他还对“生态学”(ecology)和“生物分布学”(chorology)等名词给出过明确的定义。目前，学界通常把生态学理解为关于有机体与周围环境关系的全部科学。1935年，英国生态学家阿瑟·乔治·坦斯利(A. G. Tansley)提出了生态系统的概念，为后来生态经济学的产生奠定了自然科学的理论基础。从19世纪中叶开始，生态开始与现代科学紧密相连，通常被用来指包括人在内的生物与环境、生命个体与整体间的一种相互作用关系。

生态是大自然恩赐给人类的礼物，不是人类自己创造的。当人类刚刚进入新石器时代，伏羲发明了八卦，其中所蕴含的“天人和谐”的整体性、直观性的思维方式和辩证法思想，被当作中华文化的原点，所依据的就是我们现在说的生态。随着社会的不断进步发展，生态学日益广泛地应用和渗透到各个领域，“生态”一词的内涵更加丰富，外延更加广泛。无论是报纸杂志，还是网络媒体，关于生态的热词随处可见，例如，生态建设、生态文化、生态工程、生态经济、生态运动等，几乎成了近年来国内外报刊媒体、政府文件乃至街谈巷议中出现频率最高的一个名词。生态文明中的“生态”更多的是指一切生物，以及生物之间、生物与环境之间，所存在的一种紧密联系，是人与自然之间和谐的表征。

(二)文明

文明是指人类社会的进步状态，是人类活动的产物，也是人类进步发展的体现。所谓人类文明史，其实也可以看作人与自然关系不断发展的历史。“文明”一词，通常指人类社会的进步状态，与“野蛮”相对；也指光明，有文采。我国古代典籍中也有记载。例如，孔颖达注疏《尚书》时，就将“文明”解释为：“经天纬地曰文，照临四方曰明。”其中“经天纬地”的意思是指依法天地，行为自然，属物质文明；“照临四方”则意为人类智慧，光照寰宇，属精神文明。我国1999年版的《辞海》中给出了“文明”一词的解释：文明与“野蛮”相对应，指人类社会的进步状态。在西方语言文化体系中，“文明”一词有自己的含义，最早是来源于古希腊的“城邦”概念。英国学者菲利普·史密斯在《文化理论》一书中指出，“文化”一词指“整体上的社会进步”时，它与“文明”一词同义。

从时间上看，文明是个历史范畴，具有阶段性；从空间上看，在不同时期出现过的各种文明，具有多元性；从要素上看，不同阶段或国家构成文明的系统，具有同构性。最新研究成果表明，过去存在大量的文明和人类种群，人类的不同种群之间常有接触或交流，但随着环境变化和种群隔离的周期性发生，每一个种群又具有其独特的基因、形态和文明特征。人类的原始文明大约发生于石器时代，那时人们主要依靠集体的力量来保障自身的生存，物质生产活动相对初级，大多是通过简单的采集渔猎，生活方式也是以游牧为主。随着人类社会发展到较高的阶段，文明也就成为具有较高文化水平的存在形式，体现了社会的开化程度和整体进步状态，有利于增强人们对外部客观世界的认知、符合人类的精神追求、体现时代人文精神，是人类文化发展的重要成果和社会发展进步的重要标志。

文明包含的内容十分广泛，如精神文明、物质文明、文化文明、农业文明、工业文明、生态文明等。一般来说，文明的本质，被看作人类在思想上自觉认识到“人之所以为人”，并通过实践体现这种自觉认识，是人类文化发展的成果。从人类社会发展的历程看，“生态”与“文明”相辅相成，和谐发展，是社会发展进步的重要前提，是人类走向文明的根本所在，也是人类文化发展的重要成果。生态文明中的“文明”，是指在社会形态的发展过程中替代工业文明的新的文明形态，具有时间轴向上的顺序性和阶段性。

（三）生态文明

生态文明的含义可以从广义和狭义两个角度来理解。

从广义角度来看，生态文明是人类社会继原始文明、农业文明、工业文明后的新型文明形态。它以人与自然协调发展作为行为准则，建立健康有序的生态机制，实现经济、社会、自然环境的可持续发展。这种文明形态表现在物质、精神、政治等各个领域，体现人类取得的物质、精神、制度成果的总和。

从狭义角度来看，生态文明是与物质文明、政治文明和精神文明相并列的现实文明形式之一，着重强调人类在处理与自然关系时所达到的文明程度。

生态文明价值观的核心是从“人统治自然”过渡到“人与自然协调发展”。在政治制度方面，环境问题进入政治结构、法律体系，成为社会的中心议题之一；在物质形态方面，创造了新的物质形式，改造传统的物质生产领域，形成新的产业体系，如循环经济、绿色产业；在精神领域，创造了生态文化形式，包括环境教育、环境科技、环境伦理、提高环保意识。生态文明与其他文明形态关系十分密切。一方面，社会主义的物质文明、政治文明和精神文明离不开社会主义的生态文明。没有良好的生态条件，人类既不可能有高度的物质享受，也不可能有高度的政治享受和精神享受。没有生态安全，人类自身就会陷入最深刻的生存危机。从这个意义上说，生态文明是物质文明、政治文明和精神文明的基础和前提，没有生态文明，就不可能有高度发达的物质文明、政治文明和精神文明。另一方面，人类自身作为建设生态文明的主体，必须将生态文明的内容和要求内在地体现在人类的法律制度、思想意识、生活方式和行为方式中，并以此作为衡量人类文明程度的一个基本标尺。也就是说，建设社会主义的物质文明，内在地要求社会经济与自然生态的平衡发展和可持续发展；建设社会主义的政治文明，内在地包含着保护生态、实现人与自然和谐相处的制度安排和政策法规；建设社会主义的精神文明，内在地包含着环境保护和生态平衡的思想观念和精神追求。

二、生态文明建设的意义

(一)建设生态文明是人类文明发展和社会进步的必然要求

工业文明是人类文明发展史上的第三种文明形态，在工业文明时代，人类以征服自然为对象，取得了前所未有的辉煌成就。但其对自然资源的掠夺和对环境的破坏，也造成了前所未有的生态危机。工业化导致的环境退化正在侵蚀我们在可持续发展目标方面所取得的进展，每个人都感受到了环境恶化造成的负担，但穷人和弱势群体的负担尤为沉重。富裕国家正通过贸易和废弃物处置向贫穷国家输出其消费和生产过程中产生的某些影响。环境变化正在破坏来之不易的发展成果，阻碍全球在消除贫困和饥饿、提供干净的水和卫生设施、减少不平等并促进可持续的经济增长，确保人人有工作以及实现和平与包容的社会发展方面取得的进展。地球的恶化威胁着所有人的健康和福祉。全球约 1/4 的疾病负担来自与环境有关的风险，包括动物传播的疾病、气候变化以及接触污染和有毒化学物质。

那么，要克服工业文明发展带来的弊端，人类就需要建设超越于工业文明的新的生态文明，来实现人与自然的和谐共生。人类经历了原始文明、农业文明、工业文明，生态文明是工业文明发展到一定阶段的产物，是实现人与自然和谐共生的新要求。生态环境没有替代品，用之不觉，失之难存。人类发展活动必须尊重自然、顺应自然、保护自然，否则就会遭到大自然的报复。这是自然规律，谁也无法抗拒。

建设生态文明绿色发展模式与创新、协调、开放、共享发展相辅相成、相互作用，是全方位变革，是构建现代化经济体系的必然要求，目的是改变传统的“大量生产、大量消耗、大量排放”的生产模式和消费模式，使资源、生产、消费等要素相匹配相适应，实现经济社会发展和生态环境保护协调统一、人与自然和谐共处。绿色循环低碳发展的生态文明新理念，是当今时代科技革命和产业变革的方向，是最有前途的发展领域，可以形成很多新的经济增长点。加快形成绿色发展方式，就要顺势而为，通过调整经济结构和能源结构，优化空间开发布局，划定并严守生态保护红线、环境质量底线、资源利用上线三条红线，培育壮大节能环保产业、清洁生产产业、清洁能源产业，推进生产系统和生活系统循环链接。贯彻绿色发展理念，就要加快形成绿色发展方式，坚决摒弃损害甚至破坏生态环境的发展模式，坚决摒弃以牺牲生态环境换取一时一地经济增长的做法，让良好生态环境成为人民生活质量的增长点、成为人类文明发展和社会进步的支撑点。

（二）建设生态文明是改善生态环境的迫切需要

工业化发展给人类带来的物质财富是丰厚的，一定意义上满足了人们多方面的生活需求，但工业化发展给生态环境造成的破坏也是触目惊心的。生态是统一的自然系统，是相互依存、紧密联系的有机链条。人的命脉在田，田的命脉在水，水的命脉在山，山的命脉在土，土的命脉在林和草，这个生命共同体是人类生存发展的物质基础。人因自然而生，人与自然是一种共生关系，对自然的伤害最终会伤及人类自身。因此，习近平总书记反复强调，只有尊重自然规律，才能有效防止在开发利用自然上走弯路。这个道理要铭记于心、落实于行。我们只有强力推进生态文明建设，才能为生产生活创造一个天蓝、地绿、水净的良好生态环境。

联合国环境规划署发布《2020 排放差距报告》指出，2020 年全球二氧化碳排放量有所下降，但是世界仍朝着相较工业化前水平升温至少 3℃的方向发展。这意味着全球未能实现《巴黎协定》设定的将升温幅度控制在 2℃以内的目标，而实现更加雄心勃勃的 1.5℃温控目标更无从谈起。在保护地球上的生命和制止陆地及海洋退化的商定全球目标中，没有一个目标得到充分实现。森林砍伐和过度捕捞仍在持续，100 万种动植物物种受到灭绝的威胁。我们正如期恢复对地球具有保护作用的平流层臭氧层，然而，在减少空气和水的污染，安全管理化学品以及减少和安全管理废弃物方面，还有许多工作要做。

生态文明发展模式转型涉及技术、经济和社会结构的根本性变化，包括政策、治理、法规、激励措施和投资的重大转变，将补贴转向技术创新驱动和新的商业模式，有助于平息和化解对生态环境的剧烈破坏，也可以缓解生态文明发展变革的反对意见。

（三）建设生态文明是保障经济社会可持续发展的需要

由于气候变化、生物多样性的丧失和环境污染，人类正在使地球成为一个支离破碎、越来越不适宜居住的星球。我们的后代将继承一个充满极端天气事件的世界——这里海平面上升、动植物大量灭绝、有着不安全的粮食和水，以及未来暴发流行病的可能性越来越大。但是，没有大自然的帮助，我们将无法茁壮成长，甚至无法生存。这要求我们在追求财富和安全的过程中，必须学会珍视地质、土壤、空气和水这四种基本的"自然资本"。

人类当今和未来的繁荣与福祉取决于对地球有限空间和剩余资源的谨慎使用，以及保护和恢复地球维持生命的系统以及其吸收废弃物的能力。现有的社会、经济和金融体系未能将我们从自然界中获得的基本利益考虑在内，也没有提供激励措施来推动人们明智地管理生态系统和自然资本，并保持其价值。在过去的50年里，全球经济增长了近4倍，这主要是由于自然资源和能源的开采量增长了2倍，从而推动了生产和消费的增长。因此，在气候变化、生物多样性丧失和污染方面采取零星的、不协调一致的行动，将远远达不到防止环境恶化所需的行动力度。这一失败将威胁人类的未来，使可持续发展目标变得遥不可及。

所有参与者在致力于实现跨部门和整个经济范围内的变革，并在产生即时和长期影响的过程中，扮演着各自角色的同时，又形成互补和环环相扣的关系。通过国际合作、政策和立法，政府可以引领社会和经济转型。私营部门、金融机构、劳工组织、科教机构和媒体，以及家庭和民间社会团体可以在其领域内发起和引领转型。个人可以通过了解可持续性、行使投票权和公民权利、改变饮食和旅行习惯、杜绝浪费粮食和资源、减少对于水和能源的消耗来促进转型。人与人之间的合作、创新和知识共享将为社会和经济创造新的可能性和机会，在我们向未来可持续发展过渡的过程中，为我们带来共同的繁荣和更广泛的福祉。

三、生态文明建设的内容

(一)全球协助应对生态环境恶化带来的挑战

当前和预计的气候变化、生物多样性丧失和污染使得实现可持续发展目标更具挑战性。例如，即使气温小幅上升，但加上天气、降水、强降雨事件、酷热、干旱和火灾等相关变化，也会增加关于健康、粮食安全、供水和人类安全等方面的风险，而这些风险会随着变暖而加强。环境变化已经在破坏来之不易的发展成果，并阻碍在消除贫穷和饥饿、减少不平等、促进可持续经济增长、确保人人有工作以及实现和平包容的社会方面取得进展。

鉴于气候变化、生物多样性丧失、土地退化以及空气和水污染的相互关联性，所有这些问题必须全球协作一同解决，以使利益最大化并最大限度地减少权衡取舍。要想实现《巴黎协定》的目标，就需要出台更雄心勃勃的国家气候承诺，并在能源系统、土地利用、农业、森林保护、城市发展、基础设施和生活方式等领域快速推进转型。通过降低气温升幅并快速减少温室气体排放，适应气候变化也就变得越容易，成本也越低，同时，还有助于维护已取得的可持续发展目标相关进展。只有在扩大保护区和为自然提供专用空间的同时，解决土地和海洋用途变化、过度开发、气候变化、污染和外来入侵物种等驱动因素，才能阻止和扭转生物多样性的丧失。通过全球协作充分执行现有的国际公约及进一步加强全球政策制定和监管的科学基础，可以大大减少工业化、化学品和废物对环境和人类健康的不利影响。

(二)促进人类与自然关系调整实现可持续发展

人类的生存发展、确保水和能源安全以及加强对自然的保护、恢复和可持续利用是相辅相成和相互依存的目标。实现这些目标需要建立与自然和谐相处、减少浪费、适应变化和抵御冲击的粮食系统。全球消费模式的改变对于转变粮食、水和能源系统以及挑战社会规范和商业惯例至关重要。增加所有人获得安全、营养且负担得起的食物的机会，同时减少食物浪费，改变高收入国家和群体的饮食选择和消费者行为，对于实现消除饥饿、保护生物多样性、减少废弃物和缓解气候变化等目标至关重要。要确保可持续的海洋食物生产，同时保护海洋生物多样性，就需要采取政策行动，将可持续捕捞方法应用于渔业管理，改善空间规划，并积极应对气候变化、海洋酸化和污染等威胁。

要在气候变化、需求增加和污染加剧的情况下维持淡水资源，就需要在流域范围内进行跨部门和特定部门的干预。可以通过同时提高用水效率、有规划地扩大储水量、减少污染、改善水质、尽量减少破坏以及促进自然栖息地和流动区的恢复来实现这一目标。要普及清洁和负担得起的能源，就需要转变能源生产和使用方式。增加清洁能源的供应，加强创新和提高效率，对于在阻止全球变暖的同时实现公平和可持续的经济增长至关重要，清洁能源还能减少贫困和室内外空气污染。

阻止气候变化及生态系统退化和污染的政策、良好做法和适当技术可以大大降低相关的人类健康风险，包括呼吸道疾病、水传播疾病、病媒传播疾病和动物传播疾病、营养不良、极端天气事件和化学品暴露等。技术革新和推广是推动变革的重要机制。“大健康”方法将跨部门和跨学科的行动结合起来，力求保护人、动物和环境的健康。为了最大限度地减少气候变化、生态系统退化以及食物、空气和水质恶化给人类健康带来的风险，这种方法十分关键。城市和其他住宅区，特别是迅速扩大的城市地区和非正规住宅区，必须建设得更加可持续。在减少污染、使住宅区更加环保和更能抵御气候变化影响(如城市热岛效应和洪水增加)方面，改善城市规划、治理、基础设施和使用基于自然的解决方案可能是成本效益较高的方法。

但是，由于既得利益和短期利益的驱使，粗放型扩张发展模式仍然存在，只有全球经济发展模式充分转型才能使地球在其能力范围内支持生命、提供资源和吸收废弃物，以实现全人类的可持续发展。这一转型将涉及人类社会的技术、经济和社会组织的根本变革，包括世界观、规范、价值观和治理的转变，面临企业投资和政府监管方式的重大转变，是克服惰性和既得利益者反对，实现公正和信息透明化变革的关键。监管过程应体现出所有利益相关方参与的透明决策和良好管理水平。通过将补贴转向替代生计和新的商业模式，可以化解变革损失者的反对意见。新冠疫情和随之而来的经济动荡显示了全球环境生态系统退化的危险，以及开展国际合作和增强社会和经济复原力的必要性，这场危机造成了巨大的经济损失，同时也引发了大量关于人类生命健康的研究和国际合作，这些都有助于改变人类社会与自然环境的关系。

(三)全面体制改革推动全球可持续发展

面对持续的环境衰退，全球可满足对营养食品、水和卫生设施日益增长的需求的能力将继续减弱，正如弱势和边缘化人群目前所经历的那样。例如，粮食安全会受到传粉昆虫消失和肥沃土壤流失的威胁。城市和城市地区的环境风险，包括热浪、山洪、干旱、野火和污染等，阻碍了提升人类住宅区(包括非正规住宅区)包容性、安全性、复原力和可持续性的工作。

除非环境退化得到遏制，否则人类福祉和实现可持续发展目标面临的风险将继续升级。如果全球变暖超过 2℃，再加上生物多样性的持续丧失和日益严重的污染，可能会给人类带来可怕的后果。在限制环境变化方面无所作为的代价远远超过采取行动的代价。因此，各国政府应将自然资本纳入经济绩效的衡量标准，对碳定价、逐步取消对环境有害的补贴，并对每年用于补贴化石燃料、不可持续的农业和渔业、不可再生能源、采矿和交通业的部分资金进行重新分配，引导这部分资金用于支持低碳和自然友好型解决方案。在水和粮食生产等领域，对自然友好型解决方案和技术进行投资，有助于调动实现可持续发展目标所需的资金。将税收从生产和劳动力转移到资源利用和废弃物上，对于促进循环经济，推动繁荣与污染脱钩，以及创造就业机会都非常重要。发展中国家需要更多的支持来应对环境挑战，包括获得低息融资，以加强其能力建设并改革其核算系统和政策框架。

所有生态文明建设的行动者都可以发挥各自的、互补的和重叠的作用，实现跨部门和整体经济的转型变革，并产生直接和长期的影响。政府应发起并领导政府间合作、政策和立法，改变社会和经济状况。这种转型使私营部门、金融机构、劳工组织、科学和教育机构、媒体以及家庭和民间社会团体能够在各自的领域承担起各自的责任和义务。个人可以通过行使投票权和公民权利、改变饮食和旅行习惯、避免浪费食物和资源、减少水和能源的消耗等方式来促进变革。个人还可以通过提高认识来促进行为改变，在向可持续未来的转型中，人类的合作、创新和知识共享将创造新的社会、经济方面的可能性和机会，减少因环境退化而造成的不平等和社会冲突风险，采取措施促进公平，促进人类的知识、创造力、技术与合作的包容性增长体制建设，从而为全球生态文明建设奠定体制性基础。

第三章　能源效率度量方法

通过第二章的文献回顾，我们知道目前国内外有关能源环境和效率研究的理论、模型和文献较多，根据不同的产出和投入的度量方法，能源效率有不同的变种形式。① 为了避免混淆，根据能源效率指标考察的生产要素的多寡，可以把它粗略分为单要素能源效率模型和全要素能源效率模型。

第一节　单要素能源效率模型

单要素能源效率模型被定义为一个经济体的有效产出和能源投入的比值。在生活中最为常用的单要素能源指标是能源生产率和GDP能耗消耗强度。

一、能源生产率

生产率是指生产过程中产出与所需投入之间的比率。Patterson(1996)曾经按照投入-产出的不同变量对能源生产率做过一个详细的分类，按照对投入和产出的不同界定，分为热力学指标、物理-热量指标、经济-热量指标、纯经济学指标。本书所讨论的能源生产率主要是指"GDP-能源投入"这一经济-热量指标。下面通过一般的三要素生产函数为例来说明。

$$Q = Af(K, L, E) \tag{3-1}$$

在式(3-1)中，Q代表产出变量；K，L，E分别代表投入的资本、劳动量和能源。单要素生产率是指某一要素投入和产出之间的比例关系，如大多数文献表述能源生产率为$EP = Q/E$。美国国会经济委员会(Joint Economic Committee of the US Congress，1981)认为，能源生产率是对传统资本生产率和劳动生产率的一种补充，对于考察能源在国家、地区或部门的作用有效。

① Patterson M. What is Energy Efficiency: Concepts, Indicators and Methodological Issue[J]. Energy Policy, 1996, 24(5): 377-390.

二、能源消耗强度

能源消耗强度是指国民经济在生产中单位产出的能耗水平，通常量化为生产单位国内生产总值所消耗的能源量，它综合地反映了生产中对能源的利用效率，是经济增长质量的重要指标。这一数值越小越好，说明同等量的能源消耗可以创造更多的产值，计算公式为 $EI = E/Q$。能源生产率与能源消耗强度互为倒数。单要素能源效率指标简单易懂、便于使用，但也有不少问题，以 GDP 能耗指标为例：

(1)因为 GDP 能耗指标反映的是社会生产的总体状况，所以使用 GDP 能耗指标也抹杀了产业间的技术差别和能源效率差别，无法反映国民经济中不同产业在能源利用率上的差异及变化趋势（Jenne and Cattell，1983）。

(2)GDP 是一个经济体中各生产要素综合作用的结果，单要素 GDP 能源消耗指标无法反映其他生产要素与能源的替代效应(Renshaw，1981)。

(3)它并不能测量潜在的能源技术效率(Wilson et al.，1994)。

(4)一个经济体使用的能源种类是多样化的，很多研究表明能源的消费结构也影响能源利用效率，而 GDP 能耗指标只是经济体的总产出的货币表现与总的能源投入之间的比值，因此无法对能源结构不同的经济体的能源效率差异做出客观评价(Liu 等，1992)。除此之外，在进行跨国比较时还存在一些方法问题，譬如通常使用汇率法来计算 GDP，但它并没有考虑到不同国家之间的购买力，Reister(1987)认为，在进行跨国比较时，使用购买力平价(PPP)法来对 GDP 进行等值处理更合理。

鉴于以上缺陷，有学者建议把单要素能效指标和其他生产率指标，比如劳动生产率、资本生产率指标等结合起来使用。① 这种把单要素能源效率和其他要素相结合的方法虽然在一定程度上弥补了单要素能源效率指标的不足，但还是无法全面解决上面列举的单要素能源效率指标的问题。② 这就是进行全要素能源效率分析的必要性所在。

第二节　全要素能源效率模型

全要素能源效率的方法来源于微观经济学上的全要素生产率理论。社会生产过

---

① Patterson M. Energy, Productivity and Economic Growth: An Analysis of New Zealand and Overseas Trends Ministry of Energy[M]. Wellington, 1989.

② 杨红亮，史丹．能效研究方法和中国各地区能源效率的比较[J]．经济理论与经济管理，2008(3)：12-20.

程中的各投入要素在一定程度上可相互替代，而决定最终产出的并非能源或人力等某一个生产要素，而是各种生产要素的组合。全要素能源效率可以使用不同的统计分析方法来确定前沿。近年来见于文献的全要素能源效率的分析文章使用的方法大多是数据包络分析方法（DEA），其中以 Hu and Wang（2006）最具代表性，① 他们使用 DEA 的方法对中国各地区在 1995—2002 年的全要素能源使用效率做了比较研究，其主要贡献有三点：首先，这篇文章首次尝试使用全要素方法分析中国能源效率问题；其次，作者在该文中定义了一个新的全要素能源效率指标，减少了在 DEA 方法下出现的能源使用冗余现象对能源效率指标的不利影响；最后，以往的文献多使用国际数据做标杆，在此文中，作者从比较国内各地区之间能源效率利用差别的角度研究中国能源效率的现状。

下面我们将延续这个思路，对近年来广泛使用的基于 DEA 的全要素能源效率模型做详细的阐述。

一、生产率和效率的比较

生产率与技术效率概念是有关联的。生产率是指生产过程中产出与投入的比率。根据投入要素的多少又分为单要素生产率和多要素生产率，上文已经介绍了单要素生产率，这里不再赘述。多要素生产率，又称全要素生产率（TFP）②，是对投入要素根据一定的权重进行加总后得到的投入-产出之间的关系，简单表述为 $Y/X = Y/\sum w_i x_i$。其中 w_i 为投入要素 x_i 权重，一般用要素 x_i 的产出弹性来表示。③ 而效率起源于人们对企业的生产行为偏离最优化准则的思考。

传统的微观经济学建立了生产、成本和利润模型，这些模型确立了生产函数，假定生产行为在技术上是充分有效的，即企业运用这些生产函数可以使既定的投入获得最大的产出。通过设定更加灵活的生产函数形式，在剔除了统计噪音之后，生产者的经营活动被假设与这些函数相吻合，从而将产出增长率扣除投入增长率之后的 TFP 增长率全部归结为技术进步的结果。

但是，事实表明，并非所有的企业都能够成功地解决最优化问题。Hicks（1935）发现，在完全垄断下，不刻意追求利润最大化的企业反而能获得更大利益。

① Hu J, Wang S. Total-factor Energy Efficiency of Regions in China[J]. Energy Policy, 2006, 34 (17): 3206-3217.

② 全要素生产率（TFP），往往用于代表提出投入要素对经济增长的贡献剩下的因素（可能是总的技术效率或者其他未考虑因素对经济增长的贡献），也称之为索洛（Solow）残差。

③ 如果在一个完全竞争的市场中，也可以用要素 i 的成本在投入中所占的比重表示。如果产出弹性与成本投入比重不相等，则意味着存在配置无效率，可参见 Coelli（1996）。

Simon(1955，1957)从更加微观的角度分析了企业在具有有限理性和满意行为的条件下的生产状况。Leibenstein(1966)提出公司内部的激励机制、信息机制、监控机制以及代理问题必然会导致生产效率低下，他将这样的生产效率低下称为“X”低效率。“X”低效率理论认为，“X”低效率不仅存在，而且十分重要，由企业内部的“X”低效率所造成的福利损失甚至比由市场内部的配置低效率所造成的福利损失要大得多。

20世纪50年代，Koopmans、Debreu和Shephard等提出了有关效率的定义：当且仅当在不减少其他产品产量或不增加投入成本的条件下，不可能再增加某种产品的产量，生产才是具有效率的；在此基础上，Farrell(1957)进一步给出了成本效率(cost efficiency)的定义，并说明了如何将成本效率分解为技术效率(technical efficiency，TE)和配置效率(allocative efficiency，AE)两部分(Kumbhakar and Lovell，2000)。其中，技术效率反映给定投入时企业获取最大产出的能力，或者给定产出水平投入最小的能力(Lovell，1993)；配置效率则要求在一定的要素价格条件实现投入(产出)最有配合的能力。一般对效率的考察和测度都是针对技术效率的，[①] 如果获得要素的价格信息，则可以计算其成本效率。

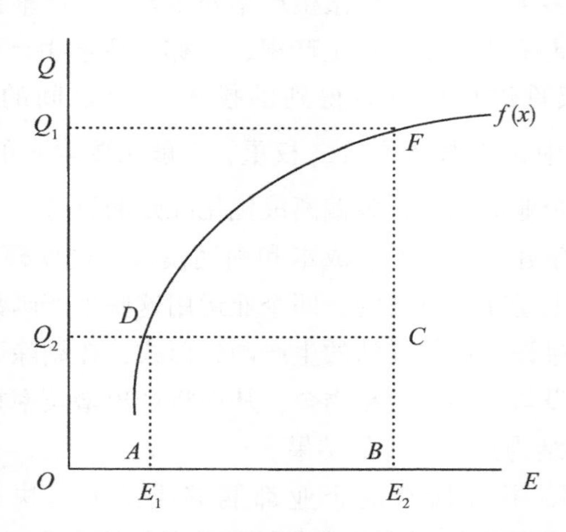

图3-1 能源生产率与能源效率示意图

图3-1中，$f(x)$ 表示生产前沿面曲线，也就是不存在效率损失的情况下所能达到的最优生产可能性边界，横轴代表所投入的能源要素 E，当投入数量为 E_2时，

① 如果在完全竞争的市场中，各要素的产出弹性等于投入要素所占总成本的比重，此时配置有效率。

由于管理无效率、技术水平落后、规模不经济等，造成了生产中能源的损耗，使得最终实际的产出水平无法达到点 F，而只能达到点 D，实际产出为 Q_2，那么此时的能源生产率等于 Q_2/E_2，而效率的测度则可根据投入角度或者产出角度考察，从产出角度来说，最大产出水平为 Q_1，实际产出为 Q_2，产出损失为 $PL = Q_1 - Q_2$，基于产出的技术效率 $TE = Q_2/Q_1 = BC/BF$，也就是衡量投入不变时 D 点距离生产边界最优点 F 的距离。同理，基于投入的技术效率 $TE = E_1/E_2$，衡量的是产出不变时点 C 距离生产边界最优点 D 的距离。由此可见，生产率和效率之间并不是相同的概念，两者之间存在一些差异，具体见表 3-1。

表 3-1　**生产率与效率的比较①**

	生产率	效率
含义	生产过程中产出与所需投入之间的比率	投入资源最优利用的能力
公式	单要素：Y/X_i 多要素：$Y/\sum w_i x_i$	投入法：最优投入/实际投入 产出法：实际产出/最优产出
取值的大小	大于 0	0~1 之间
比较标准	不同经济体之间横向比较，或者自身纵向比较	等于 1 为有效率，等于 0 为无效率
是否有量纲	有，根据选取的 X，Y 单位来决定	无量纲
优点	计算简单，适用于技术效率差异较大经济体(如行业)之间的比较	能够衡量投入要素被实际生产所利用的程度，更体现效率因素
缺点	没有考虑其他配合要素的影响，不能体现出技术效率的真实变化	计算较为复杂，基于投入法和产出法的效率值可能不同

二、基于 DEA 的能源效率模型

1. DEA 方法

从图 3-1 分析可知，计算能源效率需要知道生产前沿曲线 $f(x)$，但一般来说这是未知的，只能通过实际的样本观测点来进行估计。Farrell(1957)首次提出可以通过构造一个非参数的线性凸面来估计生产前沿面。Boles(1966)和 Afriat(1972)随后证明了可以通过数学规划来完成，但直到 Charnes、Cooper、Rhode(1978)发展出

① 魏楚．中国能源效率研究[D]．杭州：浙江大学，2009.

一个基于规模报酬不变(Constant Return to Scale，CRS)的DEA模型之后才引起广泛关注和运用，之后Banker、Charnes和Cooper(1984)扩展了CCR模型中关于规模报酬不变的假设，提出了基于可变规模报酬(Variable Return to Scale，VRS)的DEA模型。

数据包络分析DEA是一种运用线性规划的数学过程，用于评价每个决策单元(DMU_i)的效率(Coelli，1996)。其目的就是构建出一条非参数的包络前沿面，有效点位于生产前沿上，无效点处在前沿面下方。假定有N个DMU，每一个决策单元使用M种投入要素来生产J种产出，第i个决策单元DMU_i的效率即等于下列线性规划问题(3-2)的解。

投入径向的DEA效率模型：

$$\begin{aligned} &\min_{\theta,\ \lambda} \theta \\ \text{s.t.}\quad & -y_i + Y\lambda \geqslant 0 \\ & -x_i + X\lambda \geqslant 0 \\ & \lambda \geqslant 0 \end{aligned} \tag{3-2}$$

其中，θ是标量，λ是一个$N\times1$的常向量，解出来的θ值即为DMU_i的效率值，一般有$\theta\leqslant1$，如果$\theta=1$，则意味着该单元是技术有效的，处于技术前沿面上(Coelli等，1998)。如果在式(3-2)中添加约束条件$N_1\lambda=1$(其中N_1是$N\times1$向量)，则为基于可变规模报酬(VRS)假设的DEA模型(Afriat，1972)。在VRS假设下，基于投入法和产出法所计算的效率是不相等的(Fare and Lovell，1978)，两者的比值等于规模效率，即

$$SE = TE_{CRS}/TE_{VRS} \tag{3-3}$$

其中，TE_{VRS}又称为"纯技术效率"，即为样本点与其最近的包络线之间的相对距离，而TE_{CRS}则表示为样本点同最严格的最优点所构成的包络射线之间的相对距离。规模效率等于这两个技术效率之间的比值，其经济学含义可解释为不同样本点之间由于投入(产出)的规模不同所导致产出(投入)之间的效率差异(Forsund and Hjalmarsson，1979①)。其经济学含义如图3-2所示。

图3-2中，横轴表示经过加总后的全要素投入X，纵轴表示最终产出Y。A点处于技术前沿面上，在规模报酬不变假设(CRS)条件下可参照的前沿即为OA'射线；如果在规模报酬可变(VRS)假设情形下则可以形成一条更为紧凑的包络线OAB'，此时规模效率意味着样本点所在的VRS射线同CRS射线之间的相对距离。例如，

① Forsund F R，Hjalmarsson L. Frontier Production Functions and Technical Progress：A Study of General Milk Processing in Swedish Dairy Plants[J]. Econometrica，1979，47 (4)：883-900.

在 CRS 条件下，B'点是无效率点，而在 VRS 条件下，A 点处于前沿上，如果将 A' 点的经济活动进行“复制”，那么在规模报酬不变的情况下，投入 OB 数量的要素将可以实现 $A'B$ 数量的产出，此时仍可处于前沿上，如 A'点，但实践观测中 OB 数量的投入只能实现 BB'的产出水平，因此 $A'B'$距离即表示与最佳前沿点相比较，由于规模变化所导致的效率损失，也即在相同要素投入下所导致的产出损失，$BB'/A'B$ 则可表示为相对的规模效率，如果该值等于 1，意味着此时样本点处在 CRS 射线上，不存在规模效率损失。

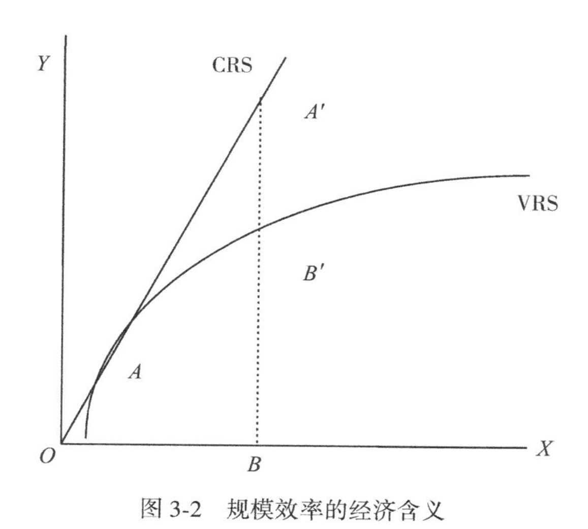

图 3-2 规模效率的经济含义

实践中，存在着各种违背完全竞争市场假设的情形，因此各种生产要素的配置可能存在各种效率损失。如果掌握投入要素的价格信息，我们则可以通过下列线性规划式(3-4)测算更为全面的“经济效率”，其实质就是求解成本最小化的 DEA 模型：

$$\min_{x_i^*,\ \lambda} w'_i x_i^* \tag{3-4}$$

$$\text{s.t.} \quad -y_i + Y\lambda \geqslant 0$$

$$-x_i^* + X\lambda \geqslant 0$$

$$N'_i\lambda \geqslant 0$$

$$\lambda \geqslant 0$$

式(3-4)中，w_i 为 DMU_i的投入要素价格向量，$x_i{}^*$ 表示为满足成本最小化时的投入向量，给定投入要素价格 w_i 和产出水平 y_i，就可以测算出决策单位 DMU_i的经济效率(ET)或者技术效率，也就是最优成本点之间同样本点实际成本的比值。

$$ET = \frac{w'_i x_i^*}{w'_i x_i} \tag{3-5}$$

再根据式(3-2)、式(3-4)、式(3-5)分别计算出 TE_{CRS} 和 ET，便可以计算投入要素的配置效率 AE：

$$AE = ET/TE_{CRS} \tag{3-6}$$

式(3-6)可以理解为：对于经济体而言，其经济效率包含两方面的考虑：首先，要素投入在生产上同最优点相比较的技术效率 TE；其次，考虑成本有效性，即用配置效率 AE 考察各要素的投入是否按照其相对价格比例实现了最优配置，两者综合起来则可以形成一个既考虑生产技术可能性，又考虑生产投入经济效率指标。

根据研究目的不同、掌握的数据资料情况，以及现有的能源效率研究文献归纳，能源效率模型大致可分为三种：全要素能源技术效率模型、全要素能源经济效率模型和全要素能源相对效率模型。①

2. 全要素能源技术效率模型

全要素能源技术效率模型最简单，需要的数据信息最少，只需要决策单元投入与产出数量，就能计算其全要素能源技术效率，因此该模型被广泛应用。实质上，通过该模型计算出来的能源效率值只是在投入端加入能源要素后的整体技术效率，本身并没有特别凸显能源特征，该值反映了某一决策单元在综合利用多种要素下进行生产以实现最大产出或最小要素投入的能力。其基本模型简述如下。

假定有 N 个 DMU，每一个决策单元使用 M 种投入要素来生产 J 种产出(其中，能源要素投入有 p 种，非能源要素投入 $M\text{-}p$ 种)，第 i 个决策单元 DMU_i 的效率等于下列线性规划问题(3-3)的解。

投入径向的 DEA 效率模型：

$$\min_{\theta,\ \lambda} \theta \tag{3-7}$$

$$\text{s.t.} \quad -y_i + Y\lambda \geqslant 0$$

$$-x_i + X\lambda \geqslant 0$$

$$\lambda \geqslant 0$$

其中，$X = (e_1,\ e_2,\ \cdots e_p,\ x_{p+1},\ \cdots,\ x_M)$，$e_i$ 是相应的第 i 种能源要素投入量，$i = 1,\ 2,\ \cdots,\ p$。其他符合含义同式(3-2)。

上述模型是基于规模报酬不变假设的(CRS)，如果将其放松到规模报酬可变(VRS)假设，则需要在式(3-7)中加以约束条件：$N'_1\lambda = 1$，这样便可以计算出基于 VRS 的全要素能源纯技术效率值 TE_{VRS}，同样地，$SE = TE_{CRS}/TE_{VRS}$，即是该 DMU_i

① 魏楚．中国能源效率研究[D]．杭州：浙江大学，2009.

的规模效率。

3. 全要素能源经济效率模型

全要素能源经济效率模型本质同上文介绍的决策单元的经济效率模型是一样的，只是在投入端考虑加入能源要素，其效率值衡量了包含能源要素在内各种投入要素的综合利用程度。另外，该模型是全要素技术效率模型的延伸，除需要各决策单元投入产出量之外，还需要它们的价格信息。该模型的优点在于不但可以考察投入要素生产能力，还可以考察投入要素是否实现最优配置已达到成本最小化的程度。其基本模型如下式：

$$\min_{x_i^*,\ \lambda} w'_i x_i^* \tag{3-8}$$

$$\begin{aligned} \text{s.t.} \quad & -y_i + Y\lambda \geqslant 0 \\ & -x_i^* + X\lambda \geqslant 0 \\ & N'_i\lambda \geqslant 0 \\ & \lambda \geqslant 0 \end{aligned}$$

其中，$w=(w_{e_1}, w_{e_2}, \cdots, w_{e_p}, w_{x_{p+1}}, \cdots, w_{x_M})$，$w_i$ 是 $\mathrm{DMU_i}$ 的投入要素价格向量，$X=(e_1, e_2, \cdots, e_p, x_{p+1}, \cdots, x_M)$，$e_i$ 是相应的能源要素投入，其他符号含义同式(3-4)。

如同式(3-5)，可知全要素能源的经济效率可表述为：

$$CE = \frac{\omega'_i x_i^*}{\omega'_i x_i} \tag{3-9}$$

此外，根据全要素能源技术效率 $\mathrm{TE_{CRS}}$ 和全要素能源经济效率 CE，可以测算出所有投入要素的配置效率 AE：

$$\mathrm{AE} = \mathrm{CE}/\mathrm{TE_{CRS}} \tag{3-10}$$

4. 全要素能源相对效率模型

上面介绍的全要素能源技术效率模型和全要素能源经济效率，其实质分别归属于全要素生产率下某个决策单元的技术效率模型与经济效率模型，只是在原有模型的投入端考虑进能源要素，其最终测量出来的效率值反映了该决策单元的平均效率。按照上述两个能源效率模型测度出来的效率值，其值高低与能源的利用程度、要素的配置效率以及其他配合要素的利用程度均有关，因此我们无法凭借该值的高低简单、片面地对能源实际利用程度做出判断。

为了克服上述两个能源效率模型的不足，Hu and Wang(2006)提出了全要素能源相对效率指标，其表达式为：

$$\text{全要素能源相对效率指标} = \frac{\text{参照其他 DMU 所能达到的最小能源投入}}{\text{该 DMU 实际能源投入}} \tag{3-11}$$

在假定要素价格与产出一定的情形下，某一决策单元的能源投入不可能进一步减少了，那么该决策单元的能源效率是 Pareto 最优，其能源效率为 1，否则，则表明该决策单元存在能源效率的损失，其效率值可以表述为该样本点与最优前沿面的相对距离。

下面用图 3-3 来解释全要素能源效率的经济含义。考虑一个基于规模报酬不变(CRS)投入导向 DEA 模型。为了便于问题的分析，将产出进行单位化处理，等产量线为 QQ'，投入要素分为能源、非能源要素(包括资本、劳动投入等)。包络线上的点 C、D 处于等产量线上，表示有效率的；而点 A'、B'位于等产量线右上方，意味着单位产出需要耗用更多的资源，表明存在效率损失。按照 Farrell 的定义投入导向的效率值公式,[①] 样本点 A'、B'的效率值可分别表述为 OA/OA'和 OB/OB'。但我们细心观察图 3-3 可以发现，位于等产量线 QQ'上的点 A 并不是最有效点，因为在维持产出不变的条件下，A 点可以继续降低能源投入达到 C 点。这就是线性规划问题中的投入松弛(Slacks)问题(Koopmans，1951[②]；Farrell，1957)。在现实经济运行中存在着各种无效情形，松弛也是反映要素的配置中的无效率(Ferrier and Lovell，1990[③])。

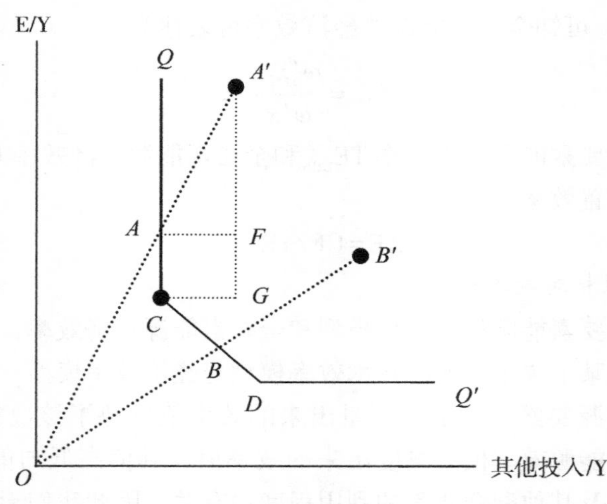

图 3-3　基于 CRS 全要素能源相对效率模型的经济涵义

① Farrell M J. The Measurement of Productive Efficiency[J]. Journal of the Royal Statistical Society Series A，1957，120 (3)：253-290.

② Koopmans T C. Efficient Allocation of Resource[J]. Econometrica. 1951，19 (4)：455-465.

③ Ferrier G D，Lovell C A K. Measuring Cost Efficiency in Banking：Econometric and Linear Programming Evidence[J]. Journal of Econometrics，1990(46)：229-245.

在图 3-3 中，无效样本点 A'的最佳参照点是 C 而非 A。样本点 A'能源无效损失包括两部分：其一，参照其生产技术前沿点 A，其能源投入可节约量为 FA'，这一部分为技术无效率损失量；其二，参照其最佳点 C，其能源投入可再节约 FG，这一部分为要素配置不当造成的损失量，所以，在保持生产要素价格与产出不变时，在现有生产条件下样本点 A'最大能源可节约量为 $GA'=FA'+FG$。GA'具有很强的经济涵义：它反映的是在现有生产下最大能源可节约量，从另一方面也反映了决策单元在实际生产中能源的“浪费”数量。该值越大，表明同其他决策单元相比，该单元的能源浪费量越大，通过改进生产技术以及要素的配置，可节约更多的能源，当该值等于零时，表明该决策单元在现有条件下已处于 Pareto 最优，其能源效率值为 1。

根据图 3-3 对决策单元全要素能源相对效率的分析，结合 Hu and Wang(2006)的思路，我们对全要素能源相对效率模型进行公式化处理：

$$\mathrm{EE}_{i,\ t} = \mathrm{TEI}_{i,\ t}/\mathrm{AEI}_{i,\ t} = 1 - (\mathrm{LEI}_{i,\ t}/\mathrm{AEI}_{i,\ t}) \tag{3-12}$$

其中 $\mathrm{EE}_{i,t}$(Energy Efficiency)表示第 i 个决策单元在时间 t 的全要素能源相对效率。相应地，TEI(Target Energy Input)表示该决策单元在现有生产技术条件下，实现一定量的产出的目标能源投入数量，AEI(Actual Energy Input)为该决策单元实际能源投入数量，LEI(Loss Energy Input)为其能源投入中的“浪费数量”。

另外，我们还可以表述某个决策单元 DMU_i 在时间 t 的节能潜力 SPE(Saving Potential of Energy)：

$$\mathrm{SPE}_{i,\ t} = \mathrm{LET}_{i,\ t}/\mathrm{AEI}_{i,\ t} \tag{3-13}$$

在式(3-13)中，SPE 值越大，反映了当前该决策单元相对于其他最优前沿的决策单元而言，其能源投入中存在的无效率损耗越大，如果注重技术改进和要素的优化配置，该决策单元未来的节能潜力就越大。

在图 3-3 中，隐含着要素价格不变，但实践中不同生产要素的相对价格在做不断调整。如要更客观地描述经济活动，就有必要引入等成本曲线。如图 3-4 所示，考虑投入要素的相对价格，作等成本线 VV'，假设等产量线与等成本线相切于 D 点，那么 D 点是唯一经济效率有效率点。尽管 C 点在生产技术前沿上，但该样本点生产成本并非最优，原因在于如果按照要素相对价格来进行配置，实际只需要投入 OC'的资源，因此同最优点 D 相比，该点要素投入过量为 CC'，C 点的配置效率定义为 $AE=OC'/OA$，即反映其远离等成本线的程度，此时样本点 A'在生产中所体现的能源技术效率为

$$\mathrm{TE}_{A'} = \mathrm{OA}/\mathrm{OA}' \tag{3-14}$$

考虑价格信息之后的该样本点全要素能源经济效率可以表示为：

$$\mathrm{CE}_{A'} = OC'/OA' = (OC'/OA) \times (OA/OA') = \mathrm{AE}_{A'} \times \mathrm{TE}_{A'} \tag{3-15}$$

在图 3-4 中，无效率点 A′的最佳参照点为 C′，因此，样本点 A′的能源要素投入损失包括三部分，除了在图 3-3 中说明的两个部分能源浪费之外，还包括能源与其他要素之间未按照相对价格配置带来的能源损失，记三部分合计能源损失量为 LEI，该值越大，则意味着按照现有生产条件，该决策单元在生产过程中"浪费"的能源越多，或者说，同其他在前沿上的决策单元相比较，在保持产出与成本不变的情况下，该决策单元通过技术改进和要素的优化配置可以节约的最大能源投入量；如果该值等于零，则意味着在现有生产条件下，该决策单元在生产技术和要素配置上均已达到最优，此时全要素能源经济效率为 1。

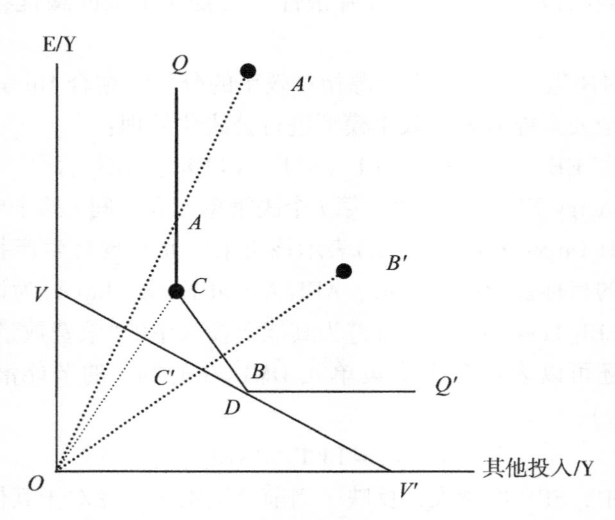

图 3-4　基于 CRS 全要素经济效率模型经济涵

5. 三种能源效率模型的比较

上述三种全要素能源效率模型都是在全要素生产框架下变形而来的，但在研究目的、需要的数据资料方面存在一定差异。其中，全要素能源技术效率模型对于数据要求低，仅需要各决策单元生产中的投入、产出数据，其测度的是整个决策单元各生产要素平均利用效率。一般地，在考察某一生产要素的节能潜力时，往往采用投入导向的数据包络分析模型。此外，对全要素能源技术效率的测度还可以分解出规模效率。

全要素能源经济效率模型对数据要求较高，除了需要投入要素与产出的数据之外，还需要它们的价格数据信息，但该模型的优点在于不仅可以测度各决策单元在生产上综合利用投入要素实现产出最大化的能力，还能测度各决策单元在要素投入上实现成本最小化的能力；此外，对于全要素能源经济效率的测度还可以分解出要素配置效率。

全要素能源相对效率模型是基于全要素生产率框架，考虑了多种投入要素间的配合生产，其测度的是：决策单元同现有的其他处于最优前沿的单元相比，其能源投入是否存在浪费，即在现有生产条件下，生产一定量的产出，其能源投入可以减少的程度。由于这一概念最符合 Pareto 最优的内涵，因此在本书后面章节的实证分析中会作重点讨论与应用。

三、基于 SBM 的能源效率模型

DEA(data envelopment analysis)模型不仅可以用来核算经济效率或绿色经济效率，同时也可以计算生产率指数。而学术界也经常把 DEA 模型计算的生产率指数作为全要素生产率或者绿色全要素生产率的替代指标。目前，DEA 模型可以计算的比较常见的生产率指数(productivity index)包括 Malmquist 指数和 Luenberger 指数，而现有文献中更为常见的 GM(global malmquist)指数、ML(malmquist_luenberger)指数和 GML(global malmquist_luenberger)指数，其本质上都是 Malmquist 指数。ML 指数是考虑非期望产出 DEA 模型计算的 M 指数。GM 指数是通过全局 DEA 模型计算的 M 指数，而 GML 指数则是考虑非期望产出的全局 DEA 模型计算的 M 指数。全局 DEA 模型是以所有年份所有省份数据构成的生产前沿面，也就是说，所有数据只有一个前沿面。而普通的 DEA 模型都是通过每一年的所有省份建立的生产前沿面，即一年一个前沿面。当然除了上述变化之外，通过对前沿面的不同设定，还可构建基期(固定期)DEA 模型、序列 DEA 模型和窗口 DEA 模型等，基于不同的 DEA 模型又可以构造不同的生产率指数。DEA 模型中任何一个小小改动都可以产生一个新模型，因此，判断一个模型是否相同，主要看公式和引用的参考文献，而不是名称。

M 指数和 L 指数都是通过测度效率的变动情况而构造的生产率指数，区别在于 M 指数是通过比值，而 L 指数是通过两者之差。两个指数都可以分解为效率变化(EC)和技术变化(TC)，而很多文章中出现的技术进步、规模效率变化和纯效率变化，都是后期学者根据自己的见解所做的不同分解。就 M 指数而言，比较常见的有 FGNZ 分解、RD 分解和 Zofio 分解。目前学界对于 M 指数或 L 指数本身已达成共识，但对于指数分解部分不同学者则有不同看法，分歧较大。指数分解不管怎么变，对于计算总指数和指数分解用的效率值大多是一样的。

1. SBM 模型(SBM_CRS)

Tone(2001)构建了一个新的 DEA 模型即 SBM(slacks-based measure)模型，是一个非径向(non-radial)非角度(non-oriented)DEA 模型。“径向的”要求在评价效率时投入或产出同比例变动，而“角度的”要求在评价效率时做出基于投入(假设产出不变)或者基于产出(假设投入不变)的模型选择。经典 DEA 模型，比如，投入导向的 CCR 或 BCC 模型就是径向、角度 DEA 模型。当存在投入过度或者产出不足，即存在投入或产出的非零松弛(Slack)时，径向 DEA 会高估 DMU 的效率值；而角度 DEA 必须忽视投入或产出的变动情况，计算出的结果并不符合客观实际（王兵，2010)。因此，Tone(2001)为了克服上述问题，创造了一种基于松弛变量的效率测度方法，即 SBM 模型。

假设有 n 个决策单元，其投入和产出向量：$X=(x_{ij})\in R^{m\times n}$，$Y=(y_{kj})\in s\times n$，令 $X>0$，$Y>0$，是生产可能性集合：$P=\{(x,\ y)\mid x\geqslant X\Lambda,\ y\leqslant Y\Lambda,\ \Lambda\geqslant 0\}$，其中 $\Lambda=[\lambda_1,\ \lambda_2,\ \cdots,\ \lambda_n]\in R^n$ 表示权系数向量，P 函数中的两个不等式分别表示实际投入水平大于前沿水平，实际产出小于前沿产出水平。根据 Tone(2001)理论模型，使用 SBM 模型评估 DMU$(x_0,\ y_0)$ 得以下方程：

$$\min \rho=\frac{1-\dfrac{1}{m}\sum_{i=1}^{m}\dfrac{s_i^x}{x_{i0}}}{1+\dfrac{1}{s}\sum_{k=1}^{s}\dfrac{s_k^y}{y_{k0}}} \tag{3-16}$$

$$\text{s.t.}\quad x_{i0}=\sum_{j=1}^{n}\lambda_j x_j+s_i^x,\ \forall i;$$

$$y_{k0}=\sum_{j=1}^{n}\lambda_j y_j+s_k^y,\ \forall k;$$

$$s_i^x\geqslant 0,\ s_k^y\geqslant 0,\ \lambda_j\geqslant 0,\ \forall i,\ j,\ k$$

式中，$s_x\in R^m$，$s_y\in R^s$，分别表示投入和产出的松弛变量(投入的冗余量，产出的不足量)；ρ 表示决策单元的效率值；m，s 代表投入和产出的变量个数。式(3-16)满足规模报酬不变(CRS)假设，如果在上述公式中添加约束，即 $\sum_{j=1}^{n}\lambda_j=1$，则公式满足规模报酬可变情形(VRS)。当 $\rho=1$，也就是 $s_x=0$，$s_y=0$，代表 DMU 是有效的，如果当 $\rho<1$ 时，代表 DMU 是非有效的，存在改善空间。通过减去投入的过剩量以及加上产出的不足量，即可获得最优投入和最优产出：

$$\begin{cases} x_0^*=x_0-s^{x*} \\ y_0^*=y_0-s^{y*} \end{cases} \tag{3-17}$$

2. *超效率 SBM 模型(Super_SBM_VRS)*

Tone(2001)提出的 SBM 模型本身有一个缺陷，就是计算出的效率值只能保持在(0，1]区间内，且有效率的 DMU 取值为 1，而小于 1 的地区则被视为无效的状态。因此，我们无法对有效率的 DMU 进行比较，基于此，Tone(2002)构建了超效率 SBM 模型。

与径向 DEA 和方向 DEA 的超效率模型相比，SBM 超效率模型要复杂一点，它并非仅仅增加 $j \neq 0$ 这一限制条件(Tone，2002)。而且，超效率 SBM 模型只能计算有效率的 DMU，无效率的 DMU 的结果只能是 1。因此，要想使用 SBM 模型得出所有 DMU 的可比值，通常都是两种模型的综合结果。

对于 DMU(x_0，y_0)，其规模报酬可变(VRS)的超效率 SBM 模型表示为：

$$\rho = \min \frac{\frac{1}{m}\sum_{i=1}^{m}\frac{\bar{x}_i}{x_{i0}}}{\frac{1}{s}\sum_{k=1}^{s}\frac{\bar{y}_k}{y_{k0}}} \tag{3-18}$$

$$\text{s. t.} \quad x_{i0} = \sum_{j=1}^{n}\lambda_j x_j + s_i^x, \quad \forall i;$$

$$y_{k0} = \sum_{j=1}^{n}\lambda_j y_j + s_k^y, \quad \forall k;$$

$$\bar{x}_i \geqslant x_{i0},\ 0 \leqslant \bar{y}_k \leqslant y_{k0},\ \lambda_j \geqslant 0,\ \sum_{j=1,\ \neq 0}^{n}\lambda_j = 1,\ \forall i, j, k;$$

3. 非期望产出超效率 SBM 模型(Un_Super_SBM_CRS)

Tone 并没有给出带有非期望产出超效率 SBM 模型公式，本书参考成刚(2014)对 SBM 模型(K. Tone，2001)推出的公式，使用带有非期望产出的超效率 SBM 模型评估 DMU(x_0，y_0，z_0) 如下式：

$$\rho = \min \frac{1 + \frac{1}{m}\sum_{i=1}^{m}\frac{s_i^x}{x_{i0}}}{1 - \frac{1}{s_1 + s_2}\left(\sum_{k=1}^{s_1}\frac{s_k^y}{y_{k0}} + \sum_{l=1}^{s_2}\frac{s_l^z}{z_{l0}}\right)} \tag{3-19}$$

$$\text{s. t.} \quad x_{i0} \geqslant \sum_{j=1,\ \neq 0}^{n}\lambda_j x_j - s_i^x, \quad \forall i;$$

$$y_{k0} \leqslant \sum_{j=1,\ \neq 0}^{n}\lambda_j y_j + s_k^y, \quad \forall k;$$

$$z_{l0} \geqslant \sum_{j=1,\ \neq 0}^{n}\lambda_j z_j + s_l^z, \quad \forall l;$$

$$1 - \frac{1}{s_1 + s_2}\left(\sum_{k=1}^{s_1}\frac{s_k^y}{y_{k0}} + \sum_{l=1}^{s_2}\frac{s_l^z}{z_{l0}}\right) > 0$$

$$s_i^x \geqslant 0,\ s_k^y \geqslant 0,\ s_l^z \geqslant 0,\ \lambda_j \geqslant 0,\ \forall i, j, k$$

4. Malmquist 指数及分解

Malmquist 指数最初由瑞典经济学家 Sten Malmquist 于 1953 年首先提出，发展至今，学者们在其基础上衍生了很多其他类型的指数，比如序列参比 M 指数、窗口参比 M 指数和 ML 指数等。Malmquist 指数本身已经得到了学术界的广泛认同，但是，学者们大多对 M 指数的分解有很大分歧。本书罗列其中比较常用的分解方法，如有不同意见可以根据本书提供的相关效率值自行构建指数。

Lovell 等(2003)将构成 CRS 生产可能集的前沿技术称为基准技术，即为了计算 TFP 而定义的参照技术；将构成 VRS 生产可能集的前沿技术称为最佳实践技术，即现实中存在的前沿技术。RD 和 Fare 等(1997)认为 Malmquist 生产率指数应该定义在基准技术之上(章祥荪和贵斌威，2008)，也就是说，关于 Malmquist 指数的建立和分解都应该以规模报酬不变(CRS)为基础。下面介绍的 FGNZ(1994)分解，RD(1997)分解和 Zofio(2007)分解，虽然都考虑了现实的 VRS 技术，但却是在规模报酬不变 Malmquist 指数的基础上进行的分解。

(1)FGLR 分解

Malmquist 指数本质上是两个距离函数值的比值，是一种理论上的指数(CCD，1982)。直到 1978 年 CCR 提出了 DEA 模型，通过线性规划方法测度技术效率后，将其转化为距离函数值。最终，Malmquist 指数才从理论指数变成了实证指数。因为针对 SBM 模型效率值与 SBM 距离函数值的转化文献并没有发现(或者说实现起来很困难)，目前，学界大多使用 SBM 效率值作为距离函数值的代替来计算 M 指数，代表有成刚(2014)和 Li & Chen (2021)等。Fare 等(1992)根据投入导向的 CCR 模型构建了几何平均的综合 Malmquist 生产率指数，并分解为 EC 效率变化和 TC 技术变化(技术进步)，也称为 FGLR(1992)分解。根据 M 指数的公式也可以直接推导出规模报酬可变的 M 指数，并分解为 PEC 纯技术效率变动和 PTC 纯技术变动。

第一种情况：规模报酬不变的情况(CRS)：

$$m_c^{t+1} = \mathrm{EC}_c \times \mathrm{TC}_c$$

$$m_c^{t+1}(x^t, y^t, x^{t+1}, y^{t+1}) = \left[\frac{\mathrm{EC}_c^t(x^{t+1}, y^{t+1})}{\mathrm{EC}_c^t(x^t, y^t)} \cdot \frac{\mathrm{EC}_c^{t+1}(x^{t+1}, y^{t+1})}{\mathrm{EC}_c^{t+1}(x^t, y^t)}\right]^{\frac{1}{2}} \tag{3-20}$$

$$\mathrm{EC}_c = \frac{EC_c^{t+1}(x^{t+1}, y^{t+1})}{EC_c^t(x^t, y^t)}$$

$$\mathrm{TC}_c = \left[\frac{\mathrm{EC}_c^t(x^{t+1}, y^{t+1})}{\mathrm{EC}_c^{t+1}(x^{t+1}, y^{t+1})} \cdot \frac{\mathrm{EC}_c^t(x^t, y^t)}{\mathrm{EC}_c^{t+1}(x^t, y^t)}\right]^{\frac{1}{2}}$$

第二种情况：规模报酬可变的情况(VRS)：

$$m_v^{t+1} = \mathrm{EC}_v \times \mathrm{TC}_v = \mathrm{PEC} \times \mathrm{PTC} \tag{3-21}$$

$$m_v^{t+1}(x^t, y^t, x^{t+1}, y^{t+1}) = \left[\frac{EC_v^t(x^{t+1}, y^{t+1})}{EC_v^t(x^t, y^t)} \cdot \frac{EC_v^{t+1}(x^{t+1}, y^{t+1})}{EC_v^{t+1}(x^t, y^t)}\right]^{\frac{1}{2}}$$

$$PEC = \frac{EC_v^{t+1}(x^{t+1}, y^{t+1})}{EC_v^t(x^t, y^t)}$$

$$PTC = \left[\frac{EC_v^t(x^{t+1}, y^{t+1})}{EC_v^{t+1}(x^{t+1}, y^{t+1})} \cdot \frac{EC_v^t(x^t, y^t)}{EC_v^{t+1}(x^t, y^t)}\right]^{\frac{1}{2}}$$

其中，下标 c 表示规模报酬不变(CRS)，下标 v 表示规模报酬可变(VRS)。根据公式要想计算 M 指数及其分解指数，至少需要计算三种效率值，即 $EC_v^t(x^t, y^t)$，$EC_v^t(x^{t+1}, y^{t+1})$，$EC_c^{t+1}(x^t, y^t)$。

(2)FGNZ 分解

Fare 等(1994)在其 1992 年研究的分解法的基础上，通过 VRS 和 CRS 得出不同效率值，将 FGLR(1992)分解法中的 EC 进一步分解为纯技术效率变动(PEC)和规模报酬变动(SEC)。

$$MC_{t+1} = EC_c \times TC_c = PEC \times SEC \times TC_c$$

$$SEC = \frac{\dfrac{EC_c^{t+1}(x^{t+1}, y^{t+1})}{EC_v^{t+1}(x^{t+1}, y^{t+1})}}{\dfrac{EC_c^t(x^t, y^t)}{EC_v^t(x^t, y^t)}} \tag{3-22}$$

(3)RD 分解

Ray & Desli (1997)将 CRS 模型得出的 M 指数分解为纯技术效率变动(PEC)，纯技术变动(PTC)和规模效率变动(SCH)。

$$m_c^{t+1} = EC_c \times TC_c = PEC \times SCH \times PTC \times \tag{3-23}$$

$$SCH = \left[\frac{\dfrac{EC_c^{t+1}(x^{t+1}, y^{t+1})}{EC_v^t(x^{t+1}, y^{t+1})}}{\dfrac{EC_c^t(x^t, y^t)}{EC_v^t(x^t, y^t)}} \cdot \frac{\dfrac{EC_c^{t+1}(x^{t+1}, y^{t+1})}{EC_v^{t+1}(x^{t+1}, y^{t+1})}}{\dfrac{EC_c^{t+1}(x^t, y^t)}{EC_v^{t+1}(x^t, y^t)}}\right]^{\frac{1}{2}}$$

(4)Zofio 分解

Paster & Lovell (2005)构造了 GM 指数，并分解为技术效率变动 EC 和技术差距变动 BPC。

$$m_c^G = EC_c \times BPC_c \tag{3-24}$$

$$m_c^G(x^t, y^t, x^{t+1}, y^{t+1}) = \frac{EC_c^G(x^{t+1}, y^{t+1})}{EC_c^G(x^t, y^t)}$$

$$BPC_c = \frac{\dfrac{EC_c^G(x^{t+1},\ y^{t+1})}{EC_c^{t+1}(x^{t+1},\ y^{t+1})}}{\dfrac{EC_c^G(x^t,\ y^t)}{EC_c^t(x^t,\ y^t)}}$$

第三节　环境因素扩展性的全要素能源技术效率模型

应该说，全要素方法在揭示地区要素禀赋结构对能源效率的影响上，比传统的单要素方法改进了许多(杨红亮，史丹，2008①)，但其产出端，只考虑了"合意"的产出，缺少对污染物排放的考察。由于污染治理往往需要高昂的成本，这部分污染物应该从产出中扣除以反映真实的产出 GDP，但污染物价格无法确定，因此传统的核算手段和生产理论无法对其进行直接处理。

近年来，环境经济学对环境绩效课题展开了积极的探讨，并取得丰硕的研究成果。比较有影响的研究成果有：Fare 等(1993)将污染排放作为生产过程产生的副产出纳入生产理论，借助距离函数和线性规划来直接求解出影子价格。②

早期对污染物的处理主要在假定生产技术函数不变情形下，对污染物的数据进行转化，例如，Gollaop and Swinand(1998③) 主要将污染排放作为投入端处理；Seiford and Zhu(2002④)对污染进行逆处理，具体内容可参阅相关文献。

后来，Chung 等(1997)则改变了传统的生产技术，将其扩展为环境生产技术，从而为 DEA 方法在环境领域的发展提供了理论基础。

其环境技术生产函数的主要内容如下：

$P(x)$ 为生产技术集，其中 x 为投入向量，$(y,\ b)$ 分别为"合意产出"和"非合意产出"，即污染物。

$$P(x) = \{(y,\ b):\ x\ \text{生产}(y,\ b)\} \tag{3-25}$$

当产出集 $P(x)$ 满足以下两个假设时，可以定义为"环境技术生产集"：

---

① 杨红亮，史丹．能源研究方法和中国各地区能源效率的比较[J]．经济理论与经济管理，2008(3)：12-20.

② Fare R，Grosskopf S，Lovell C A K，Yaisawarng S. Derivation of Shadow Prices for Undesirable Outputs：A Distance Function Approach[J]. The Review of Economics and Statistics. 1993. 75 (2)：374-380.

③ Gollop F M，Swinand G P. From Total Factor to Total Resource Productivity：An Application to Agriculture[J]. American Journal of Agricultural Economics，1998，80 (3)：577-583.

④ Seiford L M，Zhu J. Modeling Undesirable Factors in Efficiency Evaluation[J]. European Journal of Operational Research，2002，142(1)：16-20.

假设1：如果$(y, b) \in P(x)$且$\lambda \in [0, 1]$，则$(\lambda y, \lambda b) \in P(x)$。

假设2：如果$(y, b) \in P(x)$且$b = 0$，则$y = 0$。

其中，假设1称为弱可处置性(Weak disposability of outputs)，即好产出和坏产出同比例减少，仍然在生产可行集中。这个假设意味着，若要减少坏产出则必须减少好产出，表明污染的减少(污染治理)是需要成本的，治理污染必须投入相应的设施(资源)，而在投入有限的约束下这也会导致好产出的减少。假设2称为副产品假设(byproducts axiom)，这个假设表明如果没有坏产出，就没有好产出，或者说生产好产出，一定会伴随坏产出的生产，从而将环境因素纳入分析框架中。

满足上述假设的环境技术生产集$P(x)$无法借助传统Shephard距离函数来计算，Chung等(1997)在Luemberger短缺函数基础上发展起来的方向距离函数(Directional Distance Function)，可以用来对环境技术生产集计算处理。定义方向向量$g^t = (y^t, -b^t)$，则方向距离函数可以定义为

$$\vec{D}_0(y^t, x^t, b^t; g) = \sup\{\beta \mid (y, b) + \beta g \in P(x)\} \tag{3-26}$$

上式中的方向距离函数可以按照指定的方向实现污染量的最大削减以及合意产出的扩张。

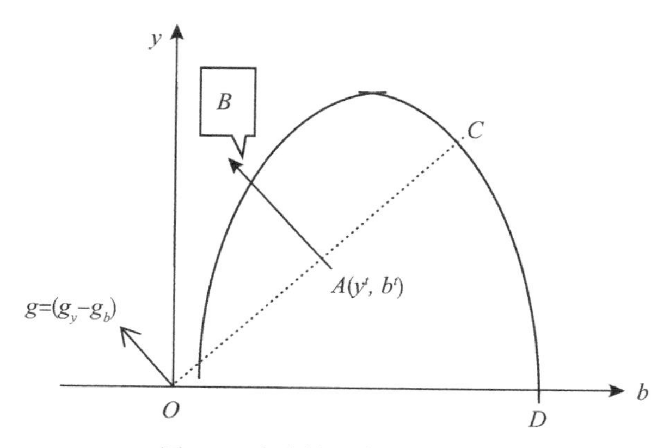

图3-5　方向性距离函数示意图

如图3-5所示，曲线*OBCD*所形成的环境生产技术集中，点*A*为观测样本点，正常产出及污染水平为(y^t, b^t)，给定方向向量$g = (g_y, -g_b)$，则*A*点可以沿着平行方向朝技术前沿移动——污染减少的同时产出水平提高，其对应的目标前沿*B*点的坐标$(y^t + \beta^* g_y, b^t - \beta^* g_b)$，这里$\beta^* = \vec{D}_0(y^t, x^t, b^t; g_y, -y_b)$即为正常产出增加、污染物*b*减少的最大可能值。因此，方向性距离函数值衡量了生产者相对于环境技术前沿面的无效率程度。如果$\beta = 0$意味着在沿着方向向量*g*上无法实现

Pareto 效率的改进，此时处于技术前沿上，否则这里 $\beta > 0$ 意味着存在效率损失，有进一步减少污染、扩大产出的能力。

从图 3-5 还可以看出，方向性距离函数是传统 Shephard 距离函数的一般化形式。如果令方向向量 $g = (g_y, g_b)$，则样本点向技术前沿上的 C 点移动，此时正常产出和污染物排放同方向变动，即是利用距离函数测度传统的 Debreu-Farrell 技术效率的思想(Fare 等，2005①)。

环境技术生产效率测度大大扩展和深化了能源效率问题的研究，在当前节能减排的国家战略大背景下，在现有能源效率的研究中考虑进环境污染因素，结合方向性距离函数这一工具建立环境生产技术集，重点考察以能源要素为基本点的综合环境因素的效率评价，应该说，具有非常强的理论价值与实践指导意义。

在全要素生产率框架下考虑进环境污染物，那么对能源效率的未来研究可以扩展到如下应用领域：

其一，可以测算考虑污染排放的能源效率指标。通过设定三维的方向向量 $g = (-g_X, g_y, -g_b)$，此时投入端是包含了能源的多要素结构，产出端是包含了正常产出和污染排放的多产出结构，借助该指标可以考察不同地区(或部门)相对最优前沿可能实现的最大投入节约(基于投入导向)，或最大产出扩张和最大污染排放削减(基于产出导向)，另外，还可以借助两步分析法，以该效率值为因变量，通过定量分析方法考察不同的经济结构、技术差异、制度环境等因素对它的影响方向和大小，目前此类研究文献较少。

其二，考虑能源政策的影响。如给定能源消耗约束，此时相当于对投入向量中的能源分向量给予“弱处置”约束，可以通过比较施加约束前后的产出的差异，以及污染排放量的差异，从而间接估计由于能源政策的影响(譬如“节能”目标约束)所导致的经济成本和环境改善程度。

其三，可应用到环境政策评价。即比较投入、正常产出在“有环境管制”和“无环境管制”情形下的产出差异，也即是施加环境管制约束对经济造成的损失，从而间接估算出环境管制(譬如“减排”目标约束)所导致的经济损失。

---

① Fare R, Grosskopf S, Noh D W, Weber W. Characteristics of a Polluting Technology: Theory and Practice[J]. Journal of Econometrics, 2005, 126 (2): 469-492.

第四章　能源效率跨国比较

中国的能源效率在世界上处于什么样的位置？以往有不少学者基于物理和经济指标进行了大量国别之间能源效率（大多为单要素能源效率指标）的比较，但一直无法给出一致的回答。本章利用2000—2020年世界80个国家（地区）的投入产出数据，对这些不同经济体进行全要素能源技术效率的国际比较。

第一节　中国能源效率

国际能源署（IEA）在年度报告《世界能源展望2017》中有两个特别关注点，一是中国能源发展状况：研究中国的选择将如何重塑各种燃料和技术在全球的发展前景。二是天然气：探讨页岩气和液化天然气的崛起会如何改变全球天然气市场，以及天然气在向更加清洁的能源系统转型过程中所面临的机遇和风险。该报告预测到2040年期间，全球能源需求会增加30%，相当于中国加印度的能源消费量。到2025年时，美国会占到全球石油供应增量的80%，近期油价下行压力还将持续。美国致密油供应增加，向电动汽车转型步伐加快，将会使油价长期保持在低位。该报告中还提到，经济高速发展的中国将取代美国，成为全球最大的温室气体排放国，并且从近年来世界各国能源消费增长趋势看，中国将成为最大的能源消耗国。同时，经济增长带来的能源消耗及污染排放使得中国在国际舞台上面临越来越紧张的政治、经济压力，如何在保持经济高速增长的同时，减缓能源及CO_2排放成为国际政治、经济、外交舞台关注的焦点，提高能源效率无疑成为一条必经之路。

本章拟探讨并回答的问题是：中国的能源效率在国际上是高是低？什么原因造成不同国家间能源效率的差异？

尽管大部分学者及政府官员认为中国的能源效率相对于世界平均水平偏低，但缺少直接的证据。这里，我们引用中国发改委、统计局在其网站上发布的2007年《千家企业能源利用状况公报》对部分工业产品的能耗的国际比较数据进行分析，见表4-1。

表4-1　　中国部分行业生产主要产品单位能耗指标及国际比较

指标名称	单位	千家企业平均水平	国际先进水平	相对效率值（以国际水平=1）
吨钢综合能耗	千克标准煤/吨	618	642	1.04
吨原煤企业综合耗电量	千瓦时/吨	41	56	1.37
火力发电供电标准煤耗	克标准煤/千瓦时	365	312	0.86
单位烧碱生产综合能耗（离子膜法）	千克标准煤/吨	983	910	0.93
单位烧碱生产综合能耗（隔膜法）	千克标准煤/吨	1373	1250	0.91
单位烧碱生产综合	千克标准煤/吨	422	345	0.82
单位电石生产综合能耗	千克标准煤/吨	1206	1800	1.49
原油加工单位综合能耗	千克标准煤/吨	77	73	0.95
单位乙烯生产综合能耗	千克标准煤/吨	972	786	0.81
每吨水泥综合能耗	千克标准煤/吨	113	102	0.90
每重量箱平板玻璃综合能耗	千克标准煤/重量箱	16	15	0.94
单位铝锭综合交流电耗	千瓦时/吨	14733	14100	0.96

数据来源：《千家企业能源利用状况公报》(2007年)。另外，千家企业单位产品综合能耗指标采用国家统计局千家企业汇总数据，国际部分数据来源有关行业协会、研究报告等。

从表4-1可看出，对于大部分高能耗工业产品而言，我国企业的单位产品能耗已经接近甚至超过国际先进水平，说明了在微观层面上的能耗并不比世界先进水平高很多。那么何来中国能源技术效率很低的说法呢？

从2012年以来，中国下决心通过技术和制度创新大幅度提升能源效率。相比2012年，2021年中国单位GDP能耗下降了26.4%，单位GDP二氧化碳排放下降了34.4%，单位GDP水耗下降了45%，主要资源产出率提高了约58%。我国能源资源利用效率大幅提升。

持续大幅增加环保投入，加大环境基础设施建设力度。累计安排中央预算内投资超过1000亿元支持环境基础设施建设，有力保障了打好污染防治攻坚战。与2012年相比，2021年全国污水处理能力增长1倍，工业固废处置量增长约50%，城市生活垃圾无害化处理能力和实际处理量分别增长116%和62%，自然村生活垃圾收运处置体系覆盖率稳定保持在90%以上。2021年，全国地级以上城市空气优良天数比率达到了87.5%，PM2.5平均浓度比2015年下降了34.8%。坚持山水林田湖草沙一体化保护修复，生态系统质量和稳定性稳步提高。2021年，我国森林覆盖率达到 24.02%，森林蓄积量达到 194.93 亿立方米，成为全球森林资源增长最多的国家；草原综合植被盖度达到 50.32%，湿地保护率达到 52.65%；自然保护地面积占陆域国土面积比例达到 18%。

通过产业结构优化升级，深入推进供给侧结构性改革。淘汰落后产能、化解过剩产能，退出过剩钢铁产能 1.5 亿吨以上，取缔地条钢 1.4 亿吨。2021 年，高技术制造业占规模以上工业增加值比重达到 15.1%，比 2012 年增加 5.7 个百分点；“三新”产业增加值相当于 GDP 的比重达到 17.25%；新能源产业全球领先，为全球市场提供超过 70%的光伏组件；绿色建筑占当年城镇新建建筑面积比例提升至 84%。

深入推进能源革命，能源转型绿色低碳成效显著。2021 年，我国清洁能源消费占比达到 25.5%，比 2012 年提升了 11 个百分点；煤炭消费占比下降至 56%，比 2012 年下降了 12.5 个百分点；风光发电装机规模比 2012 年增长了 12 倍左右，新能源发电量首次超过 1 万亿千瓦时。目前，我国可再生能源装机规模已突破 11 亿千瓦，水电、风电、太阳能发电、生物质发电装机均居世界第一。

虽然近十年中国能源效率取得了巨大的进步，但是仍然有两个问题将在本章研究基础上做出回答：首先，中国的能源技术效率在世界上究竟处于什么水平；其次，对于造成能源效率水平高低的成因进行探究。

第二节　跨国能源效率比较

进行能源效率的比较先从定义开始。能源效率一般是指用较少的能源生产同样数量的服务或者有用的产出(Patterson，1996)，但对能源效率的理解不同，导致跨国比较研究结论不一。对中国能源效率进行跨国比较的各种文献的定义、方法及结论的比较参见表 4-2。

表 4-2　**对中国能源效率进行跨国比较①**

研究者(时间)	能源效率指标	投入指标	产出指标	研究结论
蒋金荷(2004) 王庆一(2005) 中国能源发展战略与政策研究课题组(2004)	热量效率指标	热量	热量	我国 2002 年的能源效率为 33%，比国际先进水平(日本)低 10%左右，大致相当于欧洲 1990 年年初、日本 1970 年中期水平

① 魏楚．中国能源效率研究[D].杭州：浙江大学，2009.

续表

研究者(时间)	能源效率指标	投入指标	产出指标	研究结论
中国能源发展战略与政策研究课题组(2004)	单位产品能耗指标	标准能源(热当量)	实物产品	2000年8大行业(石化、电力、钢铁、有色金属、建材、化工、轻工、纺织)的产品能耗平均比国际先进水平高47%；2000年之后，平均能耗为最发达国家(日本或美国)的1.1~1.4倍
OECD(2006) 朱训(2003) 王庆一(2005) 施发启(2005) BP能源统计(2021)	能源消耗强度指标	标准能源(热当量)	GDP(汇率法)	2000年以后，是日本的7~9倍，是世界平均水平的3~4倍 2020年欧盟单位GDP能耗为1.22吨标煤/万美元，美国为1.69吨标煤/万美元，我国2021年单位GDP能耗为2.96吨标煤/万美元
			GDP(PPP法)	2000年以后，比日本高20%，低于美国(0.8~0.9倍)，为OECD国家平均水平的1.2~1.5倍

表4-3　**全球具体行业能源效率比较**

水泥综合能耗　　单位：千克标准煤/吨(kgce/ton)

国家＼年份	1990	1995	2000	2005	2010	2015	2016	2017	2018	2019	2020
中国	201	199	172	149	143	137	135	135	132	131	128
德国					101					97	
日本	123	124	126	127	130						

注：综合能耗中的电耗，均按发电煤耗折算标准煤。

资料来源：中国水泥协会、德国水泥工程协会、日本能源经济研究所。

合成氨综合能耗　　单位：千克标准煤/吨(kgce/ton)

国家＼年份	1990	1995	2000	2005	2010	2015	2016	2017	2018	2019	2020
中国①	2035	1849	1699	1650	1587	1495	1486	1463	1453	1418	1422
美国②	1000	1000	1000	990	990	990	990			990	

注：①大、中、小型装置平均值，2020年煤占合成氨原料80%；②以天然气为原料的大型装置的平均值，2020年天然气占合成氨原料98%。

资料来源：日本能源经济研究所。

乙烯综合能耗　　　　　　　　　　　　　　　　单位：千克标准煤/吨(kgce/ton)

国家＼年份	1990	2000	2005	2010	2015	2016	2017	2018	2019	2020
中国①	1580	1125	1073	950	854	842	841	840	839	837
国际先进水平	897	714	629②	629	629	629			629	

注：①主要用石脑油作原料；②中东地区平均值，主要用乙烷作原料。
综合能耗中的电耗，均按发电煤耗折算标准煤。
资料来源：中国石油和化学工业联合会。

纸和纸板综合能耗　　　　　　　　　　　　　　单位：千克标准煤/吨(kgce/ton)

国家＼年份	1990	1995	2000	2005	2010	2015	2016	2017	2018	2019	2020
中国①	2035	1849	1699	1650	1587	1495	1486	1463	1453	1418	1422
美国②	1000	1000	1000	990	990	990	990				

注：①大、中、小型装置平均值，2020 年煤占合成氨原料 80%；②以天然气为原料的大型装置的平均值，2020 年天然气占合成氨原料 98%。
资料来源：日本能源经济研究所。

钢可比能耗　　　　　　　　　　　　　　　　　单位：千克标准煤/吨(kgce/ton)

国家＼年份	1990	1995	2000	2005	2010	2015	2016	2017	2018	2019	2020
中国①	997	976	784	732	681	644	640	634	613	605	603
德国			602							576	
日本	629	656	646	640	612						

注：大中型钢铁企业平均值，综合能耗中的电耗均按发电煤耗折算标准煤。
资料来源：中国钢铁工业协会、德国钢铁协会。

根据表4-2、表4-3可以看出，对能源效率采用不同的指标，其跨国比较结果差异很大。以能耗强度指标为例，如果按照汇率法进行GDP折算，中国能源效率非常低，其单位GDP能耗为日本的7~9倍，但是如果按照PPP法进行GDP换算，那么中国的能源效率差距显著缩小，其能耗强度接近于美国和OECD国家的平均水平，是日本的1.2倍。总而言之，中国与美国、日本及国际先进水平的能源效率还是有一定距离。

中国是世界最大的能源消费国。根据《2022 年 BP 世界能源统计年鉴》数据，中国能源消费量为 157.65 艾焦耳(1 艾焦耳等于 10 万亿焦耳，或者 2390 万吨油当量)，同比增长 7.1%，占全球能源总消费量的 26.5%，能源消费量排名第一，比能源消费排名第二、全球第一大经济体的美国，高出了近70%。

根据国家统计局发布《2021年国民经济和社会发展统计公报》，2021年我国能源消费总量52.4亿吨标准煤，比上年增长5.2%，能源自给率为83%。从消费结构来看，我国一次能源消费结构仍以煤炭为主，煤炭消费量占能源消费总量的56%以上。分行业来看，工业占比65%左右。《2010年国民经济和社会发展统计报告》六大高耗能行业分别为：化学原料及化学制品制造业、黑色金属冶炼及压延加工业、有色金属冶炼及压延加工业、非金属矿物制品业、石油加工炼焦及核燃料加工业、电力热力的生产和供应业。

当然，从资源储量、人口规模、工业规模的角度可以解释中国的能源消耗总量以及能源供需现状，不过仍然需要特别注意的是能源利用效率。直观来说，美国用显著低于中国的能源消耗，支撑了全球第一的经济规模，这就是效率问题。量化来看，可以参考单位GDP能耗指标。根据BP能源统计以及世界银行的数据，2020年欧盟单位GDP能耗为1.22吨标煤/万美元，美国为1.69吨标煤/万美元。按照2021年52.4亿吨标准煤和17.73万亿GDP的数据计算，我国2021年单位GDP能耗为2.96吨标煤/万美元，即我国能源消费强度约为欧盟的2.4倍，美国的1.8倍。

而且，美国有着更好的能源独立性。依据EIA的数据，从美国能源消费结构来看，2021年，石油、天然气和煤炭占比分别约为43%、24%和12%，工业用能占美国能源消费的1/3左右。数据显示，美国在石油能源的对外依存度在2015—2018年均超过10%，2017年以来呈下降趋势，2021年上升至5.9%。美国进口的石油主要为重油。天然气和煤炭的对外整体依存度较低，近几年为负数。

现在，由于在跨国比较中一直缺乏公认的评价标准，从而使得国际间能源效率的比较困难，即便有些学者尝试做了这方面的努力，但研究结果也往往令人难以信服。如果各国采用统计口径一致的单位产品能耗等物理指标，那么进行跨国能源效率的比较会较为可信，但是这些微观数据太多且难以收集，同时还涉及如何将不同工业部门的产品能耗值进行加总的问题，因此无法形成一个宏观层面的能源效率指标进行评价。如果采用经济-产出指标，则涉及如何比较换算各国GDP的问题，按汇率法换算，则中国的能源生产率将被明显低估，而按照购买力平价换算，则有高估经济产出之嫌，进而高估了中国能源技术效率。从目前国际比较的研究看，购买力平价法(PPP)相对而言更为可信、稳健。

一、全要素能源技术效率模型

利用参数或非参数方法来测度各经济体的能源效率成为当前进行跨国(跨地区、跨行业)研究的一个热点。其主要思路是：在投入端考虑能源、资本和劳动力等要素的相互关联，利用全要素生产率框架进行绩效比较，但大多研究选择的是对一国内各地区或部分行业的比较，例如，Boyd and Pang(2000)选择了美国进行各州之间的能源效率比较。Onut and Soner(2006)测算了土耳其国内建筑行业的能源效率。Hu and Wang(2006)率先测算了中国各省份的全要素能源相对效率，但对于其影响因素并没有深入分析。此后，魏楚、沈满洪(2007)，史丹等(2008)，师傅、沈坤荣(2008)，李梦蕴、谢建国、张二震(2014)也对中国省级能源效率进行了考察，范秋芳、王丽洋(2018)研究了中国全要素能源效率及区域差异，李拓晨、石孖祎、韩冬日(2022)从新能源技术创新角度对中国区域全要素生态效率影响做了探讨，并运用计量工具对影响能源效率的可能因素进行了定量分析。

我们在第三章SBM方法基础上，采用Tone等提出的超效率松弛变量模型，即SE-SBM(super-efficiency slacks-based measure)模型。通过加入松弛变量，可以避免径向角度引起的偏差，突破效率最优值为1的限制，采用Zofio(2007)分解，式(3-19)和式(3-24)，对不同国家(地区)在经济活动中利用能源要素的效率进行比较和评价。由于更多关注的是能源投入是否浪费，所以此时利用基于投入导向SE-SBM超效率松弛变量模型方法。

二、变量及数据

我们利用佩恩表10.0中2000—2020年世界80个国家(地区)的数据[①](具体样本见附录2)的GDP(按PPP法平减)、资本存量、劳动力及一次能源消费量进行能源效率的分析，经济数据主要来源于佩恩世界表PWT10.0(Penne World Table 10.0)，能源数据来源于美国能源信息署EIA(Energy Information Administration)和《BP世界能源统计2021》的统计数据，变量说明如下：

(1)真实产出GDP。利用PWT10.0中公布的“按2017年不变价格的人均GDP指标”，乘以“人口数”即可得到以2017年固定价格经过PPP调整后的各国真实GDP。[②]

---

① 根据中国统计局公布数据，中国目前已经进入“中等收入国家”的行列，除了需要了解中国当前在世界上所处的能源效率水平外，还需要了解同其经济发展水平相近的国家相比能源效率水平如何，因此根据世界银行对各国和地区按收入分组的标准，我们选择了中国经济发展水平接近的34个中等收入国家和地区。此外还根据数据的可得性选择了45个“高收入”组国家和地区和1个“低收入”组国家和地区，共80个国家(地区)；发达国家和地区33个，发展中国家和地区46个，不发达国家和地区1个。

② 这里选择经过PPP调整后的GDP作为产出数据主要基于以下两个因素的考虑：其一，如果做比较的商品的价格同国际商品价格基本接轨，也就是被比较的国家的商品在国内国际两个市场可自由流动，那么利用汇率法比较合适，否则采用反映货币对商品真实购买力的PPP法更为合理，从中国当前的能源结构来看，尽管石油进口比重不断上升，但作为最主要的能源供应的煤炭大多来自国内供应，而且国家对于石油和煤炭的价格也是采取管制的，关于主要工业原料的国内国际市场价格比较可见Kim and Kuijs(2007)；其二，受制于数据的可得性，大部分国际间的比较数据均为PPP调整后的数据。

(2)资本存量。在跨国研究中，各国的资本存量序列数据是个难点，大部分学者在研究中都是通过估算来实现的，目前较为一致的做法是“永续盘存法”来进行估计，见附录1。

(3)劳动力。利用实际GDP产出与PWT10.0中公布的“劳均GDP产出”可以计算出参与实际生产的劳动力数量。

(4)能源。来源于EIA和《BP世界能源统计2022》各国的一次能源消费数据。

三、计量实证结果分析

1. 各国全要素能源技术效率值

利用Matlab软件进行处理，在此列出了全球80个国家和地区的全要素能源技术效率在2000—2020年整个时期内的平均得分，见表4-4。

表4-4　**各经济体全要素能源技术效率平均值(2000—2020)**

能源效率最高的10个国家(地区)			能源效率最低的10个国家(地区)		
国家(地区)	平均值	排名	国家(地区)	平均值	排名
美国	1.415834022	1	斯洛文尼亚	0.275191905	71
埃及	1.194584404	2	摩洛哥	0.273844985	72
瑞士	1.182515393	3	拉脱维亚	0.269750409	73
斯里兰卡	1.14538731	4	塞浦路斯	0.268155293	74
爱尔兰	1.062420807	5	北马其顿	0.264000077	75
法国	1.056081517	6	爱沙尼亚	0.259849897	76
巴西	0.997777619	7	乌克兰	0.234550007	77
英国	0.993505057	8	土库曼斯坦	0.209082772	78
德国	0.989229711	9	中非共和国	0.086767372	79
意大利	0.983852288	10	委内瑞拉	0.009510477	80
……	……	……			
中国	0.728585739	20			

从表4-4可以看出，美国、日本、瑞士、英国、德国、法国和意大利在2000年以后到现在均处于技术前沿，这与孙立成等(2008)①的测量结果类似。而中国随

① 孙立成，周德群，李群．能源利用效率动态变化的中外比较研究[J]．数量经济技术经济研究，2008(8)：57-69。

着高速的经济增长和技术进步，全要素能源技术效率在 80 个国家中名列 20 位，已经取得了巨大的进步。

表 4-5　　**G20 组织各经济体全要素能源技术效率平均值(2000—2020)**

能源效率最高的 5 个国家			能源效率最低的 5 个国家		
国家	平均值	排名	国家	平均值	排名
美国	1. 415834022	1	澳大利亚	0. 570916644	15
法国	1. 056081517	2	加拿大	0. 541668611	16
巴西	0. 997777619	3	韩国	0. 460878756	17
德国	0. 989229711	4	俄罗斯	0. 396296283	18
意大利	0. 983852288	5	南非	0. 350997815	19
……	……	……			
中国	0. 728585739	10			

注：此表数据使用 Matlab 软件计算得出。

另外，我们观察到在表 4-5 中，中国全要素能源技术效率在 G20 19 个国家中(去掉了欧盟)名列第 10 位，较高的大多是收入水平高的发达国家，而全要素能源技术效率相对较低的大多数为中等发达国家，这说明中国全要素能源技术效率已经开始向中上游迈进，取得了巨大的进步。

2. 按发展程度和收入分组的比较结果

为了降低不同比较对象所造成的偏差，同时考虑全球不同经济规模可能对效率造成的影响，我们将全球中 80 个国家分别按照不同的发展程度、收入分组进行比较，见表 4-6、表 4-7。

表 4-6　　**全球部分国家和地区按照不同发展程度分组的全要素能源技术效率比较(2000—2020)**

发达国家(地区)			发展中国家(地区)		
国家(地区)	能源效率平均值	排名	国家(地区)	能源效率平均值	排名
美国	1. 415834022	1	埃及	1. 194584404	1
瑞士	1. 182515393	2	斯里兰卡	1. 14538731	2
爱尔兰	1. 062420807	3	巴西	0. 997777619	3
法国	1. 056081517	4	沙特阿拉伯	0. 967180159	4

续表

发达国家(地区)			发展中国家(地区)		
国家(地区)	能源效率平均值	排名	国家(地区)	能源效率平均值	排名
英国	0.993505057	5	卡塔尔	0.922587503	5
德国	0.989229711	6	土耳其	0.881073954	6
意大利	0.983852288	7	科威特	0.85040929	7
挪威	0.874890961	8	孟加拉国	0.818482243	8
西班牙	0.734465756	9	阿根廷	0.770514422	9
日本	0.683317398	10	墨西哥	0.747453761	10
			中国	0.728585739	11

从表4-6我们可以看出，在发达国家序列中，美国、德国、英国和日本等发达国家位居前10。此外，Hu and Kao(2007)也曾利用DEA对APEC组织内的17国(地区)测算过全要素能源技术效率，结果也表明，美国、中国香港、菲律宾等国家和地区处于技术最前沿，中国位居17国(地区)排名末位，而现在，从全球部分国家按照不同发展程度和收入分组的全要素能源技术效率比较中，中国在发展中国家和中等偏上收入国家中排名第11位和第5位。这些都反映了从整体上看，中国总体的能源技术效率的确从世界落后水平开始向前大步前进。

表4-7　**全球部分国家和地区按照不同收入分组的全要素能源技术效率比较(2000—2020)**

高收入国家(地区)			中等偏上收入国家(地区)		
国家(地区)	能源效率平均值	排名	国家(地区)	能源效率平均值	排名
美国	1.415834022	**1**	巴西	0.997777619	1
瑞士	1.182515393	2	土耳其	0.881073954	2
爱尔兰	1.062420807	3	阿根廷	0.770514422	3
法国	1.056081517	4	墨西哥	0.747453761	**4**
英国	0.993505057	5	**中国**	0.728585739	5
德国	0.989229711	6	伊拉克	0.621550397	6
意大利	0.983852288	7	阿塞拜疆	0.572867986	7

续表

高收入国家(地区)			中等偏上收入国家(地区)		
国家(地区)	能源效率平均值	排名	国家(地区)	能源效率平均值	排名
沙特阿拉伯	0.967180159	8	罗马尼亚	0.530147481	8
卡塔尔	0.922587503	9	秘鲁	0.486973598	9
挪威	0.874890961	10	哈萨克斯坦	0.412220162	10

按照不同发展程度分组的全要素能源技术效率比较中，我们发现，中国在发展中国家中位列 11 位，相比以前改革开放时期居于世界落后地位，现在已经获得了巨大进步。但是，我们也应该看到，中国的能源强度的绝对数值在各个时间阶段均高于全球平均水平，与世界主要发达国家相比还存在着较大差距。2021 年主要发达国家的能源强度大多在 3~4 之间，而我国高达 8.89，远高于全球 6.19 的水平。

表 4-8　**G20 组织各经济体全要素能源效率按收入分组(2000—2020)**

高收入国家(地区)			中等偏上收入国家(地区)		
国家(地区)	能源效率平均值	排名	国家(地区)	能源效率平均值	排名
美国	1.415834022	1	巴西	0.997777619	1
法国	1.056081517	2	土耳其	0.881073954	2
德国	0.989229711	3	阿根廷	0.770514422	3
意大利	0.983852288	4	墨西哥	0.747453761	4
沙特阿拉伯	0.967180159	5	**中国**	0.728585739	5

注：此表数据使用 Matlab 软件计算得出。

我们从 G20 国家里全要素能源效率的分析可以看到，在高收入国家中，美国名列第一，中国在中等偏上收入国家中名列第五。

3. 全要素能源效率的动态分析

从上述静态分析的结果看，中国无论在世界范围内还是同其他相近规模或相当收入的经济体相比，其全要素能源效率都处于落后的水平，尽管如此，在进行收入分组的时间趋势对比分析中(如图 4-1)，我们发现中国的全要素能源效率在 2001—2007 年处于一个相对增长的过程，但是 2009—2019 年处于相对较低的趋势，中国能源技术效率前期的上升趋势非常显著，2007—2009 年能源效率值下降，同其他国家相比较低，甚至低于中低收入组的平均水平，但是其技术效率提升速度在所有国家(地区)中是最快的，该观点同王兵、严鹏飞(2007)基于两种不同 DEA 方法测算 APEC 国家的效率时所得到的结论完全一致。

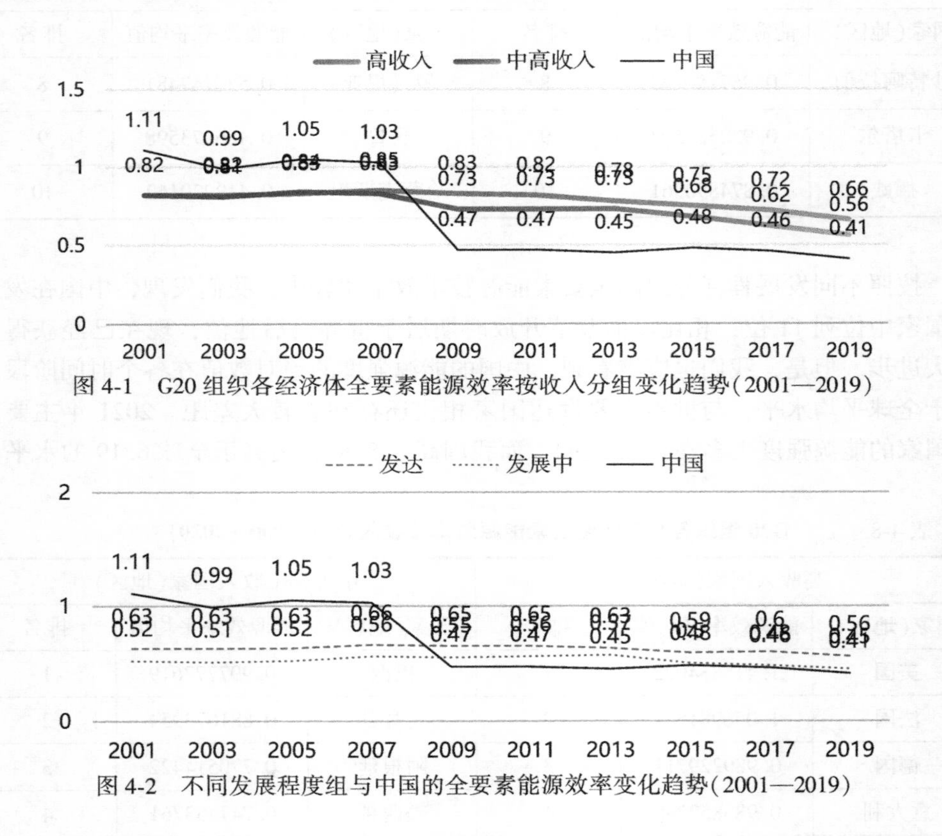

图 4-1　G20 组织各经济体全要素能源效率按收入分组变化趋势(2001—2019)

图 4-2　不同发展程度组与中国的全要素能源效率变化趋势(2001—2019)

从图 4-2 可以发现，中国的全要素能源技术效率正在向世界技术前沿不断靠近。这与我国改革开放以来，注重科教兴国与人力资本积累，或者通过大量引进外资而带来的技术外溢、知识扩散，强化对新技术和新知识的消化、吸收能力等休戚相关(Los and Timmers，2005①)。林毅夫(2002)从“后发优势”的角度解释，由于中国作为后发国家，在对外开放之后可从世界先进国家大量引进成熟技术和管理经验，提高经济效益。但我们也注意到，从 2007 年之后，我国的能源技术效率增速有下降的趋势，然后保持平滑移动。

关于这点的解释有二：其一，技术效率落后的国家(地区)通过技术引进、消化吸收的方式可以获得较快的技术进步，从而向处于技术前沿的发达国家不断靠

① Los B, Timmer M P. The ‘Appropriate Technology’ Explanation of Productivity Growth Differentials: An Empirical Approach[J]. Journal of Development Economics, 2005, 77 (2): 517-531.

近，但世界技术前沿随着先进国家的科技进步、技术创新而不断向外移动，如果这样，即便我国生产技术在不断改善，但仍有可能增长速度落后于世界科技进步的速度，就会表现出我国与世界技术前沿的相对距离越来越远(王兵，严鹏飞，2007)。从这点看，我国单纯依赖技术引进来提升效率是远远不够的，还应该加强国家在科技方面的自主创新力度，特别是利用人工智能革命，数字经济的崛起，实现国家科技实力跨越式发展。

其二，2007—2017年，我国城市化和房地产进入新一轮高速发展阶段，我国经济发展过于依赖工业特别是重工业拉动，钢铁、水泥、石化、纺织、冶金等高能耗行业迅猛膨胀。大量规模小、设备落后的工业企业屡禁不止，这些高能耗、低效益的行业过快发展也拖累了我国整体经济的能源技术效率。

4. 从规模效率角度解释中国能源低效

根据本章第1节数据，我们了解到中国千家大中型企业能源效率同世界先进国家的部分工业产品的能耗指标相当，但第二节的实证分析结果表明，中国整体经济的能源技术效率处于世界非常落后的水平，这种"微观能效高"而"宏观能效低"的现象，如何解释呢？

根据第3章能源效率式(3-19)和式(3-24)，可以将前文测算出来的全要素能源技术效率分解为"纯技术效率"和规模效率，相应数据见表4-9。

表4-9 **各国(地区)纯技术效率按收入分组(2000—2020)**

高收入国家(地区)			中等偏上收入国家(地区)		
国家(地区)	能源效率平均值	排名	国家(地区)	能源效率平均值	排名
美国	7.869101875	1	巴西	3.302149636	1
瑞士	3.249497433	2	墨西哥	2.61589054	2
法国	3.229689233	3	阿根廷	2.584792898	3
意大利	3.228509214	4	伊拉克	1.884339363	4
挪威	3.134667331	5	**中国**	1.854772691	5
瑞典	2.018290401	6	秘鲁	1.817332828	6
卡塔尔	1.885992954	7	阿塞拜疆	1.651987224	7
加拿大	1.880071445	8	俄罗斯	1.032720296	8
爱尔兰	1.793057026	9	罗马尼亚	0.849963409	9
科威特	0.973575659	10	土耳其	0.750434828	10

从表4-9中可以看出，全球大多数全要素能源技术效率高的经济体，其纯技术

效率与规模效率都具有较高的水平，例如，经济发达国家美国、德国、英国、日本等，意味着这些国家生产技术处于世界前沿，同时国民经济各行业的规模适度，生产要素达到最佳配置。

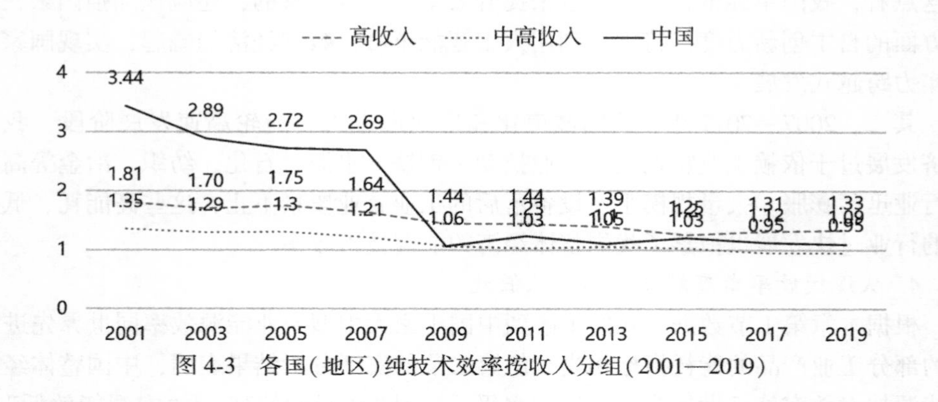

图 4-3　各国(地区)纯技术效率按收入分组(2001—2019)

再看中国的情况，在全球 80 个经济体中，中国全要素能源技术效率居于第 20 位，中国的"纯技术效率"(1.854772691)并不算低，排名在中等偏上收入国家中第 5 名，在发展程度分类中，中国在发展中国家排名第 10 位。

表 4-10　　**各国(地区)纯技术效率按发展程度分组(2000—2020)**

发达国家(地区)			发展中收入国家(地区)		
国家(地区)	能源效率平均值	排名	国家(地区)	能源效率平均值	排名
美国	7.869101875	1	哥伦比亚	7.248288549	1
瑞士	3.249497433	2	埃及	4.305465111	2
法国	3.229689233	3	斯里兰卡	3.918120815	3
意大利	3.228509214	4	巴西	3.302149636	4
挪威	3.134667331	5	墨西哥	2.61589054	5
瑞典	2.018290401	6	阿根廷	2.584792898	6
加拿大	1.880071445	7	印尼	1.911303303	7
爱尔兰	1.793057026	8	卡塔尔	1.885992954	8
西班牙	1.742827311	9	伊拉克	1.884339363	9
奥地利	1.683352793	10	**中国**	1.854772691	10

但是中国的规模效率并不高，因此大大拖累了总体的能源技术效率值，为了检

验这一结论是否可靠，下文我们进一步按照不同经济规模和不同收入分别对2000—2020年80个样本国(地区)进行分组比较。

表4-11　　**各国(地区)规模效率按收入分组(2000—2020)**

高收入国家(地区)			中等偏上收入国家(地区)		
国家(地区)	能源效率平均值	排名	国家(地区)	能源效率平均值	排名
德国	1.107674303	1	阿尔及利亚	1.232559324	1
智利	1.058354015	2	土耳其	1.098727538	2
新加坡	1.050196537	3	南非	1.084432231	3
罗马尼亚	1.048889545	4	泰国	1.083420583	4
冰岛	1.043333876	5	白俄罗斯	1.068295331	5
奥地利	1.041253146	6	保加利亚	1.062882662	6
匈牙利	1.03861231	7	俄罗斯	1.060023329	7
韩国	1.036473749	8	哈萨克斯坦	1.05600398	8
新西兰	1.036077532	9	罗马尼亚	1.048889545	9
拉脱维亚	1.035499224	10	巴西	1.036419483	10
			……	……	……
			中国	1.002117833	21

结果同样表明，中国的纯技术效率同其他经济体相比，处于较为先进的水平，但其规模效率相对较低，因此导致整体的能源效率值偏低，见表4-11和图4-4。

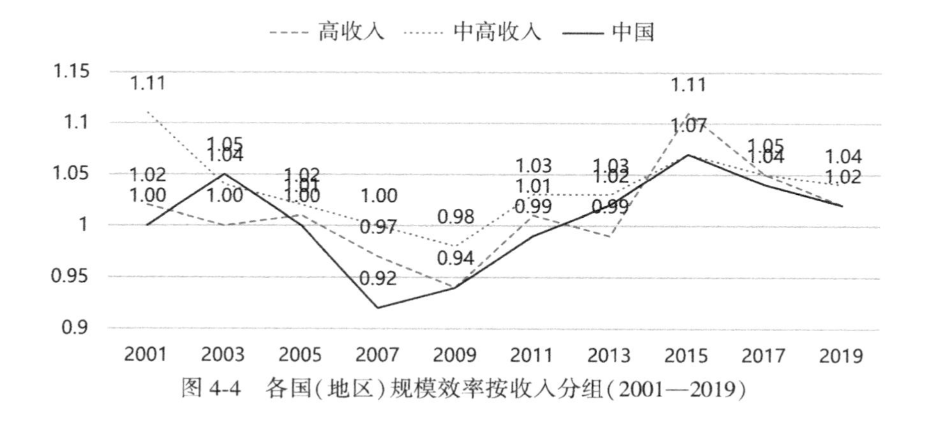

图4-4　各国(地区)规模效率按收入分组(2001—2019)

从表4-11中，我们看到，根据收入分组，中国的规模效率是中等偏上收入国家的第21位，但是在表4-12中按照发展程度的分类，却是第40位。

表4-12　　**各国(地区)规模效率按发展程度分组(2000—2020)**

发达国家(地区)			发展中国家(地区)		
国家(地区)	能源效率平均值	排名	国家(地区)	能源效率平均值	排名
德国	1.107674303	1	阿尔及利亚	1.232559324	1
比利时	1.090484879	2	土耳其	1.098727538	2
新加坡	1.050196537	3	南非	1.084432231	3
奥地利	1.041253146	4	泰国	1.083420583	4
韩国	1.036473749	5	乌兹别克斯坦	1.076316697	5
新西兰	1.036077532	6	越南	1.073280869	6
日本	1.033672649	7	白俄罗斯	1.068295331	7
丹麦	1.033169172	8	保加利亚	1.062882662	8
澳大利亚	1.032129825	9	俄罗斯	1.060023329	9
斯洛伐克	1.03188549	10	智利	1.058354015	10
			……	……	……
			中国	**1.002117833**	40

是什么原因造成中国规模效率偏低呢？刘兰剑、滕颖(2020)，张鹏(2017)，师傅、沈坤荣(2008)，魏楚(2009)认为，资本过度深化和地方过度竞争是造成我国各投入要素(包含能源)规模效率偏低的原因。张军(2005)认为，自20世纪80年代初期开始，我国的劳均资本增幅不断上升，直到1985年才逐渐减速，到1990年之后又开始持续攀升，由于资本不断积累和深化的作用，中国经历了20世纪80年代的增长和90年代的超常规增长，这对于资本要素相对稀缺的中国而言，得益于改善资本与其他生产要素配置结构，而且增量资本部分来源于外商直接投资，因此还可以获得由此带来的技术外溢，从而使得技术效率水平发生较大改善。[①] 但20

① 张军．资本形成、投资效率与中国的经济增长实证研究[M]．北京：清华大学出版社，2005.

世纪90年代开始，混合型经济体制中过度投资和过度竞争所导致的资本形成低效问题也开始逐渐暴露出来，主要是增量资本上升很快，这加速了资本深化的趋势，却导致投资收益率持续而显著地恶化(张军，2002)。这种依赖资本快速积累推动经济发展的模式违背了中国经济发展的要素禀赋结构和比较优势发展战略，经济发展难以持续(林毅夫，2005)。同时资本深化也导致了从20世纪90年代中期开始全要素生产率增长趋缓(Jefferson 等，2000)，甚至出现了重化工业化趋势(蔡昉，2005，2015)。

另外，我国转轨期的财政分权制度安排也使得地方保护主义和市场分割成为地方政府的理性选择(王文豪、赵国春、张斌，2023；王永钦、张晏、章元等，2007)，这对于企业规模效率产生很大影响。首先，由于在渐进式改革中，不同地区(或部门)的改革进度不同，相应部门和地区存在着“租金”，为了保护这些既得利益，地方政府有动力设置障碍保护地方企业(Young，2000；林毅夫、刘培林，2004)，地方保护主义所导致的市场分割使得地区间的专业化分工受到阻碍，造成分工的低效，带来的价格扭曲会产生资源配置低效以及潜在产出损失(郑毓盛、李崇高，2003①)，从而无法发挥各地区的比较优势和中国经济本应具有的规模经济优势(陆铭、陈钊等，2004；杨高举、黄先海，2014；樊纲，2023)，严重的市场分割使得一些优秀企业无法扩大在国内的市场份额而不得不转向国际市场，借助出口来扩大市场规模(朱希伟、金祥荣等，2005)，这都使得中国经济规模效率低下，规模经济优势未得到应有发挥。其次，由于大部分产业的发展存在技术外溢和“干中学”的可能，加上地方政府的短期晋升机制，都会驱使各地发展自身所谓的战略性产业，从而造成重复建设(周黎安，2004；陆铭、陈钊等，2004；马草原、朱玉飞、李廷瑞，2021)，而这也将进一步加剧资本深化并降低各地通过专业化分工的可能，从而使得整体规模效率下滑，当然由于财政分权使得各地加大竞争从而实现“技术外溢”，提高整体的技术效率也是不能忽视的。

地方保护主义和市场分割的后果就是造成国内企业跨区域并购和整合较为困难，如果想要扩大规模只能选择“齐头并进”，最终造成行业的规模和集中度普遍较低，这里选择了“十三五”期间重点整治的高耗能产业中的能源指标的数据来进行一些佐证，其产品能耗对比见表4-13。

① 根据郑毓盛、李崇高(2003)的测算，在1996—2000年由于市场分割所造成的潜在产出损失高达20%。

表 4-13　　　　　　　　　中国高耗能产品能耗

	2000	2010	2015	2016	2017	2018	2019	国际先进水平
火力发电热耗/gce/kWh	363	312	298	294	292	290	289	287
火电厂供电热耗/gce/kWh	392	333	315	312	309	308	306	275
钢综合能耗/kgce/t								
全行业	1475	950	899	898	890	861	850	
大中型企业	906	701	663	676	670	634		
钢可比能耗/kgce/t	784	681	644	640	634	613	605	576
电解铝交流电耗/kWh/t	15418	13979	13562	13599	13577	13555	13257	12900
铜冶炼综合能耗/kgce/t	1227	500	372	366	359	342	335	360
水泥综合能耗/kgce/t	172	143	137	135	133	132	131	97
墙体材料综合能耗/kgce/万块标准砖	763	468	444	434	429	425	421	300
建筑陶瓷综合能耗/kgce/m2	8.6	7.7	7.0	6.9	6.8	6.7	6.6	3.4
建筑石灰综合能耗/kgce/t		160	145	144	143	142	141	120
平板玻璃综合能耗/kgce/重量箱	25.0	16.9	14.7	14.4	14.2	14.0	12.5	13.0
原油加工综合能耗/kgce/t	118	100	96	97	97	97	92	73
纸和纸板综合能耗/kgce/ t								
全行业	912	390	339	333	326	318	312	
自制浆企业	1540	1200	1045	1027	1006	981	962	506

注：1. 国际先进水平是居世界领先水平的国家的平均值。

2. 中外历年产品综合能耗中，电耗均按发电煤耗折算标准煤。

资料来源：国家统计局、工业和信息化部、中国建筑材料工业协会、中国化工节能技术协会、中国造纸协会。

同样，从表 4-13 中可看出，中国大型新型干法水泥生产线的能耗强度低于国际先进水平，但是不同生产规模生产线之间的能耗强度差距较大。从水泥企业的规模来看，2000 年，国内前 10 家水泥厂商市场集中度仅为 15%，直到 2018 年，全国 3000 个水泥企业生产水泥 2208Mt，平均每个企业生产 73.6 万 t，远低于泰国的 560 万 t 和日本的 230 万 t。主要原因是农村为就地提供基本建设和农田水利建设所需水泥，建了大量水泥厂。水泥产业的能耗从 2000 年到 2019 年下降了 31%，但是仍然比国际先进水平高出 40%以上；纸浆行业能耗相比国际先进能耗水平高了

90%以上，建筑陶瓷综合能耗也比国际水平高了近一倍，

由于我国行业市场集中度较低，尽管国内先进企业微观能耗已经接近甚至处于世界“技术前沿”，但却无法通过规模优势带动整个经济的宏观能源效率，2018 年，全国有 2657 家造纸厂，平均每厂纸和纸板产量仅 4. 4 万吨。发达国家平均每厂 30 万吨。我国大量小型自制浆造纸企业的产品综合能耗比国际先进水平高一倍。许多小纸厂缺乏污水处理能力，造纸行业废水污染严重。2018 年，全国原油加工能力 831Mt，规模以上炼油厂有 1210 家，平均每厂加工能力 69 万吨，远低于世界平均每套 759 万吨。韩国 6 个炼油厂，平均每厂炼油能力达 2470 万吨。我国炼油装置平均规模小的原因，主要是大量地方炼厂平均规模很小。2017 年，地方炼厂总能力 261Mt，占全国的 31. 4%。山东 69 家炼厂加工能力 163Mt，平均每厂仅 2. 36 万吨。

在地方政府追逐高 GDP 增长速度的引导下，各种短平快的新增工业项目盲目上马，造成“小火电”“小火炉”“小水泥”大量重复建设，这进一步“稀释”了已有的规模效应，如电力行业在 2006 年 9 月前 4、20、50、100 位火力发电企业集中度分别仅为 3%、11. 3%、22. 8%和 38. 7%，而且由于电力紧缺导致各地不断新增电力投资，其集中度还呈现不断下降的态势，高效的 60 万千瓦以上火电机组不到 40%，① 规模效应很不明显，这些微型企业无论是规模、生产管理、设备工艺还是技术水平都无法达到行业先进水平，低水平、低效率的生产造成区域性生产过剩，地方政府在利益驱动下又不愿意关闭，这些结构性因素加总起来有总量但没有规模效益，使得国内投资不断增加，能源不断消耗，但并没有形成较有效的规模和产业集中度，产出相对过剩且有效产出不足，正是由于这样低水平的规模效率，造成了目前国内纯技术效率不低，但能源效率很低的现状。

四、总结与政策建议

本章采用 2000—2020 年 G20 面板数据和世界上 80 个国家(地区)面板数据，对全要素能源技术效率进行了测算和比较，结果显示，中国的全要素能源技术效率排名中游，即便与经济规模相当或中等收入相近的经济体相比，其全要素能源效率仍靠中游，表明我国从全要素能源技术效率处于世界落后水平开始向中上游水平靠近；同时，我们也注意到在过去将近三十年以来，中国的能源效率提升速度是快速和显著的。

对于全要素能源技术效率的分解表明，我国纯技术效率的快速改善是全要素能源效率提升的动力，而规模效率低下才是导致中国全要素能源效率落后的主要原

① 火电发电厂集中度等数据引自刘耀东：我国电力工业结构亟待优化调整，中国证券网，http：//www. cnstock. com/newcjzh/06cybg/2007-02/07/content_1868406. htm.

因。深层次的原因是资本过度深化，以及地方财政分权带来的地方保护主义和市场分割造成我国能源利用的规模效率低下。我们认为，对于未来提升全要素能源技术效率需要从以下几个方面入手：

第一，继续深化对外开放，在现有技术条件下通过引进国际先进装备、工艺及管理经验保持我国纯技术效率的前沿位置，而且还必须注重自主研发和技术创新，因为只有通过自身的知识积累、创新和技术进步才能实现将前沿不断外推。

第二，要重点改善我国整体经济的规模效率。首先，要转变经济增长模式，从传统的"高投入、高能耗、低效益"的粗放型发展模式转变为"低投入、低能耗、高效益"的可持续发展模式，政府可通过信贷、税收、补贴等手段来引导企业发展循环经济的道路。其次，转变唯 GDP 的考核制度。企业数量的多少、产值的大小直接关系到地方 GDP、财政收入和就业，淘汰落后产能对地方政府而言就是砍掉了 GDP 和财政收入的重要来源，并且对就业、居民收入等方面会产生不利影响。作为落后产能的"既得利益者"，地方政府存在着默许甚至支持落后产能的倾向，因此，淘汰落后产能需要对当前的财政体制和官员的考核机制进行改革，理顺中央和地方的财权和事权，改变地方经济发展中唯 GDP 论，另外，还需建立落后产能退出的补偿机制及其实施细则，通过经济手段激励企业自主地淘汰落后生产能力。最后，深化要素市场改革，理顺资源、环境、资金等要素的价格，使环境和资源等外部性成本能够进入企业的成本函数，扫除市场的各种障碍，改善营商环境，实现国内各生产要素的自由流动，从根本上淘汰那些技术设备落后、能耗高、低效益的企业，扩大技术先进、低能耗、高效率的企业生产规模，发挥规模效益优势。

第五章 生态文明视角下中国行业能源效率分析

第一节 研究背景

一、中国经济发展

改革开放以来，中国经济迅猛发展，工业化进程加快。表现为以下几个特征：

其一，总量高速增长。1992—2007 年 15 年间，GDP、工业化增长明显加速，分别增加了 3. 3 倍和 5. 7 倍；1978—2021 年，1978 年我国 GDP 总量 3678 亿元，世界排名 15 位，人均 GDP385 元，世界排名 134 位，2021 年我国 GDP 总量 114. 37 万亿元，世界排名第 2 位，人均 GDP8. 1 万元，世界排名 59 位，总人口由 1978 年的 9. 63 亿增长到 2021 年的 14. 13 亿人。

其二，工业经济产权改革效果明显。包括私营企业和“三资企业”在内的非公有制企业得到了飞速发展，2012—2021 年，我国民营企业数量从 1085. 7 万户增长到 4457. 5 万户，10 年间翻了两番，民营企业在企业总量中的占比由 79. 4%提高到 92. 1%，在稳定增长、促进创新、增加就业、改善民生等方面发挥了重要作用，成为推动经济社会发展的重要力量。截至 2021 年，其占工业增加值的份额超过 60%，而国有企业工业增加值不到 40%。

其三，工业是我国能源消耗与污染排放的主体。工业行业能源消耗量从 1988 年的 63040 万吨标准煤增加到 2021 年的 340000 万吨标准煤，年均增长率高达 13%，工业行业能源消耗量占全国能源消耗总量的比重为 65%～70%，同时，工业中 SO_2排放量自 2005 年以来一直维持在 2000 万吨左右，2030 年中国单位国内生产总值 CO_2排放将比 2005 年下降 65%以上。资源及环境问题亦变得日渐突出，污染排放和资源消耗成为制约我国经济可持续发展的瓶颈。《中国绿色国民经济核算研究报告 2021》显示，2021 年我国因环境污染造成的经济损失为 5118 亿元，占 GDP 总量的 3. 05%，而据世界银行测算，污染造成的损失已经占我国每年 GDP 的 8%～12%，中科院测算环境污染和生态破坏造成的损失已经占到 GDP 的 6%。可见，在保持工业增长的同时，节约资源、保护环境，实现国民经济“又好又快”的发展，已成为我国今后发展经济的重要指导方针。

我国是一个拥有 14 亿人口的发展中国家，要提升国民生活和就业水平，离不开工业的发展，然而，工业发展却又伴随环境污染和资源消耗。因此，考察中国能源和环境问题，必须从我国实际出发，兼顾工业发展、资源节约与环境保护，综合考虑，基于生态文明的理念发展经济，实现国民经济长期可持续发展。本章根据我国 2000—2020 年 28 个制造业工业行业的要素资源投入、产出(或行业增加值)和污染排放数据，计算各行业考虑环境因素下的能源技术效率，衡量各行业的能耗、经济与环境的协调程度，这对于我国今后科学发展工业具有重要的理论与实践意义。

二、相关研究

中国经济实现高速增长，其中工业是国民经济的支柱产业，因此，吸引了众多学者对中国工业效率问题的研究。中国经济的这种高速增长模式能否持续，不仅对中国，对世界经济理论与实践都意义重大。国内外很多学者利用微观企业与宏观经济层面数据，从企业所有制、企业规模、地区等因素考察中国工业企业的技术效率及其差异的影响因素(Jefferson 等，2000；Wu，2003；Zheng 等，2003；宋立刚、姚洋，2005；刘小玄、李利英，2005；姚洋、章奇，2001；涂正革、肖耿，2005；涂正革，2008；魏峰、荣兆梓，2012；何枫、祝丽云、马栋栋、姜维，2015；李在军等，2018；Walheer 等，2020)。上述研究得出了许多有政策意义的结论，但大多研究忽视了工业企业污染排放对生产效率的影响。

工业生产不可避免要产生污染物，如工业“三废”，随着我国经济的快速发展，环境质量不断恶化，已对国民经济造成巨大损失。考虑环境约束，从效率角度研究中国工业经济的文献仍比较罕见。国内其他学者对环境的研究大多采用环境库兹涅茨曲线(EKC)假设，检验中国环境污染排放是否存在随着人均收入增长而逆转的拐点(如 Gao 等，2019；孙刚，2004；彭水军、包群，2006)。涂正革、王昆、谌仁俊(2022)，于峰、齐建国(2007)，考察了开放经济条件下我国主要经济要素与环境污染的关系，结果表明，经济规模的扩大恶化了我国环境，技术进步和经济结构升级改善了我国环境，贸易自由化引致的经济结构变化有双重环境效应，即污染天堂动因的消极环境影响、要素禀赋动因和其他动因的积极环境影响，但自由贸易的总环境效应是积极的。

鉴于当前研究中国工业生产效率的文献中，大多采用国家或省级的面板数据，很少采用工业行业层面数据。而我国正处在工业转型时期，行业间结构变化显著，无疑影响着能源效率。无论是基于国家层面还是省级层面的工业汇总数据，都容易忽略中国经济的多层次性、复杂性等多元特征(涂正革，2022；刘叶，2018)。本章考虑环境污染因素研究中国工业行业生产效率，采用2004—2020年中国28个制造工业行业数据和方向距离函数(Directional Distance Function)，考察各行业能源-经济-环境(Energy-Economic-Environment，简称"3E"系统)的协调程度，并对行业协调性的差异及影响因素进行实证分析。

第二节　研究方法和数据变量说明

一、研究方法

当工业发展到一定阶段后，能源和环境问题在经济增长中会凸现出来，备受关注。污染是企业将内部治理成本推向公众，由社会承担。环境管制后，这种格局会扭转，企业将承担越来越多的污染治理成本，某些污染严重的企业会由于污染治理成本过高而导致亏损，甚至倒闭。在资源投入不变的条件下，企业"好的"产出相应减少；环境管制越严厉，"好的"产出减少越多。因此，必须协调工业增长与环境保护两者之间的矛盾，在节约资源同时，尽可能多生产好产出和尽可能少生产"坏的"产品——污染物。

如何衡量环境污染对产出的影响有两种思路(涂正革，2008；邵帅、张可、豆建民，2019)：一种是将环境污染的治理费用作为要素投入来考虑，污染减少就必须增加用于污染治理的资源投入。但问题是，这种方法很难厘清要素资源投入中哪些用于污染治理，哪些用于好产出的生产，因此在实证研究中较少采用此类方法。另一种是将污染作为一种非合意的副产品，减少这种副产品必须将一部分资源用于污染治理，其结果也必然导致好产出的减产。这种方法需要大量的样本数据和较为复杂的计算。下文的分析中，我们采用第二种思路来衡量3E系统协调关系，并考察影响环境技术效率的影响因素，这里将采用第三章考虑环境因素的全要素能源技术效率模型。

二、变量及数据的说明

本章研究工业行业能源、经济与环境之间的协调性，以2004—2020年我国28个制造业为基本单元。按照制造工业划分标准，限于统计数据可得性，我们的研究对象没有包含"农副食品加工业""汽车制造业""金属制品、机械和设备修理业"3个两位数制造业行业。

自1998年我国确定将规模以上工业企业作为考察重点，规模以上企业数量快速增长，特别是中国民营经济体系的壮大，规模以上工业企业数量从1998年的16万多家增长到2017年的37万多家。2017年规模以上工业企业创造的增加值为28

万亿元（当年价格），占全国全部工业增加值的比重高达109%，[①] 按可比价计算，比1978年增长53倍，年均增长10.8%；1998—2017年，该指标平均值约为78%。因此，作为中国工业绝对主体的规模以上工业企业，其污染排放、资源消耗与工业增长的协调性，在很大程度上决定着整个中国环境与经济增长协调的变化状况。

对于如何全面、科学表述一国或地区的环境破坏和资源消耗的整体水平，国内外现有文献尚未给出定论，国内外相关研究普遍采用具体污染指标，以前特别关注SO_2，虽然CO_2和SO_2都是大气污染物，但它们的来源和影响不同。CO_2是一种温室气体，主要来自人类燃烧化石燃料和森林砍伐等活动，它会在大气中长时间停留，并导致全球气候变化和海平面上升等问题。SO_2则主要来自工业和交通排放，以及火山喷发等自然现象，它会在大气中形成硫酸雾，导致酸雨等环境问题。现在，用CO_2作为污染指标更多是考虑到全球气候变化和可持续发展等因素，而不是仅仅关注大气污染本身。因此，自20世纪70年代以来，普遍用CO_2排放量指标来反映环境污染水平，并受到各国的严密监测，与其他污染物相比，CO_2既与经济发展过程密切相关，又具有统计连续性。

本章运用SE-SBM（super-efficiency slacks-based measure）方法在测量各行业的环境技术效率时，投入指标有行业的资本存量、劳动力及能源消费量；产出指标为行业增加值、CO_2排放量。变量和数据来源及其Matlab软件处理计算如下：

1. 投入数据

资本存量投入量用行业固定资产净值年平均余额替代，并按照各行业工业品出厂价格指数折算成2004年不变价格，基础数据来自中国经济信息网。由于缺乏体现劳动者时间和劳动率的统计指标，考虑到数据的可得性和可比性，以行业全部从业人员平均人数表示劳动投入，其中，2001—2021年数据来自《中国工业经济统计年鉴》（2001—2021）和中国经济信息网。使用各行业每年的能源消费量表示所投入的能源，按发电煤耗计算折算的一次能源消费总量，数据来自《中国能源统计年鉴》各年。

2. 产出数据

28个制造行业增加值衡量产出指标，各行业的代码如下：14代表食品制造业，15代表酒、饮料和精制茶制造业，16代表烟草制品业，17代表纺织业，18代表纺织服装、服饰业，19代表皮革、毛皮、羽毛及其制品和制鞋业，20代表木材加工和木、竹、藤、棕、草制品业，21代表家具制造业，22代表造纸及纸制品业，23代表印刷和记录媒介复制业，24代表文教办公用品制造业，25代表石油、煤炭及其他燃料加工业，26代表化学原料和化学制品制造业，27代表医药制造业，28代

① 说明了存在规模以下企业合计当期亏损。

表化学纤维制造业，29代表橡胶和塑料制品业，30代表非金属矿物制品业，31代表黑色金属冶炼和压延加工业，32代表有色金属冶炼及压延加工业，33代表金属制品业，34代表通用设备制造业，35代表专用设备制造业，37代表铁路、船舶、航空航天和其他运输设备制造业，38代表电气机械和器材制造业，39代表计算机、通信和其他电子设备制造业，40代表仪器仪表制造业，41代表其他制造业，42代表废弃资源综合利用业，代码源自《中华人民共和国国家标准——国民经济行业分类》，基础数据来自中国经济信息网，并根据其提供的分行业工业品出厂价格指数将工业值折算为2004年不变价。分行业 CO_2 数据，由于2001年工业行业分类的调整，其2001—2017年数据来自《中国统计年鉴》各年，但1998—2000年其分行业数据在《中国统计年鉴》《中国环境年鉴》上均没有直接反映，我们针对2001年工业分行分类调整情况，对这三年的数据进行合并、分拆等处理整理得出。

表5-1　　**2004—2020年投入产出、价格变量的统计描述**

变　　量	观察数	平均值	标准差	最小值	最大值
就业人数平均余额(单位：万人)	476	2012	4. 904	2004	2020
能源消费量(单位：万吨标准煤)	476	14. 50	8. 086	1	28
固定资产净值(单位：亿元)	476	244. 8	193. 6	1. 830	914. 8
工业增加值(单位：亿元)	476	8794	15280	33. 47	69296
碳排放规模(单位：万吨)	476	5280	5839	5. 590	30803

资料来源：根据中国统计年鉴(2001—2021年)、中国能源年鉴(2001—2021年)、中国环境年鉴(2001—2021年)、中国工业经济年鉴(2001—2021年)以及中国经济信息网数据库(www. cei. gov. cn)整理。本书产出变量和资产变量以2004年为基础价格进行折算。

第三节　中国工业环境技术效率测算

一、中国工业行业效率测算

基于SE-SBM(super-efficiency slacks-based measure)超效率松弛变量模型，我们用Matlab测算了28个工业制造行业2004—2020年的环境技术效率与全要素能源技术效率(不考虑环境因素)。其结果见表5-2、表5-3。

表 5-2　　**2004—2020 年中国工业行业效率的平均值**

年份	环境技术效率	不考虑环境技术效率的 CRS	不考虑环境技术效率的 VRS
2004	0.157	0.070	0.162
2006	0.087	0.068	0.077
2008	0.097	0.091	0.113
2010	0.116	0.114	0.149
2012	0.147	0.141	0.186
2014	0.177	0.165	0.219
2016	0.198	0.189	0.244
2018	0.281	0.223	0.311
2020	0.419	0.274	0.403
平均值	0.187	0.148	0.207

资料来源：基础数据出处同表 5-1。

从表 5-2 可以看到，我国制造业工业整体上表现出如下特征：其一，同样的数据，环境技术效率要比没有考虑环境因素的全要素能源效率大。其原因是两者评价的标准不同，环境技术效率与环境产出前沿有关。如图 3-5 中，生产单元 A(y_t，b_t)在环境约束下的产出前沿点为 B，而没有环境约束下的前沿点为 C，显然，B 点相对于 C 点，产出水平较低，但是污染水平也较低，两种情况下效率值差异表现为前者(环境技术效率)大于后者(不考虑环境的技术效率)。在现今世界各国强调走环境保护与经济可持续发展的趋势下，使用环境技术效率来评价经济与环境的协调性更合理。其二，无论是否考虑环境因素，我国工业效率总体水平较低，具有较大的节能潜力，生产效率具有较大的提升空间。2004—2020 年，不考虑环境因素 CRSTE、VRSTE 的平均值分别为 0.148，0.207，考虑环境因素，效率只有 0.187，可见我国大多数制造工业行业没有到达效率前沿较高水平。具体分析，导致技术效率(ETE 或 TFEE)不高的原因，一部分是由于工业行业的能源利用水平不高。这与我国目前“高能耗、高投入、高污染和低产出”的粗放型经济增长模式密切相关。同时，我国能源价格体系不合理，能源定价机制不健全，从而导致我国工业在低能源成本、低环境治理成本下运行，使得一些工业企业缺乏技术创新和管理创新的动力，也影响我国工业行业能源利用效率的提高。另一部分是由于我国能源利用的规模效率不高。这与我国能源分布不均衡有关，我国经济发达的工业集中在东南部，而能源生产地集中在中西部，高昂的运输成本造成了大量的重复建设，企业规模达不到最佳水平。

表 5-3　　**2004—2020 年中国制造工业行业环境技术效率值**

行　业	2004	2008	2012	2016	2020	平均值	排名
烟草制品业(16)	0.364	0.235	0.415	0.610	1.217	0.568	1
仪器仪表制造业(40)	0.151	0.193	0.234	0.360	1.188	0.425	2
计算机、通信和其他电子设备制造业(39)	0.160	0.214	0.275	0.352	1.083	0.417	3
专用设备制造业(35)	0.042	0.074	0.313	0.518	1.126	0.415	4
文教、工美、体育和娱乐用品制造业(24)	0.095	0.120	0.271	0.341	1.013	0.368	5
石油、煤炭及其他燃料加工业(25)	0.038	0.101	0.249	0.204	1.057	0.330	6
家具制造业(21)	0.146	0.151	0.222	0.267	0.569	0.271	7
皮革、毛皮、羽毛及其制品和制鞋业(19)	0.092	0.114	0.146	0.256	0.536	0.229	8
废弃资源综合利用业(42)	0.268	0.255	0.241	0.226	0.137	0.225	9
电气机械和器材制造业(38)	0.077	0.176	0.223	0.289	0.293	0.211	10
纺织服装、服饰业(18)	0.065	0.095	0.143	0.230	0.404	0.188	11
木材加工和木、竹、藤、棕、草制品业(20)	0.036	0.044	0.069	0.123	0.541	0.162	12
金属制品业(33)	0.033	0.049	0.160	0.192	0.237	0.134	13
印刷和记录媒介复制业(23)	0.064	0.082	0.116	0.170	0.222	0.131	14
化学原料和化学制品制造业(26)	0.017	0.067	0.129	0.161	0.231	0.121	15
通用设备制造业(34)	0.039	0.084	0.088	0.124	0.186	0.104	16
有色金属冶炼和压延加工业(32)	0.029	0.050	0.086	0.134	0.213	0.102	17
黑色金属冶炼和压延加工业(31)	0.018	0.113	0.064	0.105	0.212	0.102	18
非金属矿物制品业(30)	0.010	0.023	0.140	0.104	0.188	0.093	19
医药制造业(27)	0.033	0.045	0.073	0.137	0.171	0.092	20

续表

行　业	2004	2008	2012	2016	2020	平均值	排名
食品制造业(14)	0.031	0.043	0.075	0.121	0.183	0.091	21
橡胶和塑料制品业(29)	0.034	0.040	0.092	0.118	0.153	0.087	22
纺织业(17)	0.021	0.039	0.080	0.114	0.172	0.085	23
酒、饮料和精制茶制造业(15)	0.030	0.041	0.078	0.107	0.139	0.079	24
化学纤维制造业(28)	0.033	0.045	0.059	0.063	0.076	0.055	25
造纸和纸制品业(22)	0.019	0.026	0.039	0.047	0.084	0.043	26
其他制造业(41)	0.033	0.042	0.027	0.041	0.062	0.041	27
铁路、船舶、航空航天和其他运输设备制造业(37)	0.020	0.075	0.017	0.038	0.027	0.036	28

数据来源：同表5-2。由于篇幅限制，只是罗列出2000—2020年部分年份我国制造业的环境技术效率值。

从表5-3可以看出，环境技术效率排名靠前的五个行业分别是：烟草制品业，仪器仪表制造业，计算机、通信和其他电子设备制造业，专用设备制造，文教办公用品制造。而排名最后的五个行业分别是：酒、饮料和精制茶制造业，化学纤维制造业，造纸及纸制品业，其他制造业，铁路、船舶、航空航天和其他运输设备制造业。

二、行业3E系统协调性

耦合度和协调度是对两两子系统相互关系及其密切程度衡量的一种指标。描述系统中两个或以上子系统基于某种特性联系而相互作用、相互影响、相互促进以至于协同演化的现象。耦合度是衡量系统要素彼此相互依赖、相互制约的强弱程度，协调度是两子系统间关联作用的协调关系，如二者耦合关系较高，但协调关系较差，导致的结果则是二者越发展，其协调程度越差；同样，如二者耦合关系较高，协调关系也较好，则说明二者越发展，其协调程度越好。在参考相关研究成果并结合我们研究的实际情况，构建经济-碳排放耦合度测量模型，计算公式如下：

$$C = 3 \times \left(\frac{X_i \times Y_i \times Z_i}{X_i + Y_i + Z_i}\right)^{\frac{1}{3}}$$

其中：X_i、Y_i、Z_i 分别为能源效率、工业增加值、碳排放子系统综合评价值；C 为耦合度，该值越大，说明子系统间相互作用越大。为进一步分析能源效率-工业增加值、能源效率-碳排放、工业增加值-碳排放3个子系统两两相互制约程度，耦合度模型可变为：

$$C_1 = \sqrt{\frac{X_i \times Y_i}{(X_i + Y_i)^2}},\ C_2 = \sqrt{\frac{Y_i \times Z_i}{(Y_i + Z_i)^2}},\ C_3 = \sqrt{\frac{X_i \times Z_i}{(X_i + Z_i)^2}}$$

$$T_1 = \alpha X + \beta Y,\ T_2 = \beta Y + \chi Z,\ T_3 = \alpha X + \chi Z \tag{5-1}$$

$$D = \sqrt{C \times T}$$

其中：D 为协调度；C 为耦合度值；T 为综合评价指数；α、β、χ 为待定系数，取值均为 0.5；X、Y、Z 分别为能源效率、工业增加值、碳排放子系统综合评价标准化值。

定义最终协调度 D 值取值在(0.0，0.1]，表明该行业为“3E 系统极度失调”；定义最终协调度 D 值取值在(0.1，0.2]，表明该行业为“3E 系统严重失调”；定义最终协调度 D 值取值在(0.2，0.3]，表明该行业为“3E 系统中度失调”；定义最终协调度 D 值取值在(0.3，0.4]，表明该行业为“3E 系统轻度失调”；定义最终协调度 D 值取值在(0.4，0.5]，表明该行业为“3E 系统濒临失调”；定义最终协调度 D 值取值在(0.5，0.6]，表明该行业为“3E 系统勉强协调”，定义最终协调度 D 值取值在(0.6，0.7]，表明该行业为“3E 系统初级协调”；定义最终协调度 D 值取值在(0.7，0.8]，表明该行业为“3E 系统中级协调”；定义最终协调度 D 值取值在(0.8，0.9]，表明该行业为“3E 系统良好协调”；定义最终协调度 D 值取值在(0.9，1.0]，表明该行业为“3E 系统优质协调”。根据该定义，我们可对 28 个制造业行业协调性做进一步分析。

表 5-4　　**2004—2020 年中国制造工业行业环境协调度分析**

行　业	耦合度 C 值	协调指数 T 值	耦合协调度 D 值	协调等级	耦合协调程度
计算机、通信和其他电子设备制造业	0.999999421	0.989247175	0.994608768	10	优质协调
专用设备制造业	0.980626903	0.76326559	0.865146677	9	良好协调
电气机械和器材制造业	0.916480878	0.652265643	0.77316815	8	中级协调
化学原料和化学制品制造业	0.812840193	0.543840767	0.664872645	7	初级协调
文教办公用品制造	0.702052941	0.5434646	0.617689988	7	初级协调
烟草制品业	0.612051954	0.655605491	0.633454514	7	初级协调
通用设备制造业	0.791890304	0.496699603	0.627161542	7	初级协调

续表

行　业	耦合度 C 值	协调指数 T 值	耦合协调度 D 值	协调等级	耦合协调程度
金属制品业	0. 843885464	0. 531448564	0. 669687777	7	初级协调
非金属矿物制品业	0. 823519823	0. 486467211	0. 632941854	7	初级协调
仪器仪表制造业	0. 625039237	0. 569795922	0. 596778693	6	勉强协调
医药制造业	0. 648629279	0. 433014813	0. 529968005	6	勉强协调
家具制造业	0. 574717267	0. 486114176	0. 5285624	6	勉强协调
有色金属冶炼及压延加工业	0. 753521311	0. 466183702	0. 592688244	6	勉强协调
制品业	0. 63880649	0. 429093701	0. 523553093	6	勉强协调
橡胶和塑料制品业	0. 634410046	0. 434188132	0. 524836463	6	勉强协调
纺织业	0. 731135427	0. 46915467	0. 585675337	6	勉强协调
纺织服装、服饰业	0. 684882858	0. 503353481	0. 58714408	6	勉强协调
黑色金属冶炼和压延加工业	0. 921424457	0. 334118333	0. 55485566	6	勉强协调
印刷和记录媒介复制业	0. 492753311	0. 403178835	0. 445721556	5	濒临失调
废弃资源综合利用业	0. 322668181	0. 663034701	0. 462536702	5	濒临失调
皮革、毛皮、羽毛及其制品和制鞋业	0. 340720172	0. 510072331	0. 416883596	5	濒临失调
食品制造业	0. 583240702	0. 405253183	0. 48616885	5	濒临失调
化学纤维制造业	0. 353334531	0. 357493413	0. 355407889	4	轻度失调
石油、煤炭及其他燃料加工业	0. 375149738	0. 367384498	0. 371246816	4	轻度失调
酒、饮料和精制茶制造业	0. 422576899	0. 378438009	0. 399898938	4	轻度失调
铁路、船舶、航空航天和其他运输设备制造业	0. 395796428	0. 404008919	0. 399881592	4	轻度失调
其他制造业	0. 176223884	0. 338275127	0. 244156009	3	中度失调
造纸及纸制品业	0. 202140997	0. 331153992	0. 258727266	3	中度失调

(一)工业行业 3E 系统协调性的静态分析

根据 2004—2020 年 28 个制造工业行业的环境技术效率的平均值以及我们对 3E 系统协调性的定义，可以看出：

(1)优质协调行业：计算机、通信和其他电子设备制造业(1)。

(2)良好协调行业：专用设备制造业(1 个)。

(3)中级协调性行业：电气机械和器材制造业(1 个)。

(4)初级协调行业：化学原料和化学制品制造业、文教办公用品制造、烟草制品业、通用设备制造业、金属制品业、非金属矿物制品业(6 个)。

(5)勉强协调行业：仪器仪表制造业、医药制造业、家具制造业、有色金属冶炼及压延加工业、制品业、橡胶和塑料制品业、纺织业、纺织服装服饰业、黑色金属冶炼和压延加工业(9 个)。

(6)濒临失调行业：印刷和记录媒介复制业，废弃资源综合利用业，皮革、毛皮、羽毛及其制品和制鞋业，食品制造业(4 个)。

(7)轻度失调行业：化学纤维制造业，石油、煤炭及其他燃料加工业，酒、饮料和精制茶制造业，铁路、船舶、航空航天和其他运输设备制造业(4 个)。

(8)中度失调行业：其他制造业，造纸及纸制品业(2 个)。

从 2004—2020 年数据来看，计算机、通信和其他电子设备制造业属于 3E 系统优质协调行业，专用设备制造业为良好协调行业，中级和初级协调行业 7 个，其他 19 个行业仍属于协调性不理想行业。可见考虑环境因素，我国 70%以上的工业行业在发展中存在 3E 系统的失衡。

(二)工业行业 3E 系统协调性的动态分析

2004—2020 年，我国制造业工业整体的环境技术效率变化如图 5-1 所示，2004—2006 年，该技术效率有一些下降，2006—2016 年，处于平稳上升趋势，在 2017—2020 年新一轮经济发展阶段，环境技术效率上升幅度增加。

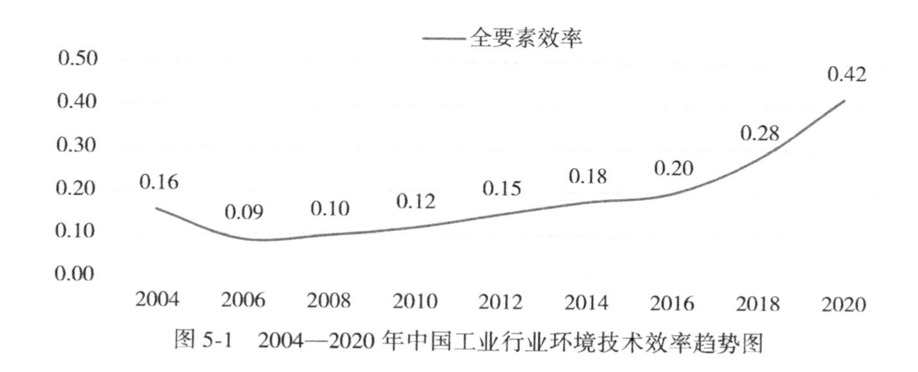

图 5-1　2004—2020 年中国工业行业环境技术效率趋势图

从行业看，2004—2020年，环境技术效率变化趋势为：

(1)保持3E系统协调发展的行业：计算机、通信和其他电子设备制造业，专用设备制造业，电气机械和器材制造业。

(2)3E系统从不协调转化到较协调的行业：化学原料和化学制品制造业、文教办公用品制造、烟草制品业、通用设备制造业、金属制品业、非金属矿物制品业。

(3)3E系统协调性勉强的行业：仪器仪表制造业，医药制造业，家具制造业，有色金属冶炼及压延加工业，制品业，橡胶和塑料制品业，纺织业，纺织服装、服饰业，黑色金属冶炼和压延加工业；

(4)其他10个行业3E系统协调性保持在较差水平，变化不明显。

无论从静态还是动态环境技术效率指标分析，除了少数几个行业，我国70%以上的工业行业的3E系统协调性失衡。这种结果让我们思考如下两个问题：

第一，高达70%以上的行业处于不协调状态，它们之间是否存在某种收敛呢？

第二，什么因素影响到工业行业的协调性呢？

如果弄清这些问题，对于我国未来工业3E系统协调性发展政策制定会有借鉴作用。

(三)工业行业环境技术效率的收敛性检验

收敛的基本概念有两种，σ收敛和β收敛。其中σ收敛用于测度区域内某一个变量值的差异程度，如果σ值随时间衰减则发生了σ收敛；β收敛是用于描述区域经济增长速度与初始经济水平之间的负向关系，分为绝对和条件的β收敛。传统的"Barro回归法"对β收敛的检验存在"Galton谬误"问题，并且众多学者对β收敛的检验结果表示怀疑(曾先锋、李先国，2008)。因此，我们研究中国工业行业的收敛性问题采用σ收敛，具体指标为变异系数。

表5-5 **2004—2020年我国工业行业变异系数①趋势**

年份	2004	2006	2008	2010	2012	2014	2016	2018	2020
制造业	0.722	0.681	0.763	0.583	0.660	0.687	0.686	0.724	0.712

数据来源：根据表5-3行业环境技术效率计算。

从表5-5可以看到，2004—2010年，行业的环境技术效率呈收敛的态势，但2010—2020年，行业的环境技术效率呈发散的趋势。同时，我们也对工业中占主

① 变异系数等于其包含个体的标准差与其平均值的比值。

导的制造业进行收敛性检验，发现类似的变化规律。

第四节　中国工业行业环境技术效率影响因素分析

中国制造业工业行业环境技术效率总体水平比较低，2004—2020年，平均水平为0.187，我国工业节能减排有很大的提升空间。下文我们进一步探究影响环境技术效率的因素。

一、变量及数据说明

根据目前有关工业能源效率的研究(姚洋、章奇，2001；刘小玄，2004；史丹，2006；魏楚、沈满洪，2008；涂正革，2008；高辉、吴昊，2014)，影响环境技术效率的因素可能有：企业规模、产权结构、行业集中度、行业资本深化程度、外商直接投资以及环境管制的力度等。

(一)行业平均规模

按照产业经济学的理论，企业自身的规模往往是竞争的结果，这种规模效益能够通过大中型企业的积极作用实现。大量对中国工业企业的研究表明，企业规模同能源效率之间的确存在显著性正相关(涂正革、肖耿，2005a，2005b；刘小玄、李利英，2005；刘争、黄浩、邓秀月，2022)。根据“按行业分规模以上工业企业工业总产值”与“按行业分规模以上企业单位数”计算可得到不同行业平均规模(Scale)。

(二)产权结构

不同的产权制度会产生不同的激励机制，已有的研究普遍认为国有企业经济绩效差，运营效率低下，因此，国有工业比重越高，其能源效率就越低(刘伟、李绍荣，2001；姚洋、章奇，2001；涂正革，2008；段文斌、余泳泽，2011)。根据“按行业分国有及国有控股工业企业的工业增加值”与“按行业分规模以上工业企业的工业增加值”的比值(SOR)代表行业产权结构，以此考察行业产权结构的变化对环境技术效率的影响。

(三)行业集中度

行业集中度是指行业前N家大企业的产值(或销售量、利润等指标)总额占整个行业的比重，是市场势力的重要量化指标，该指标越高，反映了行业竞争力越弱。根据“按行业分大中型工业企业的工业增加值”与“按行业分规模以上工业企业的工业增加值”的比值来度量行业集中度(Cond)。

(四)行业资本深化度

资本有机构成(劳均资本比值)反映了行业的要素禀赋。若劳均资本上升，说明该行业正从劳动密集型向资本密集型转变，而环境技术效率与要素禀赋结构存在高度的负相关(涂正革，2008；朱美峰、韩泽宇，2023)。根据“按行业分规模以上工业企业的固定资产净额年平均余额”(调整价格后)与“按行业分规模以上工业企业全部从业人员年平均人数”来计算平均劳均资本(k)。

(五)外商直接投资

改革开放30年来，中国工业行业的改革与开放同步进行，对外贸易和外商直接投资不断增强。史丹(2002)，丁锋、姚新超(2018)研究发现，对外开放使要素的国际流动性有所增强，并通过强化资源配置效率提升了能源效率。但也有学者(魏楚、沈满洪，2008；涂正革，2008)认为FDI对我国能源效率并无显著正向影响；还有学者(沈坤荣、李剑，2003；陈红敏，2009)对此持谨慎态度。以“按行业分外商投资和港澳台投资工业企业工业增加值”与“按行业分规模以上工业企业工业增加值”的比重作为外商直接投资的代理变量(Foreign)。

表5-6　　变量的统计性描述

变量	单位	样本数	均值	标准差	最大值	最小值
环境技术效率(lnETE)	%	459	-2.176	0.952	-4.611	0.976
行业平均规模(lnScale)	亿元/企业	459	-0.643	0.554	-3.152	1.558
国有化程度(lnSOR)	%	459	0.641	1.296	-3.247	4.485
行业集中度(lnCond)	%	458	-2.205	1.402	-7.008	0.372
行业资本深化度(lnk)	万元/人	459	2.863	0.852	0.771	4.884
外商投资(lnForeign)	%	454	7.890	1.422	1.880	10.74

说明：由于通用设备制造业数据缺失过于严重，故回归分析中未考虑，此数据采用stata进行统计得出。

二、计量模型

为了减少误差项中存在的异方差性、序列相关性，克服变量量纲不一致问题，我们采用对变量取自然对数的办法来估计参数。

$$\ln ETE_{i,t} = \alpha_i + \beta_1 \ln Scale_{i,t} + \beta_2 \ln SOR_{i,t} + \beta_3 \ln Cond_{i,t} + \beta_4 \ln k_{it} + \beta_6 \ln Foreign_{it} + \mu_{i,t} \tag{5-2}$$

面板数据的估计方法主要包括：混合最小二乘法(Pool OLS)、固定效应模型(Fixed Effect)和随机效应模型(Random Effect)。为确定模型参数的估计方法，需要检验。首先根据冗余固定效应检验来判断是建立混合模型还是固定效应模型，原假设 H_0: $\alpha_1 = \alpha_2 = \cdots = \alpha_n$，其中，$n = 1, 2, \cdots, 28$，检验结果见表 5-7。

表 5-7　**模型识别与检验结果**

检验类别	检验	统计量	概率
混合最小二乘法		23. 13	0. 0000
固定效应检验		208. 70	0. 0000
随机效应检验		939. 21	0. 0000
Hausman 检验	Cross-section random	16. 90	0. 0047

显然，原假设被拒绝，不应该建立混合模型；检验建立随机效应模型还是固定效应模型，通过 Hausman 检验来甄别。检验结果表明拒绝原假设，应该以固定效应模型来估计参数。

为了防止出现“伪回归”，我们估计参数之前，先进行面板单位根检验和面板协整检验。

表 5-8　**各变量单位根检验结果**

变量	变量形式	检验方法	统计量	Prob	结论
lnETE	原序列	IPS	0. 2132	0. 5844	含有单位根
	一阶差分		-3. 9346	0. 0000	不含有单位根
lnScale	原序列	同上	-0. 9462	0. 1720	含有单位根
	一阶差分		-1. 9957	0. 0230	不含有单位根
lnSOR	原序列	同上	-0. 2243	0. 4113	含有单位根
	一阶差分		-3. 176	0. 0007	不含有单位根
lnCond	原序列	同上	-1. 2616	0. 1035	含有单位根
	一阶差分		-4. 3990	0. 0000	不含有单位根
lnk	原序列	同上	-0. 7126	0. 2380	含有单位根
	一阶差分		-3. 4710	0. 012	不含有单位根

续表

变量	变量形式	检验方法	统计量	Prob	结论
lnForeign	原序列	同上	−0.5796	0.2810	含有单位根
	一阶差分		−3.3054	0.000	不含有单位根

注：由于篇幅的限制，没有把其他检验的方法结果列出，但结果是一致的；另外，运用 IPS (Im-Pesaran-Shin，2003)检验时，检验方程形式均含有截距，外生变量的滞后期根据 SIC 最优准则判断，在 5%显著性水平下作结论。

可见，所有变量均为一阶单整变量，需要进一步做面板协整检验。当前检验面板协整的方法有两类，一类是 Engle and Granger 两步法基础上发展起来的 Kao 检验和 Pedroni 检验；另一类是 Johansen 面板协整检验。① 检验结果见表 5-9。

表 5-9　**Kao 检验和 Pedroni 检验结果**

检验方法	检验假设	统计量	统计值	Prob
Kao 检验	H_0：不存在协整关系	ADF	2.240	0.0126**
Pedroni 检验	$H_0: \rho_i = 1$ $H_1: \rho_i = \rho < 1$	Panel v-Statistic	−6.0332	0.0000**
		Panel rho-Statistic	4.6625	0.0000**
		Panel PP-Statistic	−4.1665	0.0000**
		Panel ADF-Statistic	−4.8941	0.0000**
	$H_0: \rho_i = 1$ $H_1: \rho_i < 1$	Group-rho-Statistic	6.6908	0.0000**
		Group PP-Statistic	3.819	0.0001**
		Group ADF-Statistic	3.9833	0.0000**

注：由于我们时间跨度仅有 16 个年度，不宜采用 Johansen 面板协整检验；另外加“ **”表示在 1%的显著性水平下拒绝原假设。

上述检验结果表明，在 2004—2020 年，我国工业行业环境技术效率与行业平均规模、国有化程度、行业集中度、行业资本深化度以及外商直接投资之间存在协整关系。

下面我们对模型(5-2)

$$\ln ETE_{i,t} = \alpha_i + \beta_1 \ln Scale_{i,t} + \beta_2 \ln SOR_{i,t} + \beta_3 \ln Cond_{i,t} + \beta_4 \ln k_{it} + \beta_6 \ln Foreign_{it} + \mu_{i,t}$$

① 限于文章篇幅，有关面板协整检验方法没有展开论述，有兴趣的读者可参阅高铁梅(2006)、易丹辉(2008)。

采用可行广义最小二乘法（FGLS）来估计参数估计，同时，为了避免解释变量之间多重共线性，我们采用逐步回归方法。

三、回归结果及解释

表 5-10　**我国工业行业环境技术效率影响因素回归结果（FGLS 估计）**

变量	模型Ⅰ	模型Ⅱ	模型Ⅲ	模型Ⅳ	模型Ⅴ
C	-2.880*** (0.0687)	-2.880*** (0.0687)	-3.026*** (0.0608)	-3.354*** (0.108)	-5.610*** (0.144)
lnCond	-1.095*** (0.0975)	-1.021*** (0.0848)	-0.937*** (0.0891)	-1.028*** (0.0659)	-1.106*** (0.0655)
lnScale		0.302*** (0.0253)	0.276*** (0.0260)	0.0441* (0.0228)	0.00480 (0.0245)
lnSor			-0.180*** (0.0508)	-0.0512 (0.0381)	0.0102 (0.0392)
lnk				0.919*** (0.0485)	0.754*** (0.0604)
lnForeign					0.317*** (0.0649)
Adj. R^2 Prob（F-stat.）	0.965 0.000	0.974 0.000	0.920 0.000	0.972 0.000	0.969 0.000

注：括号里为对应参数估计的 t 统计值；另外，**，* 分别表示在 1%、5%显著水平下拒绝原假设。

从表 5-10 的回归模型Ⅰ和模型Ⅴ结果看，各模型的整体拟合效果不错。但对回归模型进行比较，可发现以下几点：

（1）变量 lnCond 在各模型中系数很稳健，说明行业集中度同行业环境技术效率之间存在负向关系。即行业集中度每增加 1 个百分点，行业环境技术效率将会相应下降约 1 个百分点。实证的结果与我们前面的理论预期相吻合，说明行业过度集中，不利于企业之间竞争，使得企业缺乏技术创新和管理创新的动力。因此，今后如何克服大中型企业对行业的垄断造成要素配置的低效率，是我们提升工业环境技术效率需要解决的大课题。

（2）行业平均规模对环境技术效率影响是正的，但表现得不是很稳定，而且弹性系数也忽大忽小。说明我国许多工业企业在迅速扩大企业生产规模的同时，往往忽略了管理和经营水平的同步提升，由于管理存在很大问题，相当比例的要素消耗在非生产领域，从而造成能源的低效率（张宗成、周锰，2004；涂正革、肖耿，2005；汪晓文、慕一君，2019）。

(3)国有化比重与环境技术效率负相关。这与当前许多学者有关国有化与效率研究的结论相似（刘伟、李绍荣，2001；刘小玄，2000，2004，2005；汪晓文、慕一君，2019）。我们以国有及国有控股工业企业的增加值占整个规模以上工业总产值的比重代表行业产权结构，考察的结果显示，在我国规模以上工业国有化程度从2004年的57%降到2020年的29.5%，但制造业工业环境技术效率从2004年的0.1上升到2020年的0.4，回归的结果也显示国有化程度每下降1个百分点，环境技术效率显著提高0.05~0.18个百分点。这说明外资企业、港澳台企业和民营企业的发展壮大总体上有利于工业行业环境技术效率的提高。

(4)资本深化对行业环境技术的影响是积极的。从模型Ⅳ来看，资本深化对环境技术效率有正面影响，但我们也注意到，该模型拟合程度很好，而且变量 lnk 符号稳定，说明资本深化对能源效率的影响是积极的，和杨文举(2006)从要素替代的角度认为资本深化可节约、替代能源，表现为对能源效率的正面影响的观点是一致的，和涂正革(2006)的观点不太一样。但林毅夫、刘培林(2003)，查建平、唐方方、别念民(2012)运用比较优势理论考察了我国某些地区、行业过度的资本深化，偏离了中国资源禀赋的比较优势，出现整体效率的下滑。

(5)外商直接投资与工业行业环境技术效率正相关。这与史丹(2002)和丁锋、姚新超(2018)的观点一致。但我们也发现这种正影响达到了0.317个百分点。可能是中国工业企业吸收外商直接投资时，大多是外商逐步转移核心管理经验和生产技术，而这对提升中国工业能源效率具有很大的溢出效应。

第五节　总结与启示

本章采用方向性距离函数方法科学地测算和评价我国28个制造业工业行业环境、资源和发展的协调程度，对2004—2020年工业行业协调程度变化及影响因素进行了计量回归实证分析，得出如下结论：

第一，我国工业行业环境技术效率水平普遍较低且两极分化严重。计算机、通信和其他电子设备制造业，专用设备制造业，电气机械和器材制造业保持3E系统协调发展；化学原料和化学制品制造业、文教办公用品制造、烟草制品业、通用设备制造业、金属制品业、非金属矿物制品业从不协调转化到较协调的行业；仪器仪表制造业、医药制造业、家具制造业、有色金属冶炼及压延加工业、制品业、橡胶和塑料制品业、纺织业、纺织服装服饰业、黑色金属冶炼和压延加工业为3E系统协调性勉强的行业；其他10个行业3E系统协调性保持在较差水平，变化不明显，这也反映了我国工业在未来节能减排的潜力空间非常大。

第二，我国工业行业在2004—2020年环境技术效率差异呈扩大的趋势，在2004—2010年，行业的环境技术效率呈收敛的态势，但2010—2020年，我国经济进入新一轮快速发展时期，工业行业的环境技术效率反而呈现扩大的趋势，其主要原因是，我国很多工业行业经济总量得到快速增长，但环境技术效率反而呈下降趋势，即资源利用效率不高，环境破坏严重，存在环境、资源和发展的严重失衡。

第三，我国工业行业过分集中，不利于企业之间的竞争与资源的有效利用，对行业环境技术效率造成很大的负面影响。利用2004—2020年数据实证表明，行业集中度每提升1个百分点，行业环境技术效率相应下降0.05~0.18个百分点。

第四，我国工业行业平均规模扩大没有明显改善行业环境技术效率。这说明我国多数工业企业规模扩大的同时，可能因为管理经验不足，资源利用的规模效应并没有体现出来。

第五，加快调整工业行业产权结构，积极鼓励民营企业的发展，正确引导外资企业及港澳台资企业进入，促进工业环境、资源和发展的协调性。非国有经济成分相对于国有经济成分来说更能激励充分利用和配置资源，在政府环境政策的引导和监督下，有利于环境技术效率的提高。同时，吸收外资企业直接投资时，要严格限制高污染、高能耗产业的进入，注重强化核心生产技术和管理经验的吸收和消化。

第六章　生态文明视角下中国省际工业能源效率分析

第一节　前　　言

中国政府为了实现基于生态文明条件下的经济可持续发展，提出要建设资源节约型与环境友好型社会。但当前我国能源和环境形势不容乐观：能源需求日益增长，供求矛盾凸显，能源利用效率与发达国家差距较大，国内不同地区、不同行业能源利用效率也参差不齐，环境污染问题日趋恶化。节能减排被提升到前所未有的战略高度，“十三五”时期，我国能源结构持续优化，低碳转型成效显著，非化石能源消费比重达到15.9%，煤炭消费比重下降至56.8%，常规水电、风电、太阳能发电、核电装机容量分别达到3.4亿千瓦、2.8亿千瓦、2.5亿千瓦、0.5亿千瓦，非化石能源发电装机容量稳居世界第一。

表6-1　　　　中国“十三五”能源发展主要成就

指　　标	2015年	2020年	年均/累计
能源消费总量(亿吨标准煤)	43.4	49.8	2.8%
能源消费结构占比 其中：煤炭(%)	63.8	56.8	〔-7.0〕
石油(%)	18.3	18.9	〔0.6〕
天然气(%)	5.9	8.4	〔2.5〕
非化石能源(%)	12.0	15.9	〔3.9〕
一次能源生产量(亿吨标准煤)	36.1	40.8	2.5%
发电装机容量(亿千瓦)	15.3	22.0	7.5%
其中：水电(亿千瓦)	3.2	3.7	2.9%
煤电(亿千瓦)	9.0	10.8	3.7%
气电(亿千瓦)	0.7	1.0	8.2%
核电(亿千瓦)	0.3	0.5	13.0%

续表

指 标	2015年	2020年	年均/累计
风电(亿千瓦)	1.3	2.8	16.6%
太阳能发电(亿千瓦)	0.4	2.5	44.3%
生物质发电(亿千瓦)	0.1	0.3	23.4%
西电东送能力(亿千瓦)	1.4	2.7	13.2%
油气管网总里程(万千米)	11.2	17.5	9.3

注：①〔〕内为五年累计数。②水电包含常规水电和抽水蓄能电站。

数据来源：中国“十四五”能源规划。

“十四五”时期是为力争在2030年前实现碳达峰、2060年前实现碳中和打好基础的关键时期，必须协同推进能源低碳转型与供给保障，加快能源系统调整以适应新能源大规模发展，推动形成绿色发展方式和生活方式。

现代能源产业进入创新升级期。能源科技创新在国家“十四五”规划中明确规定，单位GDP能耗五年累计下降13.5%。能源资源配置更加合理，就近高效开发利用规模进一步扩大，输配效率明显提升。电力协调运行能力不断加强，到2025年，灵活调节电源占比达到24%左右，电力需求侧响应能力达到最大用电负荷的3%~5%。然而事实上，2006—2008年，万元GDP能耗降低比例分别为1.79%、3.66%和4.21%；“十二五”期间，单位国内生产总值能耗下降18.4%，二氧化碳排放强度下降20%以上，“十三五”期间，单位国内生产总值能耗下降15%，二氧化碳排放强度下降18%，但是未来在“十四五”期间节能减排的任务依然艰巨。因此，提高能源效率已成为国家战略规划的重要任务。

现有关于能源效率的研究主要从以下几个角度来分析：

首先，基于单要素能源效率(能耗强度)进行国际比较来估计当前中国的能源利用水平。大多数比较研究发现，如果按照汇率法计算，中国能耗强度是日本的9倍左右，世界平均水平的近3倍，但如果按照购买力平价计算，差距显著缩小。

其次，众多学者对宏观经济时序数据分析，主要考察中国能源效率变动趋势及其影响因素。一般认为有以下几个因素：(1)产业结构；(2)技术进步和创新；(3)制度变革；(4)对外开放程度，等等。

最后，还有一些研究者对行业或区域的能源生产率进行了研究，并尝试对造成行业(地区)间能源生产率差异的影响因素进行解释和收敛性检验，例如，高振宇、王益(2006)，史丹(2006)，Hu and Wang(2006)，李廉水、周勇(2006)，李兰冰(2015)。

上述文献主要存在以下不足：其一，对于能源效率的界定不一，导致研究结论不一致；其二，大多数研究集中在全国或者某一区域的能源效率的变动趋势，对于地区能源效率差异以及影响因素的研究较少；其三，在测度能源效率时仅仅关注合意性的 GDP 产出，而忽略非合意产出，如“三废”的排放。

本章试图从以下几个方面对能源效率的研究进行拓展：首先，沿着 Hu and Wang(2006)的思路，利用 2004—2020 年的分省工业数据对省级全要素能源效率进行评价；其次，引入环境因素，测算各省工业全要素能源效率；最后，建立能源效率影响因素的计量模型，利用面板数据进行定量分析与检验。

第二节　模型、变量与数据

一、全要素能源相对效率模型

由于考察的是能源投入可以节约的程度，因此本章仍然采用 CRS 假设下基于投入法的 DEA 模型，对于全要素能源效率的几种模型的讨论可参见第三章。本章采用的是全要素能源相对效率指标。

对于 DEA 方法和全要素能源相对效率的详细介绍可参见第三章，此处给出其一般的表达式：

$$EE_{i,\ t} = \frac{AEI_{i,\ t} - LEI_{i,\ t}}{AEI_{i,\ t}} = 1 - \frac{LEI_{i,\ t}}{AEI_{i,\ t}} = \frac{TEI_{i,\ t}}{AEI_{i,\ t}} \tag{6-1}$$

其中，$EE_{i,t}$(Energy Efficiency)表示第 i 个决策单元在时间 t 的全要素能源相对效率。相应地，TEI(Target Energy Input)表示该决策单元在现有生产技术条件下，实现一定量的产出的目标能源投入数量，AEI(Actual Energy Input)为该决策单元实际能源投入数量，LEI(Loss Energy Input)为其能源投入中的“浪费数量”。

我们还可以表述某个决策单元 DMU_i 在时间 t 的节能潜力 SPE(Saving Potential of Energy)：

$$SPE_{i,\ t} = LET_{i,\ t}/AEI_{i,\ t} \tag{6-2}$$

在式(6-2)中，SPE 值越大，反映了当前该决策单元相对于其他最优前沿的决策单元而言，其能源投入中存在的无效率损耗越大，如果注重技术改进和要素的优化配置，该决策单元未来的节能潜力就越大。

此外，从式(6-1)可以计算某一区域在某一年的能源效率

$$REE_{k,\ t} = \frac{RTEI_{k,\ t}}{RAEI_{k,\ t}} = \frac{\sum_{j \in k} TEI_{j,\ t}}{\sum_{j \in k} AEI_{j,\ t}} \tag{6-3}$$

在式(6-3)中，$REE_{k,t}$(Regional Energy Efficiency)为区域 k 在第 t 年的能源效率，它等于区域内所包含的所有省份的目标能源投入和实际能源投入之和的比值。

二、变量与数据

考虑到数据的可得性及统计口径的一致性，本章的研究对象包括除西藏自治区之外的其余30个省、自治区、直辖市。以2004—2020年30个研究对象的规模以上工业为基本研究对象，以地区工业增加值为合意产出指标，以工业污染排放为非合意产出，以固定资产净值、工业能源消费量和劳动从业人数为投入指标。

1. 产出指标

以分省的规模以上工业增加值表述合意产出，采用工业品出厂价格指数将其换算成以2004年为基期的相应数据。

污染排放指标，国内外现有文献尚无定论，相关研究普遍采用具体污染指标CO_2来反映污染排放量，因为CO_2主要在工业生产过程中产生，在生活中排放量很少，所以研究工业污染选择该指标非常合适。另外，CO_2统计数据容易获得且完整，本章仍沿用该指标来反映工业活动对环境的污染水平。

经典的全要素生产率模型不考虑污染物，但在实际生产中，往往伴随污染这一非合意性产出，如果把污染也当作产出，显然此时的生产前沿所代表的应是正常产出的最大化，污染物的最小化。由于污染治理往往需要成本，这部分污染物应从产出中扣除以反映出真实的“产出”，但污染物价格无法确定，因此传统的核算手段和生产理论无法对其进行转换，一般采用间接法，通过单调递减函数形式，将非合意产出进行转换，从而使转换之后的数据可以在技术不变的条件下纳入正常的产出函数中（Scheel，2001），其具体手段包括：转换为投入要素TRβ法（Ali and Seliford，1990）；乘法逆转换的MLT法（Golany and Roll，1989；Lovell等，1995）。此外，还有由Fare等（1989）、Chung等（1997）等发展起来的方向距离函数（Directional Distance Function）。本章我们采用乘法逆转换的MLT方法①对污染物进行处理，即取CO_2排放量的倒数作为产出，延续使用超效率SBM模型计算各省的能源效率。

2. 投入指标

以各省规模以上工业固定资产净值代表资本存量，采用固定资产投资价格指数将其换算为以2004年为基期的相应数据；劳动力投入，使用“工业企业全部从业人员年平均人数”表述；能源投入，用各省每年的能源消耗量表示，由于各省的能源消费种类不一，所以统计上把煤炭、石油、天然气和水电四种主要一次性能源的消费量转换成统一单位加总而成，投入产出数据特征见表6-2。

---

① 按照Banker等（1984）的定义，生产技术集$T=\{(x, y) \mid \lambda^{T}X \leqslant x, \lambda^{T}Y \geqslant y, \lambda \geqslant 0, \lambda^{T}e=1\}$，MLT法的思路则是选择函数$f_i^k(B)=1/b_i^k$，对非合意产出$b$进行乘法逆转换，其包含污染物的技术集可以定义为：$T^{MLT}$：$T$ with $Y=(f(B), v)$。

表 6-2　　**2004—2020 年中国各省份投入产出的数据特征描述**

变量	观察数	均值	标准差	最小值	最大值
规上企业固定资产价值(亿元)	510	9505	8708	280.6	57287
工业能源终端消耗(万吨)	510	3012	2066	37.67	11527
就业人数(万人)	510	135.1	151.1	6.676	1020
工业增加值(亿元)	510	6744	7066	98.40	39354
碳排放(万吨)	510	37390	27817	1626	151524

资料来源：根据中国统计年鉴(2000—2020)、中国能源统计年鉴(2000—2020)、中国经济信息网，以及 2009 年中国统计公报整理，表中工业增加值和固定资产净值以 2004 年不变价进行了处理。

第三节　中国省际工业能源效率分析

一、全要素能源效率

根据 Matlab 软件可以计算得到各地区的全要素能源效率值，我国 30 个省、自治区、直辖市在 2004—2020 年的全要素能源效率值见表 6-2。

表 6-3　**我国 30 省、自治区、直辖市及三大区域①工业全要素能源效率值(2004—2020)**

地区	2004	2006	2008	2010	2012	2014	2016	2018	2020	均值	排名
北京市	1.056	1.144	1.211	1.228	1.090	1.325	1.447	1.675	1.674	1.317	1
广东省	0.651	0.800	0.729	0.734	0.692	1.224	1.230	1.249	1.278	0.954	2
福建省	1.266	1.285	1.296	1.241	1.191	0.611	0.579	0.542	0.487	0.944	3
上海市	0.590	0.675	0.755	0.715	1.138	0.819	0.879	0.858	1.001	0.826	4
浙江省	0.420	0.580	0.786	1.001	0.746	0.560	0.536	0.548	0.613	0.643	5
天津市	0.642	0.706	0.686	0.619	0.776	0.609	0.614	0.534	0.537	0.636	6

① 此处按照传统的区域划分方法，将 30 个省份分为东部沿海地区、中部地区和西部地区，从而在更大范围内考察区域之间的能源效率差异。其中，东部沿海地区包括：北京、天津、河北、辽宁、上海、江苏、浙江、福建、山东、广东、海南 11 省、市；中部地区包括：山西、吉林、黑龙江、安徽、江西、河南、湖北、湖南 8 个省；西部地区包括：内蒙古、四川、贵州、云南、陕西、甘肃、青海、宁夏、新疆、重庆、广西 11 个省、市。

续表

地区	2004	2006	2008	2010	2012	2014	2016	2018	2020	均值	排名
江苏省	0. 454	0. 521	0. 508	0. 542	0. 467	0. 580	0. 540	0. 527	0. 538	0. 520	7
吉林省	1. 022	0. 533	0. 486	0. 473	0. 426	0. 438	0. 464	0. 416	0. 394	0. 517	8
江西省	0. 619	0. 572	0. 506	0. 490	0. 519	0. 468	0. 467	0. 417	0. 435	0. 499	9
甘肃省	1. 003	0. 553	0. 504	0. 465	0. 383	0. 340	0. 348	0. 342	0. 353	0. 477	10
辽宁省	0. 542	0. 518	0. 517	0. 499	0. 488	0. 416	0. 439	0. 412	0. 410	0. 471	11
山东省	0. 500	0. 497	0. 485	0. 499	0. 490	0. 411	0. 436	0. 420	0. 387	0. 458	12
湖北省	0. 651	0. 552	0. 429	0. 443	0. 418	0. 418	0. 415	0. 379	0. 394	0. 456	13
海南省	0. 436	0. 576	0. 535	0. 532	0. 476	0. 404	0. 367	0. 351	0. 374	0. 450	14
重庆市	0. 557	0. 508	0. 468	0. 471	0. 489	0. 398	0. 389	0. 394	0. 368	0. 449	15
河南省	0. 479	0. 428	0. 412	0. 406	0. 468	0. 479	0. 523	0. 406	0. 406	0. 445	16
广西壮族自治区	0. 554	0. 497	0. 473	0. 461	0. 445	0. 405	0. 400	0. 348	0. 352	0. 437	17
陕西省	0. 603	0. 534	0. 506	0. 482	0. 380	0. 353	0. 349	0. 340	0. 324	0. 430	18
四川省	0. 534	0. 530	0. 466	0. 429	0. 409	0. 383	0. 366	0. 350	0. 383	0. 428	19
黑龙江省	0. 578	0. 543	0. 488	0. 440	0. 392	0. 343	0. 355	0. 345	0. 318	0. 422	20
湖南省	0. 484	0. 428	0. 442	0. 444	0. 435	0. 383	0. 354	0. 349	0. 357	0. 408	21
云南省	0. 493	0. 423	0. 479	0. 444	0. 443	0. 358	0. 358	0. 347	0. 298	0. 405	22
安徽省	0. 471	0. 412	0. 385	0. 383	0. 369	0. 363	0. 375	0. 419	0. 406	0. 398	23
贵州省	0. 521	0. 443	0. 444	0. 426	0. 416	0. 341	0. 326	0. 304	0. 299	0. 391	24
青海省	0. 434	0. 371	0. 392	0. 451	0. 415	0. 341	0. 320	0. 309	0. 314	0. 372	25
河北省	0. 431	0. 397	0. 381	0. 387	0. 378	0. 332	0. 334	0. 311	0. 318	0. 363	26
山西省	0. 413	0. 380	0. 364	0. 374	0. 339	0. 301	0. 317	0. 308	0. 309	0. 345	27
宁夏回族自治区	0. 454	0. 382	0. 353	0. 345	0. 312	0. 299	0. 293	0. 274	0. 271	0. 331	28
新疆维吾尔自治区	0. 386	0. 336	0. 344	0. 329	0. 314	0. 298	0. 305	0. 289	0. 297	0. 322	29
内蒙古自治区	0. 423	0. 357	0. 340	0. 329	0. 315	0. 289	0. 283	0. 267	0. 265	0. 319	30
全国	**0. 589**	**0. 549**	**0. 539**	**0. 536**	**0. 521**	**0. 476**	**0. 480**	**0. 468**	**0. 472**	**0. 514**	
其中：											
东部	0. 635	0. 700	0. 717	0. 727	0. 721	0. 663	0. 673	0. 675	0. 693	0. 689	
中部	0. 590	0. 481	0. 439	0. 431	0. 421	0. 399	0. 409	0. 380	0. 377	0. 436	
西部	0. 542	0. 448	0. 434	0. 421	0. 393	0. 346	0. 340	0. 324	0. 320	0. 396	

通过表 6-3 可以发现，在 2004—2020 年，我国 30 个省、自治区、直辖市中，工业经济全要素能源效率平均值最高的省份为北京、广东、福建、上海、浙江，其中北京效率超过 1，即一直处于技术前沿面上，广东、福建、上海也接近前沿曲线；如果以最近的 2020 年的测算结果来看，处于技术前沿的地区仍然是北京、广东，上海、浙江和福建则比较靠近前沿。在 2004—2020 年，工业经济全要素能源效率平均值最低的省份分别是青海、河北、山西、宁夏、内蒙古、新疆，这些省份的平均能源效率值均不足 0.5，这意味着这些省份工业部门当前在能源生产利用中存在着巨大的效率损失，如果注重技术改进和资源的合理配置，将会有非常大的节能潜力。

我们还从表 6-3 的下部分观察到，东部沿海经济发达省份的工业经济全要素能源效率最高，平均为 0.689，其次是中部地区，平均效率为 0.436，西部欠发达的省份工业经济全要素能源效率最低，平均值仅有 0.396，应是我国工业经济节能减排重点关注的区域。

二、工业经济全要素能源效率动态分析

对各区域的工业能源效率的变化趋势进行简要描述，如图 6-1 所示。从各区域的工业经济全要能源相对效率的变化趋势看，东部省份遵循“先上升，再下降”的特征，转折点一般出现在 2012 年附近。如果从区域角度看，东部地区工业能源相对效率一直较为平稳，在 0.7 附近小幅波动，在 2012 年之后出现了小幅度下降，直至 2014 年才开始缓慢回升；中部地区 2004 年急剧下降，但 2006 年后有一个平稳的回落，一直持续到 2020 年到达低谷，低于全国平均水平；西部地区也在 2004 年出现大幅度下滑，但随后 2006 年一直小幅下降维持在 0.3 的低水平小幅度波动。

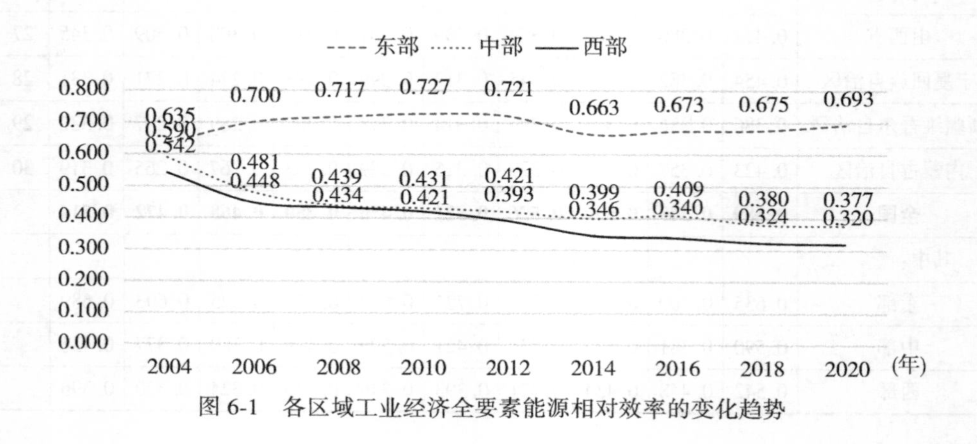

图 6-1 各区域工业经济全要素能源相对效率的变化趋势

三、工业经济全要素能源相对效率收敛性检验

中国省际工业经济的全要素能源相对效率差别较大，表现出很强的地域性特征，那么这种省际或区域性的差距是如何演变的呢？为此，需要进一步对中国工业经济的全要素能源相对效率进行收敛性检验。这里我们仍采用 σ 收敛，具体原因见第五章的注解。省际和区域性的全要素能源相对效率变异系数，见表 6-4 和图 6-2。

表 6-4　**中国省际、区域性工业经济全要素能源相对效率变异系数(1999—2008)**

	2004	2006	2008	2010	2012	2014	2016	2018	2020
东部	0. 415	0. 380	0. 392	0. 392	0. 393	0. 478	0. 515	0. 601	0. 602
中部	0. 306	0. 147	0. 109	0. 089	0. 126	0. 146	0. 162	0. 103	0. 111
西部	0. 737	0. 388	0. 279	0. 227	0. 319	0. 307	0. 314	0. 171	0. 185

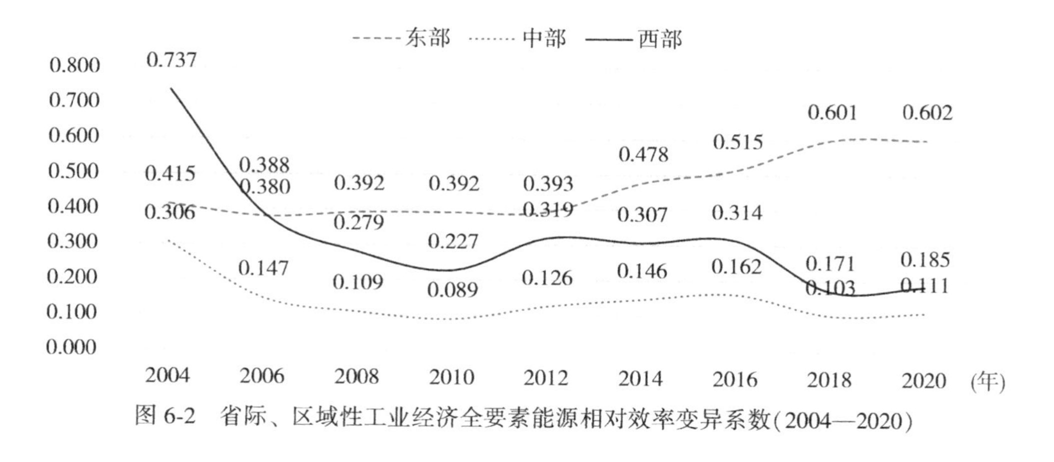

图 6-2　省际、区域性工业经济全要素能源相对效率变异系数(2004—2020)

从表 6-4、图 6-2 可以看出，省际的变异系数高于区域间的变异系数。从全国范围看，30 个省、自治区、直辖市之间的工业经济全要素能源相对效率在 2010 年以前呈收敛，但 2010—2016 年呈现轻微发散态势；东、中、西部地区之间的差异在 2016 年之前有缩小的趋势，但 2016—2020 年，随着我国经济进入新一轮快速增长阶段，区域性的这种能源利用效率反而呈现扩大的态势。此外，如果从东、中、西部内部省份差异的变动看，可以发现东部工业经济的能源效率差异呈现发散的趋势，但是，中部地区工业经济能源利用效率差异仍是最低的；中西部能源利用效率呈现不断收敛的态势，说明中西部省份的工业经济的全要素能

源相对效率差异在缩小。

四、能源效率影响因素分析

(一)变量及数据说明

在第三章的文献综述中我们可以看到，学者们采用不同研究方法，分析不同时期和不同的研究对象，得出有关经济结构和能源效率之间的关系不同或者截然相反，原因何在？主要是不同文献对于“经济结构”的表述不一，部分学者用一、二、三产业比重，部分学者选择轻、重工业来比较研究，因此，得出不同的结论也能自圆其说。但本章的研究是在工业部门，对于经济结构的表述就可避免这些分歧。

综合相关能源效率的研究，以及环境经济学理论，影响工业经济的能源效率的可能因素有：工业结构(规模结构、所有制结构、要素禀赋结构)、人均生活水平、技术因素 R&D(技术自主创新、技术改造以及技术引进)、能源结构、外商直接投资和环境管制的力度等。

工业结构通常包括规模结构、所有制结构和要素禀赋结构：(1)规模结构。合理的规模有利于能源利用效率。本章采用“大中型工业企业在地区规模以上工业中的产值比重”代表地区工业的规模结构。(2)所有制结构。在微观企业层面，不同的产权制度产生不同的激励机制，这对于企业的生产效率、资源配置与利用水平都有很大影响。以前的研究结论普遍认为国有企业经营绩效和效率较低，但是随着低效国有企业的淘汰，现在国有资产的规模效益越来越高，其能源效率成正比增长。本章以“国有及其控股工业企业占整个规模以上就业人员的比重”代表地区产权结构。(3)要素禀赋结构。经过前面两章国际能源效率和工业行业的比较分析，我们知道，资本深化影响到能源的利用效率。本章以各地区工业经济劳均资本装备水平来表示地区的资源禀赋结构。

人均生活水平：进入 21 世纪以来，特别是中国加入 WTO 后，中国经济快速增长，城镇居民生活水平不断提高，相应地，公众对环境质量的要求也逐步提高。2002 年人均 GDP 突破 1000 美元大关，2020 年突破 10504 美元。用“规模工业企业增加值与工业企业全部从业人员年平均数的比值”代表生活水平。

技术因素：我们在这里用了两种方式考虑技术因素，第一种是区域 R&D 总投入与 GDP 比值，第二种考虑三个方面：自主研发、技术改造和技术引进。第一个模型考虑区域 RD 总投入与 GDP 比值；创新与推广包括环保技术在内的技术，在推动产出快速增长的同时，节约了能源消耗、减少了污染排放，从而提高了工业的能源利用效率。另一个模型从自主研发、技术改造和技术引进三个方面考察技术对环境技术效率的边际影响，分别用“大中型工业企业科技活动经费支出与规模企业工业增加值的比率”衡量各地区工业自主研发投入强度，用“大中型企业技术改造费用投入与规模以上工业增加值的比率”代表技术改造的强度，用“大中型企业技术引进与规模以上工业增加值的比率”代表技术引进的力度。

对外贸易依存度：对外贸易总额与GDP比值，我们考虑不同的对外贸易依存度，对于产业的发展质量和能源效率会有积极影响，外向型经济的发展程度和效率会更好。

本章以各省“三资企业工业总产值与规模以上工业总产值的比率”来代表外资对能源利用效率的影响。基于2004—2020年30个省、自治区、直辖市的数据，本章采用面板数据的多元回归方法检验以上几个变量对能源效率的边际效应，各变量的符号及统计性质描述见表6-5、表6-6。

表6-5 **全要素能源相对效率与影响变量的统计描述(2004—2020)**

变 量	观察数	平均值	标准差	最小值	最大值
全要素能源效率EE	510	0.513	0.250	0.265	1.700
规模结构SS(%)	510	0.155	0.0553	0.0592	0.337
产权结构PS(%)	510	0.115	0.106	0.0141	0.456
要素禀赋结构K/L(万元/万人)	510	0.0102	0.00906	0.00139	0.0663
人均生活水平LN(Y/L)(万元)	510	10.44	0.704	8.346	12.01
科技投入RD(%)	510	0.0149	0.0111	0.00178	0.0741
对外贸易依赖度(%)	510	0.296	0.340	0.00716	1.876

资料来源：根据中国统计年鉴(2004—2020)、中国能源统计年鉴(2004—2020)、中国经济信息网、中国科技统计年鉴(2004—2020)整理；本书产出变量和资产变量均以2004年为基期进行处理；某些年份缺失，根据插值法补齐。

表6-6 **全要素能源相对效率与影响变量的统计描述(2010—2020)**

变 量	观察数	平均值	标准差	最小值	最大值
全要素能源效率EE	330	0.488	0.263	0.265	1.700
规模结构SS(%)	330	0.174	0.0554	0.0632	0.337
产权结构PS(%)	330	0.108	0.103	0.0178	0.456
要素禀赋结构K/L(万元/万人)	330	0.0130	0.0100	0.00219	0.0663
人均生活水平LN(Y/L)(万元)	330	10.79	0.462	9.482	12.01
自主研发LN(ZZYF)(万元)	330	3.927	1.174	0.125	6.391
技术改造LN(JSGZ)(万元)	330	-1.026	2.523	-9.417	3.989

续表

变 量	观察数	平均值	标准差	最小值	最大值
技术引进 LN(JSYJ)(万元)	330	1.965	1.234	-3.202	4.294
对外贸易依赖度(%)	330	0.258	0.276	0.00716	1.458

资料来源：根据中国统计年鉴(2010—2020)、中国能源统计年鉴(2010—2020)、中国经济信息网、中国科技统计年鉴(2010—2020)整理。

(二)模型设定与估计

考虑到估计结果的稳健性，在回归分析中分别采用了 OLS、固定效应模型(FE)和随机效用模型(RE)三种估计方法。

用不同的估计方法进行回归分析得出的结论也是不同的。OLS 估计是不考虑不同个体的差异性特征，把所有样本混合在一起对参数进行直接估计，这种方法得到的参数估计值一般存在偏误，因此，只能作为一种参考值。如果想要从样本中得到更多的信息，如某一个体(省)的变化特征，就必须通过建立面板数据的固定效应模型或随机效应模型来估计参数。固定效应模型是假定个体非观测到的异质因素与其已观察到的解释因素相关，通过增加虚拟变量考虑群组间的差异，其估计量又称为组内估计量(within-estimators)，固定效应模型的估计量具有一致性。而随机效应模型是假定个体非观测的异质因素与已观察到的解释因素不相关，其估计量是组间估计量(between-estimator)与组内估计量的加权平均，其特性是利用了更多信息，其估计量不具有一致性。因此，对随机效应模型事先进行 Hausman 检验，结果表明拒绝随机效应模型与固定效应模型系数无系统性差异的假设。因此，固定效应模型所估计的结果是主要说明的对象，其他模型的结果作为参考。详细参数估计与检验参见表 6-7、表 6-8。

表 6-7　**全要素能源相对效率(EE)影响因素的回归分析(2004—2020)**

变量	(1)OLS	(2)FE	(3)RE
规模结构 SS	0.219*	0.0907	0.00615
	(0.119)	(0.141)	(0.131)
产权结构 PS	1.759***	1.260***	1.670***
	(0.136)	(0.235)	(0.176)
要素禀赋 *K/L*	-1.734**	-1.046	-1.835**
	(0.881)	(0.965)	(0.897)

续表

变量	(1)OLS	(2)FE	(3)RE
人均生活水平 ln(*Y/L*)	−0.107***	−0.101***	−0.0927***
	(0.0137)	(0.0165)	(0.0149)
科技投入 RD	12.87***	6.523***	10.48***
	(0.792)	(1.972)	(1.438)
对外贸易依存度 OPEN	−0.201***	−0.277***	−0.216***
	(0.0393)	(0.0473)	(0.0425)
Observations	510	510	510
R^2-squraed	0.705	0.284	0.523

说明：所有的结果用 Stata16.0 估算，***、**、*分别代表在 1%、5%、10%水平下显著，括号内为估计参数的稳健标准误。

表 6-8　　**全要素能源相对效率(EE)影响因素的回归分析(2010—2020)**

变量	(1)OLS	(2)FE	(3)RE
规模结构 SS	0.369**	−0.0239	−0.170
	(0.183)	(0.196)	(0.180)
产权结构 PS	0.955***	1.300***	2.074***
	(0.256)	(0.406)	(0.294)
要素禀赋 *K/L*	−5.594***	−0.918	−3.001***
	(1.223)	(1.245)	(1.106)
人均生活水平 ln(*Y/L*)	0.0791**	−0.0810**	−0.0227
	(0.0311)	(0.0328)	(0.0289)
自主研发 ln(ZZYF)	0.0528***	0.00409	0.0190
	(0.0128)	(0.0153)	(0.0136)
技术改造 ln(JSGZ)	0.0176***	0.00849**	0.00961**
	(0.00514)	(0.00424)	(0.00425)
技术引进 ln(JSYJ)	−0.0488***	−0.00327	−0.00713
	(0.00995)	(0.00737)	(0.00747)
对外贸易依存度 OPEN	−0.0196	−0.457***	−0.353***
	(0.0805)	(0.0894)	(0.0859)
Observations	330	330	330
R-squared	0.609	0.148	0.185

从表6-7、表6-8可以得到如下主要结论：

1. 结构因素对能源相对效率的影响

在这里，我们用了两个模型，一个是加入科技投入R&D，另一个是将企业科技投入分解为三个变量，自主研发、技术改造和技术引进，分析结构因素对我国工业经济的全要素能源相对效率的影响。

(1)合理的企业规模有利于工业经济全要素能源效率的提高。本书采用大中型企业在地区规模工业中的产值比重代表地区工业的规模结构，回归分析发现2004—2020年，地区大中型企业产值的比重每提高1%，地区工业能源利用效率在统计上显著提高约0.05个百分点。

(2)产权结构变革从体制上改善工业企业能源相对效率。本书以国有及国有控股工业企业占整个规模工业总产值的比重代表地区产权结构，同其他大多文献研究结论不一样，随着中国外资企业、港澳台资企业和民营企业的发展壮大，落后技术和产能的国有企业相继淘汰出局，现存的国有企业其经济效益和效率都经受了市场严格的考验，因此，国有及国有控股企业比例上升1%，工业能源利用效率显著提高1~2个百分点。这说明从总体上有利于能源利用效率的提升。

(3)工业结构重型化导致工业经济能源相对效率下降。资本有机构成(资本存量与劳动人数的比值)反映地区要素禀赋。如地区*K/L*上升，说明该地区经济结构正从劳动密集型向资本密集型转化。2004年以来，我国工业资本存量迅猛增加，相应的劳均资本不断上升，违背了我国生产要素的比较优势，损害了效率(林毅夫、刘培林，2003)。此处回归分析结果表明在2004—2020年和2010—2020年，资本有机构成每提升1%，工业能源利用效率下降1~3个百分点。实证结论与理论假设一致："资本密集型产业和劳动密集型产业分别倾向于重污染产业和轻污染产业。"能源利用效率与经济结构，特别是要素禀赋结构存在高度的负向关系，这预示，随着我国工业经济结构的重型化加速，如果其他技术条件不变，综合环境因素的工业能源效率水平将会下降。

2. 生活水平的提高促进工业能源相对效率

中国经济快速增长，城镇居民生活水平不断提高，相应地，公众对环境质量的要求也逐步提高，但是数据显示结果却是有正有负。本书回归分析结果表明，在其他因素不变条件下，用规模工业企业人均产出表述的人均产出每提升1%，工业经济能源效率显著提高0.01或者下降0.1个百分点。

3. 技术创新与引进是提升工业能源相对效率的重要途径

总体的企业研发R&D对于全要素能源效率的影响是正向的，达到了6%~12%的夸张程度，创新与推广包括环保技术在内的技术，在推动产出快速增长的同时，减少了污染排放，从而提高了包括污染因素在内的全要素能源效率。

(1)自主研发对全要素能源效率有显著的贡献。本章用大中型工业企业科技活动经济支出与规模企业工业增加值的比率，衡量各地区工业自主研发投入强度。工业研发强度从 2004 年的 2.56%增长到 2020 年的 3.9%。观察发现，东部地区研发强度并不显著高于中西部地区，重庆、陕西、上海、安徽、四川和北京的平均科技研发投入强度均超过 4%，而河北、黑龙江、新疆、内蒙古平均研发投入强度低于 3%。回归分析结果表明，大中型工业企业自主研发投入强度每增长 1%，工业经济全要素能源效率提高 0.124 个百分点。可见，自主研发对工业企业的能源利用效率改善有着重大作用。

(2)技术改造对工业能源效率有显著的正向影响。以规模工业增加值作为参考，大中型工业企业技术改造经济投入强度与能源利用效率呈高度显著的正向关系：技术改造投入强度增加 1%，能源利用效率在统计上显著上升 0.01 个百分点。研究结论印证了许多专家对国有企业技术改造效果的评价：“不改等死，技改重生。”

(3)技术引进是提升工业能源效率的重要途径。但是，以规模工业增加值为参考，大中型工业企业的技术引进强度与工业全要素能源相对效率有显著的负向关系，回归分析表明，技术引进强度每增加 1%，工业能源效率在统计上显著下降 0.04 个百分点。

上面从三个方面考察了技术对工业全要素能源效率的影响。发现自主研发和技术改造可显著提高工业全要素能源效率，而实证数据分析表明，技术引进对能源效率有负向效应。

4. 外贸依存度对工业能源效率的改善显著

传统观点认为，外贸依存度高，对企业先进管理和工艺技术的溢出效应可以提高当地产出水平和全要素能源利用效率(秦晓钟，1998；沈坤荣，1999；何洁，2000；史丹，2002；丁锋、姚新超，2018)。但不同的观点认为，西方发达国家严厉的环保措施导致高污染、高能耗产业向发展中国家转移，如果考虑环境因素，对外贸易对东道国的两种效应：技术外溢效应与污染效应相互抵消，不一定能提升东道国全要素能源效率。本书采用 2004—2020 年对外贸易总额与 GDP 比值，我们考虑不同的对外贸易依存度，对于产业的发展质量和能源效率会有积极影响，一般认为外向型经济的发展程度和效率会更好。但是，回归结果显示，外贸依存度增长并没有显著提高工业全要素能源相对效率的整体水平，相反带来了负面影响，达到了-0.01～-0.4。

第四节　结论与政策建议

本章利用 SBM 超效率模型方法测算了中国各地区工业部门的全要素能源效率，利用 2004—2020 年的 30 个省级面板数据，基于工业经济结构(规模结构、所有制结构和要素禀赋)、人均生活水平、技术因素、能源结构、外商直接投资等因素，对地区间能源效率的差异进行了实证分析，得出如下主要结论：

第一，省际以及区域间工业部门全要素能源效率存在较大差异。2004—2020年，上海、广东一直处于最优生产前沿上，全要素能源相对效率较高的地区还包括福建、北京和江苏；全要素能源相对效率值最低的省份是内蒙古、新疆、贵州、山西、青海和宁夏，同最优前沿上省份相比，其全要素能源相对效率值均未达到0.5，存在很大的节能潜力，是我国节能减排实践中重点挖潜的地区。另外，东部显著高于中部和西部，呈现较大的地区差异性。

第二，从各区域的工业经济全要素能源相对效率的变化趋势看，东部省份遵循“先上升，再下降”的特征，转折点一般出现在2012年附近。如果从区域角度看，东部地区工业能源相对效率一直较为平稳，在0.7附近小幅波动，在2012年之后出现了小幅度下降，直至2014年才开始缓慢回升；中部地区在2004年急剧下降，但2006年后有一个平稳的回落，一直持续到2020年到达低谷，低于全国平均水平；西部地区也在2004年出现大幅度下滑，但随后2006年一直小幅下降，维持在0.3的低水平小幅度波动。

第三，加快工业经济结构调整力度，促进环境、资源和工业经济增长的协调发展。工业经济结构调整，如产权结构改革和工业规模扩大，有利于工业部门整体的全要素能源效率的提高，而工业经济的资本深化会导致能源效率下降。本书发现加快工业经济结构升级速度、深化产权改革，推进企业集团化发展，有利于工业能源利用效率的提高。

第三，生活水平的提高会促进包括环境因素的全要素能源效率。生活水平的提高使得人们更愿意和更有能力治理工业污染，从而促进包括环境因素在内的全要素能源效率。

第四，加大自主研发和技术引进投入强度，加强国有企业技术改造经费的管理，提高其使用效率。分析结果表明，大中型工业企业的自主研发和技术改造显著提高了工业部门的能源利用效率，而企业的技术引进并没有达到应有的效果。

第五，优化能源消费结构可显著提高全要素能源相对效率，如提高清洁能源（天然气、水电、核电和风电）比重，不仅可以提高工业部门能源利用效率，还能促进环境质量的改善。尽管目前短期仍然无法改变以煤炭为主的现状，但长期来看，降低化石能源消费份额，大规模发展非化石能源、可再生能源利用是实现可持续发展的必经之路。

第六，在外贸依存度提升的同时，要注重先进技术、设备和管理经验的引进和吸收，限制高污染、高能耗产业的进入，充分利用其外溢效应，控制其污染效应。本书研究的数据显示：由于存在污染因素，外贸依存度的提升并没能提升工业全要素能源效率。

第七章 中国工业节能减排潜力分析

第一节 前　言

中国工业是能源消耗和环境污染的主要产业，据统计，2005—2007年，我国工业总能耗分别为159492、175137、2190167万吨标准煤，占能源消耗总量比重分别是77.9%、71.1%和71.6%；以2018年数据为例，工业创造了中国国内生产总值的1/3左右，提供了大量就业岗位。但与此同时，工业也是高度能源密集型行业，从2018年的数据来看，工业能耗总量是311151万吨标准煤，约占中国当年各行业总能耗的66%。由此可见中国“节能减排”的效果，很大程度上由工业能源使用情况来决定，因此从能源市场的第一大主体——工业企业入手，研究工业部门的能源效率有着现实的急迫性和必要性。

现在，我国已经是一个高度工业化的国家，CO_2的排放70%以上来自工业生产或生成性排放。据测算，2005—2019年，我国工业CO_2排放量呈现先升后降再微升的趋势，从2005年的41亿吨提升至2019年的72亿吨左右，涨幅约为75.68%，年平均增长率约为4.11%。2015年，我国工业领域的碳排放量迎来了首次降低，较2014年降低1.3%，2016年较2015年降低2.6%。连续两年的工业碳排放降低主要有三个方面原因：一是“节能减排”政策法规的实施，淘汰了部分工业落后的能耗设备，关停部分高能耗、高排放企业；二是大力发展清洁能源，使清洁能源占比逐年提升；三是采矿业、制造业、电力、热力、燃气及水生产和供应业等增速相对放缓，对能源需求变化不大。但是，2017—2019年，工业领域能源需求增长，导致工业碳排放量出现小幅增长，2017年及2018年工业碳排放量低于2015年，2019年较2015年高2亿吨左右。我国碳排放强度2019年比2005年下降48.1%，而工业碳排放强度下降达57.8%。由于工业碳排放占全国碳排放的比重超过70%，可见工业对全国碳排放强度降低贡献巨大。

六大高耗能行业是工业碳减排的重点行业，减碳形势严峻。据测算，2000—2019年，化学原料及化学制品制造业、黑色金属冶炼及压延加工业、有色金属冶炼及压延加工业、非金属矿物制品业、石油加工炼焦及核燃料加工业、电力热力的生产和供应业六大高耗能行业，其能源消费占工业比重由66.8%增长到75.35%。

从2005年起六大高耗能行业碳排放量占工业碳排放的比重持续在70%以上。碳排放量由2005年的29.08亿吨增至2019年的54.32亿吨。其中，黑色金属冶炼及压延加工业能源消费占工业能源消费比重最高、碳排放量最大，2019年黑色金属冶炼及压延加工业能源消费约占工业的26.41%，碳排放量约19.38亿吨，占工业碳排放总量的26.9%。

当前，我国工业结构已进入新能源高质量发展阶段，单位GDP的能源消耗和CO_2排放量居高不下，从2003年开始，单位GDP的能源消耗和CO_2排放强度不降反升，这主要是因为高能耗、高污染行业的比重在增加，引起严重的能源短缺和大气环境污染。因此，我国政府在"十四五"规划纲要中明确提出，要建立"资源节约型、环境友好型社会"，并设置了相应的约束性指标，在"十四五"期间，单位国内生产总值能源消耗强度要减少13.5%。

在"十三五"时期，在"能源革命"和"供给侧结构性改革"双主线促进下，能源转型成效卓著。"十三五"能源结构调整目标基本达成，能源消费总量控制在50亿吨标煤以内，非化石能源占比超15%，碳排放强度下降19%，成品油质量迅速升级，化工新材料得到快速发展。到"十三五"期末，我国石油产量扭转了期初连续下滑态势，天然气实现增产37%，新能源供应规模增加1.5倍以上，全产业链布局得到优化。其间，全国退出煤炭落后产能9亿吨/年，淘汰小炼油1亿吨/年，炼化装置平均规模持续提升。

中国新能源产业得到较快发展，供给保障能力不断增强，发展质量逐步提高，创新能力迈上新台阶，新技术、新产业、新业态和新模式开始涌现，能源发展站到转型变革的新起点。能源生产总量、电力装机规模和发电量稳居世界第一，长期以来的保供压力基本缓解。结构调整步伐加快，非化石能源和天然气消费比重分别提高2.6和1.9个百分点，煤炭消费比重下降5.2个百分点，清洁化步伐不断加快。节能减排成效显著，单位国内生产总值能耗下降18.4%，CO_2排放强度下降20%以上，超额完成规划目标。科技创新迈上新台阶，千万吨煤炭综采、智能无人采煤工作面、三次采油和复杂区块油气开发、单机80万千瓦水轮机组、百万千瓦超超临界燃煤机组、特高压输电等技术装备保持世界领先水平。体制改革稳步推进。大幅取消和下放行政审批事项，行政审批制度改革成效明显。电力体制改革不断深化，电力市场建设、交易机构组建、发用电计划放开、售电侧和输配电价改革加快实施。国际合作不断深化，"一带一路"能源合作全面展开，中巴经济走廊能源合作深入推进。西北、东北、西南及海上四大油气进口通道不断完善。电力、油气、可再生能源和煤炭等领域技术、装备和服务合作成效显著，核电国际合作迈开新步伐。"十三五"时期累计进口原油23亿吨和天然气5600多亿立方米，海外油气权益产量2.1亿吨油当量，已超国内原油产量。国际合作呈现出"投资、贸易、技术全方位，上、中、下游全覆盖，国有、民营全参与"的新特点。双多边能源交流广泛开展，我国对国际能源事务的影响力逐步增强。

自疫情危机以来，世界经济放缓，在全球经济政治会议上，全球政治决策圈内开始出现诸如“经济不景气情况下讨论气候环境问题过于奢侈”，以及“节能减排应为经济发展让路”的声音。在国内，也有些地区出现了“为保增长而暂缓节能减排”的举措。

节能减排工作是同经济发展相悖，还是会成为中国经济转型升级的契机呢？① 这些问题值得我们深思。本章针对我国工业行业的节能减排潜力进行实证分析，并探究以下几个问题：其一，在现有的能效水平下，我国工业各行业“节能潜力”和“减排潜力”到底有多大，应重点关注哪些行业，为今后“十四五”制定工业行业节能减排约束目标提供一定的参考；其二，工业行业实际节能减排，对经济增长的影响和代价有多大？经济增长能否保持在可承受范围内？

第二节 模型和数据说明

史丹(2006)以单要素的能源效率测算中国各区域和各产业的能源效率及节能潜力。但考虑到单要素生产效率指标存在诸多缺陷(Patterson，1996)，本书除了继续沿用能耗强度指标外，还将参考 Hu and Wang(2006)的思路，采用全要素能源相对效率模型测算与评价节能潜力，然后在此基础上考虑进污染物排放，从而构建出减排潜力模型。

一、投入导向节能模型

考虑如图 7-1，一个基本的生产模型。单位化的等产量曲线 SS'，投入要素为能源以及其他要素(包括资本和劳动力)，生产前沿上的点 C、D 表示生产技术有效，而点 A 则在生产前沿曲线的右上方，意味着同样的产出需要耗用更多的资源，也就是存在效率损失。按照 Farrell(1957)的定义，A 点的效率用模型可表述为 OA'/OA，但点 C 才是 Pareto 最优点，因为在 A'可以继续减少能源投入 $A'C$ 从而到达生产前沿。A 点的要素无效损失包括两部分：一部分是由于技术无效率而导致的所有投入要素过量 AA'，其中能源要素过度投入量为 AA''；另一部分是由于配置不当导致的松弛量 $A'C$，因此 $AA''+A'C$ 即为无效点 A 参照目标点 C 所需要调整的能源数量。如果该值越大，即意味着生产中“浪费”的能源越大，亦即表明该点的能源

① 20 世纪 80 年代以来，有关环境规制与经济绩效的争论仍在继续。传统的假设认为，环境规制对经济绩效有负面影响，环境保护与经济增长目标构成了一种两难困境，有助于一个目标实现就必然会损害另一个目标。但最近 Poter & Van der Linde(1995)对此提出了挑战，他们认为，环境保护能提高并推动技术进步，进而刺激经济增长，这一结论被称为“波特假设”。

效率越低。如果能源投入不需要调整，则意味着该经济体的能源投入已经处于“最优生产边界”上，此时能源效率为1。

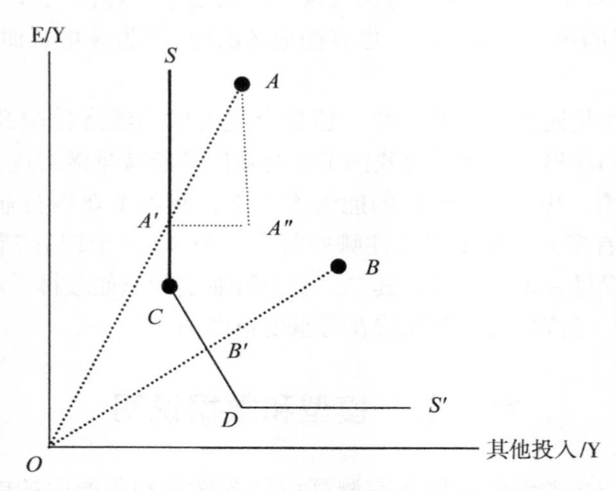

图 7-1　基于投入导向全要素能源相对效率模型

根据对生产效率的分析，可以定义全要素能源相对效率为：

$$EE_{i,t}=\frac{TEI_{i,t}}{AEI_{i,t}}=\frac{AEI_{i,t}-LEI_{i,t}}{AEI_{i,t}} \tag{7-1}$$

其中，i 为第 i 个单元，t 为时间，EE(Energy Efficiency)为全要素能源相对效率，AEI(Actual Energy Input)为样本点实际的能源投入数量；TEI(Target Energy Input)为生产前沿上的样本点能源投入量，也就是在当前生产技术水平下，为实现一定产出所需要的最优的能源投入数量；LEI(Loss Energy Input)为损失的能源投入数量，也可看作其可实现的节能量。

根据式(7-1)计算各个单元每年的节能潜力 $SPE_{i,t}$，即

$$SPE_{i,t}=\frac{LEI_{i,t}}{AEI_{i,t}}\times 100\% \tag{7-2}$$

该比值越高，说明当前的能源投入的无效率损失越大，也表明该单元的节能潜力越大。

采用SBM方法，可以计算出式(7-1)中的能源相对效率，结合实际能源投入，可以计算出LEI和节能潜力SPE。

二、产出导向减排模型

经典的生产率模型不考虑污染物，但在实际生产中，往往伴随污染这一非合意

性产出，如果把污染也当作产出物，显然此时的生产前沿所代表的应是正常产出的最大化，同时污染物的最小化。由于污染治理往往需要成本，这部分污染物应该从产出中扣除以反映真实的GDP，但污染物价格无法确定，因此传统的核算手段和生产理论无法对其进行直接处理。一般采用间接法，通过单调递减函数形式，将非合意的产出进行转换，从而使得转换后的数据可以在技术不变的条件下纳入正常的产出函数中(Scheel，2001)，其具体手段包括：转换为投入要素的INP法(Liu and Sharp，1999)；加法逆转换的ADD法(Berg等，1992)和*TRβ*法(Ali and Seiliford，1990)；乘法逆转换的MLT法(Golany and Roll，1989；Lovell等，1995)。此外，由Fare等(1989)，Chung等(1997)等发展起来的方向性距离函数(Directional Distance Function)，则是使用原始产出数据，通过构建环境生产技术直接处理污染物，详细讲解参见第三章。

我们下面简要介绍一下INP和MLT两种间接方法。按照Banker等(1984)的定义，生产技术集可表示为$T=\{(x,\ y)\mid \lambda^{T}X\leqslant x,\ \lambda^{T}Y\geqslant y,\ \lambda\geqslant 0,\ \lambda^{T}e=1\}$，INP法的思路是将非合意产出$B$当作投入要素，其技术集可定义为：$T^{INP}$：$T$ with $X=(X,\ B)$；MLT法的思路则是选择函数$f_i{}^{k}(B)=\frac{1}{b_i{}^{k}}$，对非合意产出$B$进行乘法逆转换，其包含污染物的技术集可以定义为：$T^{MLT}$：$T$ with $Y=(f(B),\ v)$，无论是INP法还是MLT法，均可以在实现合意产出增加的同时，非合意产出的减少。

一旦确定了环境生产技术集，就可以计算出第i个DMU在时间t的减排潜力$APP_{i,t}$(Abatement Potential of Pollution)：

$$APP_{i,t}=(APV_{i,t}-TPV_{i,t})/APV_{i,t} \tag{7-3}$$

其中，$APV_{i,t}$表示样本点的实际污染排放量，$TPV_{i,t}$表示生产前沿上的目标点的污染排放量。该值越高，说明当前污染排放过度，同时也表示该样本点的减排潜力越大。利用产出导向的DEA方法，可以计算出式(7-3)中的目标污染排放量TPV，结合实际污染排放量APV即可计算各单元的减排量(APV−TPV)以及节能潜力APP。

三、产出导向的潜在产出成本模型

在图7-2中，*OBAD*所形成的包络线即为包含了污染物的产出集，*C*点为观测到的样本点，其中*Y*和*B*分别代表合意产出和非合意产出。可以观测到的现实样本点*C*，其污染排放量为B_0，此时合意产出水平为Y_0，如果要使得样本点的污染排放符合更为严格的标准B^*，此时样本点有三种移动方式，一是选择左上方的*CE*方向，此时即是方向距离函数的思路；其次是*CG*方向，此时即是*Shephard*距离函

数的一般化形式，即产出和污染排放同比例同方向变动。但是无论向 CE 还是 CG 方向移动，均无法得知移动后的产出水平，本书的思路是采用间接测度方法，即：尽管无法计算出样本点移动后的产出水平，但是却可以确定其相应前沿上的目标产出水平。在投入要素集 X 和污染排放量 B_0 不变的条件下，对应的前沿上的参照点 A 的产出水平为 Y_2，它也是样本点 C 在环境标准 B_0 条件下，通过效率改善可以实现的潜在产出水平。选择让 C 点水平移动到 F 点，保持现有产出不变的同时满足了污染排放约束，此时对应的前沿上的参照点 B 的产出水平为 Y_1，也即是样本点在环境标准 B^* 的条件下，通过效率改善可以实现的潜在产出水平。C 点由于环境标准的变化，尽管真实产出未发生变化，但潜在产出却有损失，其机会成本大小为 $|Y_2-Y_1|$。

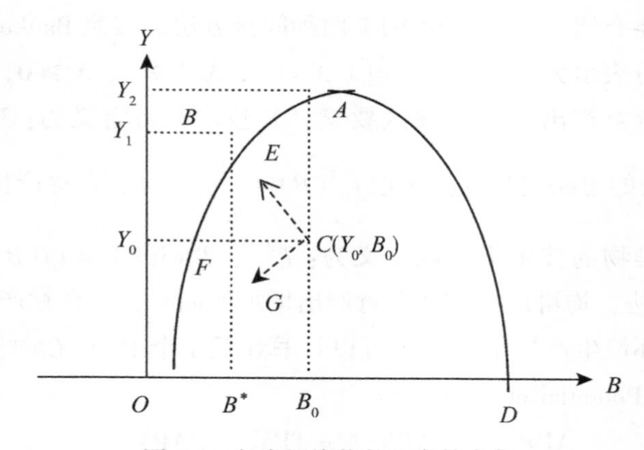

图 7-2 包含污染物的生产技术集

在图 7-2 的生产技术下，当环境标准为 B_o 时，行业 i 在时期 t 的相对前沿的目标产出为 $\text{TPO}_{i,t}$(Target Potential Output)，当环境标准变化至 B^* 时，在投入要素和合意产出不变的条件下，相对前沿的目标产出为 $\text{TPO}_{i,t}^*$，那么由于环境标准的变化导致的潜在产出损失 $\text{LPO}_{i,t}$(Loss of Potential Output)可定义为：

$$\text{LPO}_{i,\ t}=\text{TPO}_{i,\ t}^*-\text{TPO}_{i,\ t} \tag{7-4}$$

通过间接转换方法，可以测度出各行业在保持投入要素不变和实际产出不变的条件下，为满足环境约束而发生的潜在最大产出的变化，对于各单元相对前沿上的潜在产出目标产出为 TPO，同样可以利用产出角度的 DEA 方法求解。

在这里，我们借助 Malmquist 指数模型推算相对能源效率，借助 Caves 等提出的 Malmquist 生产率指数和 Fare 等构建的基于 DEA 的 Malmquist 指数公式(3-20)来测度全要素能源效率的变动情况，在式(3-20)中，$EC_c = \frac{EC_c^{t+1}(x^{t+1}, y^{t+1})}{EC_c^t(x^t, y^t)}$代表效率变化；$(x_t, y_t)$和$(x_{t+1}, y_{t+1})$分别代表$t$期和$t+1$期的投入与产出。在$t$期和$t+1$期内，当$EC_t > 1$时，相对效率上升，当$EC_t < 1$时，相对效率下降，当$EC_t = 1$时，相对效率不变。

四、变量和数据

本章以2004—2020年我国28个制造业行业为基本单元。

(一)投入数据

资本存量投入量用行业固定资产净值年平均余额替代，并按照各行业工业品出厂价格指数折算以2004年为基期的不变价格，基础数据来自中国经济信息网。使用各行业每年的能源消费量表示所投入的能源，按发电煤耗计算折算的一次能源消费总量，数据来自《中国能源统计年鉴》各年。

(二)产出数据

28个制造业工业行业增加值衡量产出指标，基础数据来自中国经济信息网，并根据其提供的分行业工业品出厂价格指数将工业值折算为2004年不变价。分行业CO_2数据来自各年《中国能源统计年鉴》。

表7-1　**2004—2020年投入产出变量的统计描述**

变量	观察数	平均值	标准差	最小值	最大值
工业增加值(万元)	476	23504	23920	215. 2	140272
固定资产净值(万元)	476	5280	5839	5. 590	30803
就业人数平均余额(万人)	476	244. 8	193. 6	1. 830	914. 8
能源消费量(万吨标准煤)	476	8794	15280	33. 47	69296
碳排放规模(万吨)	476	19367	49711	27. 48	312837

注：以上数据均以工业增加值为以2004年为基期的不变价格，由Matlab软件计算。

资料来源：根据中国统计年鉴(2004—2020年)、中国能源年鉴(2004—2020)、中国环境年鉴(2004—2020)、中国工业经济年鉴(2004—2020)以及中国经济信息网数据库整理。本书投入产出变量和资产变量均以2004年为基础价格进行折算。

第三节 工业节能减排潜力分析

一、行业能源效率评价与比较

表 7-2 我国工业各行业能源相对效率值及排名(2018—2020 年)

行 业	(Ⅰ)全要素能源相对效率指标				(Ⅱ)单要素能源相对效率指标			
	2018	2019	2020	平均排名	2018	2019	2020	平均排名
文教办公用品制造	2. 510	2. 453	0. 985	1	37. 609	38. 762	37. 233	4
仪器仪表制造业	2. 038	1. 178	1. 200	2	48. 56	39. 133	46. 34	3
制品业	1. 358	1. 515	1. 527	3	17. 924	15. 66	16. 715	11
家具制造业	1. 562	1. 317	1. 252	4	28. 148	27. 099	27. 425	7
皮革、毛皮、羽毛及其制品和制鞋业	1. 780	1. 169	1. 143	5	33. 459	28. 894	29. 812	5
石油、煤炭及其他燃料加工业	1. 114	1. 676	1. 111	6	1. 669	1. 62	1. 617	26
纺织服装、服饰业	1. 307	1. 087	1. 114	7	30. 347	28. 632	28. 018	6
黑色金属冶炼和压延加工业	1. 252	1. 092	1. 102	8	0. 92	0. 886	0. 893	27
专用设备制造业	1. 295	1. 000	1. 141	9	58. 443	55. 263	53. 03	1
烟草制品业	1. 122	1. 093	1. 196	10	52. 717	46. 325	48. 598	2
造纸及纸制品业	1. 188	1. 063	1. 141	11	5. 13	4. 263	4. 891	20
非金属矿物制品业	1. 237	1. 094	1. 044	12	2. 281	2. 15	2. 268	22
有色金属冶炼及压延加工业	1. 230	1. 054	1. 079	13	1. 876	1. 768	1. 868	23
纺织业	1. 184	1. 051	1. 110	14	5. 656	5. 411	5. 365	19
印刷和记录媒介复制业	1. 089	1. 091	1. 103	15	20. 227	17. 649	18. 895	10
酒、饮料和精制茶制造业	1. 114	1. 061	1. 069	16	15. 307	14. 184	14. 433	12
化学原料和化学制品制造业	1. 140	1. 067	1. 022	17	1. 604	1. 734	1. 689	25
其他制造业	1. 339	0. 892	0. 992	18	1. 63	1. 809	1. 656	24
橡胶和塑料制品业	1. 123	1. 041	1. 051	19	6. 809	6. 962	6. 917	18
通用设备制造业	1. 157	1. 131	0. 923	20	11. 483	11. 256	12. 052	15
食品制造业	1. 129	1. 058	1. 021	21	13. 439	13. 376	13. 485	14

续表

行　业	（Ⅰ）全要素能源相对效率指标				（Ⅱ）单要素能源相对效率指标			
	2018	2019	2020	平均排名	2018	2019	2020	平均排名
化学纤维制造业	1.081	1.037	1.083	22	4.066	3.747	3.788	21
金属制品业	1.049	1.039	1.039	23	8.882	8.361	8.337	17
医药制造业	1.091	1.058	0.977	24	13.637	13.594	13.866	13
电气机械和器材制造业	1.160	1.006	0.851	25	19.639	25.05	22.63	9
铁路、船舶、航空航天和其他运输设备制造业	1.209	0.886	0.867	26	0.381	0.413	0.384	28
废弃资源综合利用业	0.992	0.853	1.011	27	8.002	12.305	8.111	16
计算机、通信和其他电子设备制造业	0.697	0.935	1.152	28	27.397	25.796	25.821	8

说明：第（Ⅰ）列中数据根据 Matlab 统计软件整理而来，第（Ⅱ）列中数据等于当年工业行业最低单位工业增加值能耗与该行业单位工业增加值能耗的比值整理而来。

运用 Matlab 分析软件对上述投入产出数据进行计算处理（这里暂不考虑环境管制，即不包含 CO_2），可以得到各行业的 TEI，再根据式（7-5），除以各行业的真实能源投入 AEI 即可得到全要素能源相对效率值，见表 7-2 第（Ⅰ）列数据，此外，根据 2004—2020 年《中国统计年鉴》中公布的工业行业增加值及工业行业能耗数据，并以 2004 年为基期对名义变量进行处理，整理出各行业的单位工业增加的能耗强度数据，见第（Ⅱ）列数据。

从表 7-2 可以看出，如果以全要素能源相对效率考察，在 2018—2020 年，文教办公用品制造，仪器仪表制造业，制品业，家具制造业，皮革、毛皮、羽毛及其制品和制鞋业的能效为最高，一直处于最优前沿上。排名靠后的行业全要素能源相对效率平均效率是下降的，能效最低的是计算机、通信和其他电子设备制造业行业，平均效率小于 1，最高是 2.5，最低是 0.6，说明我国工业行业的能源效率差异非常大。能源效率排名最后的五个行业分别为医药制造业，电气机械和器材制造业，铁路、船舶、航空航天和其他运输设备制造业，废弃资源综合利用业，计算机、通信和其他电子设备制造业行业。从单要素能耗强度考察，是专用设备制造业，烟草制品业处于能源效率的最前沿，排名最后的五个行业分别为其他制造业，化学原料和化学制品制造业，石油、煤炭及其他燃料加工业，黑色金属冶炼和压延加工业，铁路、船舶、航空航天和其他运输设备制造业。两种指标的排名尽管对于多数行业评价的结果接近，但仍存在很大的差异。

二、工业节能潜力与重点行业评价

由于 Matlab 软件可计算出各行业的能源投入的目标值，根据式(7-2)计算各行业的节能量、节能潜力以及该行业节能量占整个工业行业可节约能源量的比重，见表 7-3。某一行业的节能量的经济含义是指，如果某一个行业按照最优前沿上的模式生产，在相同条件下，可以实现的能源减少量，实际上也是指该行业在生产过程中可节约但没有节约导致的过度能源投入量，也可以说是能源的浪费量。与之相应，节能潜力是指该行业的节能量占其实际能源消耗量的比重，如果该值越高，表明当前无效率利用、低效配置导致的能源浪费越严重，同时也表明该行业通过改进，可获得的节能空间和潜力越大。处于前沿曲线上的行业，如烟草加工业，可节约能源量为零，并不是说该行业不存在能源效率损失，而是指该行业同其他行业相比，在当前的技术条件和产出水平下，无法实现能源投入量的减少，也即意味着该行业目前处于 Pareto 最优状态。

表 7-3　**我国工业各行业平均节能潜力(2004—2020 年)**

行　　业	节能潜力(%)	节能规模(万吨标准煤)	该行业减排量占工业可节能总量的比重(%)
专用设备制造业	50.160%	892.910	4.772%
仪器仪表制造业	57.652%	166.813	0.891%
其他制造业	7.359%	110.493	0.590%
化学原料和化学制品制造业	2.550%	1107.771	5.920%
化学纤维制造业	9.191%	180.515	0.965%
医药制造业	20.618%	428.930	2.292%
印刷和记录媒介复制业	36.277%	162.727	0.870%
家具制造业	54.172%	152.026	0.812%
废弃资源综合利用业	61.267%	97.103	0.519%
文教办公用品制造业	55.306%	201.975	1.079%
有色金属冶炼及压延加工业	3.926%	649.968	3.473%
木材加工和木、竹、藤、棕、草制品业	22.144%	267.267	1.428%
橡胶和塑料制品业	12.538%	424.750	2.270%

续表

行　　业	节能潜力（%）	节能规模（万吨标准煤）	该行业减排量占工业可节能总量的比重（%）
烟草制品业	76.485%	175.838	0.940%
电气机械和器材制造业	38.354%	915.193	4.891%
皮革、毛皮、羽毛及其制品和制鞋业	47.736%	258.492	1.381%
石油、煤炭及其他燃料加工业	16.806%	5081.036	27.153%
纺织业	9.214%	654.864	3.500%
纺织服装、服饰业	44.705%	392.174	2.096%
计算机、通信和其他电子设备制造业	50.440%	1638.093	8.754%
通用设备制造业	18.742%	663.748	3.547%
造纸及纸制品业	7.739%	322.471	1.723%
酒、饮料和精制茶制造业	23.038%	332.086	1.775%
金属制品业	14.636%	670.692	3.584%
铁路、船舶、航空航天和其他运输设备制造业	2.059%	591.088	3.159%
非金属矿物制品业	2.646%	896.849	4.793%
食品制造业	20.742%	398.284	2.128%
黑色金属冶炼和压延加工业	1.433%	878.565	4.695%

从表7-3可以看出，不同行业的节能潜力差异很大。2004—2020年数据分析表明，7个工业行业年均节能潜力均超过50%，这说明当前我国工业行业的能源效率普遍较低，能源综合利用和配置的效率亟待改善和提升，节能潜力空间很大。

从节能潜力的大小来看，专用设备制造业、仪器仪表制造业、家具制造业、废弃资源综合利用业、烟草制品业为前五名的节能重点行业，其节能量占整个工业行业可节能总量的比重均超过8%；从绝对量和规模来看，石油、煤炭及其他燃料加工业，占据27%的减排量，计算机、通信和其他电子设备制造业占8%，化学原料和化学制品制造业占6%。因此，今后我国工业的节能调控要重点关注石油、煤炭、化工和计算机这些行业。

三、工业行业减排潜力及重点行业评价

根据式(7-3)，可以计算出利用INP方法，各工业行业可减少的CO_2的排放

量、减排潜力以及该行业占整个工业行业可减排的比重，结果见表7-4。一般处在前沿上的行业的可减排量为0，即便如此，也不意味着该行业没有污染或者不需要污染治理，而是指该行业同其他行业相比，在当期技术条件和产出水平下，无法再实现污染物的进一步削减，亦即该行业目前处于Pareto最优状态。

表7-4　　我国工业各行业减排潜力(2004—2020年)

行　业	降碳潜力（%）	降碳规模（万吨）	该行业减排量占工业可减排总量的比重（%）
专用设备制造业	33.136	337.564	0.715
仪器仪表制造业	73.330	72.992	0.155
其他制造业	19.629	82.903	0.176
化学原料和化学制品制造业	0.681	429.345	0.910
化学纤维制造业	6.227	140.163	0.297
医药制造业	12.654	284.780	0.603
印刷和记录媒介复制业	56.791	119.821	0.254
家具制造业	62.456	86.353	0.183
废弃资源综合利用业	41.138	70.732	0.150
文教办公用品制造	40.873	89.025	0.189
有色金属冶炼及压延加工业	2.378	367.140	0.778
木材加工和木、竹、藤、棕、草制品业	25.793	168.043	0.356
橡胶和塑料制品业	14.021	257.259	0.545
烟草制品业	55.651	87.960	0.186
电气机械和器材制造业	41.258	360.710	0.764
皮革、毛皮、羽毛及其制品和制鞋业	56.277	159.748	0.338
石油、煤炭及其他燃料加工业	13.483	40447.780	85.693
纺织业	7.863	377.747	0.800
纺织服装、服饰业	39.078	228.921	0.485
计算机、通信和其他电子设备制造业	52.648	391.566	0.830
通用设备制造业	14.117	367.832	0.779
造纸及纸制品业	2.733	236.522	0.501

续表

行　　业	降碳潜力（%）	降碳规模（万吨）	该行业减排量占工业可减排总量的比重（%）
酒、饮料和精制茶制造业	12.000	250.678	0.531
金属制品业	18.929	340.075	0.720
铁路、船舶、航空航天和其他运输设备制造业	14.553	366.177	0.776
非金属矿物制品业	0.690	388.157	0.822
食品制造业	8.286	275.574	0.584
黑色金属冶炼和压延加工业	0.290	415.071	0.879

从表7-4可以看出，28个工业行业中有6个CO_2的减排潜力超过50%，特别地，仪器仪表制造业，家具制造业，印刷和记录媒介复制业，烟草制品业和皮革，毛皮、羽毛及其制品和制鞋业五个行业的减排潜力均超过50%，而且从减排量的规模看，2004—2020年这五个行业CO_2累计减排量占整个工业可减排总量不高，而石油、煤炭及其他燃料加工业减排量占到了工业总的减排量的85%，这与国家当前重点调控石油、煤炭、电力（煤电）、钢铁、化学、冶金等高耗能行业的节能减排工作思路是吻合的。

四、中国制造业节能减排实际值与潜力值的比较

利用表7-3、表7-4的制造业行业“节能潜力”和“减排潜力”数据，可以加总得到制造业总体的可节能量和可减排量。

表7-5　**我国制造业节能减排的潜力（2019—2020年）**

时间	消耗能源总量（万吨标准煤）	可节约能源数量（万吨标准煤）	节能潜力均值（%）	碳排放总量（万吨）	可减少CO_2排放量（万吨）	减排潜力（%）
2018	292647	33991.3051	11.615	652420.573	131784.519	20.199
2019	303624	46208.01268	15.219	673944.674	228807.3629	33.950
2020	311987	56412.18724	18.082	689834.895	312283.5818	45.269

说明：节能潜力等于可节约能源总量/当年全国能源消费总量，同理地，减排潜力等于可减排CO_2总量/当年全国CO_2排放量。

从表 7-5 可以看出，我国 2019 年、2020 年的消耗能源为 303624 万吨、311987 万吨，节能潜力占我国一次能源消费总量的 15%；2019 年、2020 年的平均可节约能源 46208. 01268 万吨、56412. 18724 万吨，可减少 CO_2 排放量 228807. 3629 万吨、312283. 5818 万吨，占我国 CO_2 排放总量的 30%左右。这说明，如果这 28 个制造业处于技术前沿上，在保持其他投入和经济产出不变的条件下，我国的能源投入量和 CO_2 的排放量会下降 15%和 30%，节能减排潜力非常大。

国务院印发《“十四五”节能减排综合工作方案》，提出到 2025 年，全国单位国内生产总值能源消耗比 2020 年下降 13. 5%，能源消费总量得到合理控制，化学需氧量、氨氮、氮氧化物、挥发性有机物排放总量比 2020 年分别下降 8%、8%、10%以上、10%以上，节能减排政策机制更加健全，重点行业能源利用效率和主要污染物排放控制水平基本达到国际先进水平，经济社会发展绿色转型取得显著成效。

利用表 7-5 中的全国工业可节能总量、可减排总量，在假定第一、第三产业的能源消耗和废气排放不变的情况下，[①] 分情景来探讨我国“十四五”规划中的节能减排的两个约束性目标，见表 7-6。

表 7-6　　我国“十四五”规划节能减排约束目标的分析

指标	2018	2019	2020	2021	2022
GDP 总量（亿元，2015 年不变价）	919281	990865	1013567	1149237	1210207
实际能源消费总量（亿吨标准煤）	46. 4	48. 6	49. 8	52. 4	54. 1
实际 CO_2 排放总量(亿吨)	100	102. 9	103. 76	105. 23	114. 8
实际能耗强度（吨标准煤/万元）	0. 50	0. 49	0. 55	0. 53	0. 52
全国制造业预测可节约能源量（万吨标准煤）	33991. 305	46208. 013	56412. 187		
全国制造业预测 CO_2 可减排量（万吨）	131784. 519	228807. 363	312283. 582		

① 考虑到工业能源消耗量和二氧化碳排放量分别占到全国能源消耗总量的 60%以上，这样假定是可行的。

根据《2022年中国统计年鉴》中2020年的经济产出、能源消耗和污染排放数据，可以计算出2021年、2022年能耗强度相对于2020年分别下降了2.7%、5%，均完成年度阶段目标；[①] 而2021年和2022年二氧化碳排放总量没有下降，反而比2020年上升了1.4%和10.6%，未能完成阶段目标。

从这个角度来讲，“十四五”规划制定的到2021—2025年能耗下降13.5%，相当于每年下降2.7%，2021—2022年，能耗减少14148万吨和14607万吨标准煤，排放量下降10%，每年2%，下降2亿吨以上；从实际数据看来，能源消耗“十四五”目标可以达到，但是二氧化碳排放量“十四五”目标在理论上可行，现实很难达到。

五、节能减排的政策分析

对我国工业节能减排潜力的分析，“十四五”规划中的两个约束目标，通过进一步努力，是可以实现的。之所以在过去“十三五”时期内未完成节能阶段性目标，[②] 可能有以下几个原因：

其一，政策的出台、执行和落实具有时滞性，具体表现在：

(1)责任主体和目标落实的滞后。从2014年年底中央编制的“十三五”规划出台，到2015年将节能减排约束性指标分解到各省，再进一步分解到县市及各行业，经历了较长时间，导致我国2020的节能减排完成情况很不理想。

(2)配套政策出台的滞后。到2022年先后发布了《民用建筑节能管理规定》《“十三五”资源综合利用指导意见》《国务院关于加强节能工作的决定》《国务院关于印发节能减排综合性工作方案的通知》《能源发展“十三五”规划》《“十四五”节能减排综合工作方案》，才标志着节约能源成为我国基本国策，一些重要制度，如节能目标责任制、节能考核评价制度，才真正具备了法律效力，同时也明确了执法主体。

(3)政策执行的效力和监督力度不够。尽管规定了各级人民政府需要向本级人大汇报节能工作，但对于节能减排政策的具体实施、执行中的监督主体并不明确，往往是政府充当运动员和裁判员双重角色，使得这些政策执行效果并不好。

(4)政策效果表现滞后。一般来说，地方政策在推进节能减排工作时，主要依靠产业结构调整和技术进步两种手段来实施，但是在尚未建立完善的经济激励机制

---

① 如果假定节能减排每年下降的速度相同，达到2010年的能耗强度和SO_2污染物排放总量在2005年基础上下降20%和10%，则每年相对于上一年的平均降幅分别为4.36%、2.08%。

② 根据统计局公布数据，截至2009年年底，相对于2005年，前四年累计能耗强度下降14.38%，SO_2排放总量下降了13.14%，减排目标提前完成，但在剩下一年中完成节能目标任务还相当艰巨。

和相关配套政策的条件下，短期内，通过行政、法律等手段对现有产业结构调整收效甚微，而技术进步也需要相当长的时间才能有较大提升，加上节能减排的重大工程项目的建设周期往往较长，从而使得总体政策效果显现有一定的时滞性。

其二，当前节能减排的政策和手段单一、缺乏有效激励。表现在：

(1)现有政策手段单一。我国目前推进节能减排主要依靠行政手段，即便能够实现节能减排的目标，往往也是“节能、减排不经济”，为完成节能减排目标耗费大量财政资金和社会交易成本。从长期来看，需要在遵循市场经济规律的前提下制定节能减排的长效机制，因此，在现有的政策工具箱中，需要增加更多可行的经济手段与激励措施，将节能减排的短期目标与可持续发展的长期目标相统一。

(2)现有节能减排政策、手段缺乏激励相容性。由于短期内大量依靠行政命令、法律等强制性手段，这样可能会导致：中央政府与地方政府目标的冲突，决策者与执行者目标的冲突，政府与企业、个人目标的冲突，如果原有的政策手段缺乏激励相容，同时缺少新的有效机制设计与之匹配，其最终实施效果往往与设定目标背道而驰。

由于“十三五”规划前四年的节能任务没有完成阶段性目标，使得2020年的节能工作压力非常大。但是，在“十三五”时期，我国能源较快发展，供给保障能力不断增强，能源生产总量、电力装机规模和发电量稳居世界第一，长期以来的保供压力基本缓解；发展质量逐步提高，创新能力迈上新台阶，新技术、新产业、新业态和新模式开始涌现，能源发展站到转型变革的新起点，结构调整步伐加快。非化石能源和天然气消费比重分别提高2.6和1.9个百分点，煤炭消费比重下降5.2个百分点，清洁化步伐不断加快。水电、风电、光伏发电装机规模和核电在建规模均居世界第一；单位国内生产总值能耗下降18.4%，CO_2 排放强度下降20%以上，超额完成规划目标。综合此前的相关研究，对于未来“十四五”提出以下几点建议：

第一，找准结构调整和技术进步的突破口。对于结构调整而言，不仅要调整第二、三产业的比重结构，还包括第二产业内部的结构调整，例如，轻/重工业比重、资本密集/劳动密集部门比重、国有/非国有经济比重、高能耗/低能耗部门比重；另外，还包括能源消费结构的调整，例如，煤炭/其他能源比重。对于技术进步而言，短期关注有效、适用的节能减排技术的大规模推广应用，长远来看，应该转变当前由政府主导的研发模式，通过税收、信贷等经济手段激励企业按市场需求进行自主创新。

第二，优化我国工业行业的规模效率。我国部分企业的工业产品能效已接近国际先进水平，但宏观上的能源效率要远远低于其他国家(地区)，究其原因主要在于工业行业缺乏规模效率(魏楚、郑新业，2017)，而规模效率低下的更深层的原因是我国财政分权制度下导致地方保护主义与市场分割，进而导致大量“小而全”项目重复建设(师傅、沈坤荣，2008)。从这个角度来说，要促进工业行业跨地区兼并重组，优化资源配置，提高产业集中度，形成规模。应注意的是，在“扶大压小”的同时，要推进产能过剩行业的结构调整，淘汰小型、落后的产能，避免地方政府以各种名义规避淘汰落后产能政策(齐建国，2007)。

第三，建立节能减排的内在动力机制。节能减排不但需要中央政府自上而下的推动，还需要企业和个人的内在行为动力与之相容，这就需要对地方政府和企业行为进行有效激励，从而使得各主体行为同中央决策者预定目标一致。具体来说，一方面，对于地方政府，尤其是欠发达的中西部地区，需要将经济增长方式转变的内在要求同地方经济增长行为以及政府职能相统一，如鼓励和扶持有条件的地区大力发展低碳经济；另一方面，要完善转移支付的配套制度，缓解欠发达地区的 GDP 冲动(蔡昉 2022)，从而有效地实施节能减排。对于企业，理顺能源资源价格、打破市场分割是引导企业有效利用、合理配置能源最有效的经济手段(吕越、张昊天，2021)。

第四，进一步完善制定我国碳税政策。美国自金融危机以来，国内贸易保护主义抬头。2009 年 6 月，美国众议院通过了《限量及交易发案》和《清洁能源安全法案》，授权了美国政府可以对包括中国在内的不实施减排限额国家的进口产品征收碳关税，也就是说从 2020 年起美国开始征收碳关税(Carbon Tariffs)，即对进口排放密集型产品，如电解铝、钢铁、水泥、化工产品和众多机电产品等征收特别的 CO_2 排放关税，而这实质上是一种新型绿色贸易壁垒。为应对这一措施，我国可以对国内高能耗工业产品征收碳税，这样不仅纠正了高能耗产品的过度生产行为，① 而且获得的税收收入可以反过来补贴企业节能减排行为。所以，与其让美国政府对我国外贸产品征收碳关税，不如我国政府现在着手制定相应的严格而灵活的碳税政策，实行严格的节能减排标准。

---

① 根据庇古税原理，环境是一种公共产品，企业的污染排放行为是有外部不经济的，通过征收碳税(即庇古税的一种具体形式)，可纠正企业私人成本同其社会成本的偏离，使得企业生产量靠近最优生产量。

第八章　企业创新推动全要素生产率提升

本章第一节探讨了中国企业技术创新对全要素生产率的影响，第二节对企业人力资本质量提升企业全要素生产效率展开讨论，第三节对现在劳动力成本对企业创新转型影响进行分析。

第一节　企业技术创新推动全要素生产率

新常态下，中国经济下行压力不断增大。宏观经济增速方面，GDP 增长率从 2010 年的 10.3%逐年下降到 2021 年的 8.1%，而对于产业规模占 GDP 总量 42.6%、就业人数占全社会就业人员总数 30.1%的制造业企业而言，其下行压力则更为明显。近年来，我国全部工业增加值的增长速度从 2010 年的 12.6%回落到 2021 年的 9.6%，而同期规模以上工业企业利润总额的同比增速更从 49.4%的历史峰值下行到 2021 年的 34.3%。[①] 如何加快实现中国经济从“低成本要素投入型”向“全要素生产率驱动型”转变，已成为将中国经济增速保持在合理区间的重要课题(蔡昉，2013；胡鞍钢等，2013)。

作为宏观经济的重要微观基础，企业经济活动及其全要素生产率的真实状况对于准确判断新常态下投入-产出效率的整体情况具有重要意义。对上述选题，近年来不少学者展开了大量的实证研究(刘小玄、李双杰，2008；鲁晓东、连玉君，2012；杨汝岱，2015；等等)。然而，由于基于不同企业规模随机抽样的一手企业调查数据的缺乏，现有文献对于上述选题的实证研究多运用 2009 年以前的中国工业企业数据库。由于上述数据在抽样方式、样本信息时效性等方面的缺陷，现有研究成果仅能反映规模以上工业企业投入-产出效率的部分状况，难以对我国经济进入新常态以来企业全要素生产率的最新变化情况进行统计分析。

为解决上述问题，本节数据基于香港科技大学、清华大学和中国社会科学院等学术机构于 2015 年进行的广东制造业企业-员工匹配调查。本次调查以 2013 年第三次经济普查的企业名单为基础，按照随机分层抽样方式调查了广东 13 个地级市、

① 以上统计数据分别根据《中国统计年鉴》(2021 年)、《中国国民经济与社会发展统计公报》(2021 年)的相关指标进行整理。

19个县(区)调查单元的800家企业，每家企业根据员工人数随机抽取6~10名员工，最终获取了570家企业、4988名员工的有效样本。本次调查首次从企业层面完整收集了企业2013—2014年有关工业总产值、工业增加值、工业中间投入、员工人数、固定资产净值等全面测算企业全要素生产率的财务数据。本次调查提供了基于不同企业规模随机抽样的关于新常态下企业生产经营活动的最新研究样本。

在此基础上，本书分别采用时间序列的DEA、随机前沿模型(SFA)和Levinsohn-Petrin一致半参数估计法(Levinsohn & Petrin，2003)等方法，对企业全要素生产率进行了综合测算。根据现有文献的思路，上述三种方法均为测算企业全要素生产率的主流方法，并分别涵盖对于企业投入-产出效率的非参数、参数和一致半参数估计。考虑到不同估计方法在计量尺度方面的差异性，本书采用主成分分析(PCA)方法对基于时间序列DEA、SFA和LP等方法测算的企业全要素生产率变量进行线性加总(李斌、赵新华，2009)，并依此对新常态下企业全要素生产率的行业状况、地区状况进行统计分析。

一、测算方法

对生产率的测算是很多实证研究的基础，它通常被解释为总产出中不能由要素投入所解释的“剩余”。这个“剩余”一般被称为全要素生产率(TFP)，它反映了剔除资本、劳动等生产要素投入对决策单元产出增长贡献之后投入-产出效率自身改善的程度，不仅包含技术进步对产出增长的贡献，也包含许多没有体现在生产函数中但对产出增长有实质性贡献的因素，比如生产规模的优化、管理效率的改善等(鲁晓东、连玉君，2012)。

与国家和地区等宏观决策单元不同的是，企业作为微观市场主体的生产决策行为更具确定性，其技术水平在某种程度上是可以事前认知的，企业往往根据已知的技术水平选择合适的要素投入水平。因此，由于难以联立性偏误和选择性偏差等问题，传统的增长核算法和增长率回归法(索洛余值法)等宏观全要素生产率的测算方法因存在残差项与回归项的高度相关而不适用于微观企业全要素生产率的计算(鲁晓东、连玉君，2012)。为解决上述问题，本书参考主流实证文献的做法，分别采用时间序列的DEA方法、随机前沿模型(SFA)和Levinsohn-Petrin一致半参数估计法(Levinsohn & Petrin，2003)等测算方法对企业全要素生产率进行指标计算。

1. 时间序列的DEA方法(DEA)

本书先基于时间序列DEA的Malmquist生产率指数对企业全要素生产率进行了测算。该模型是一种基于非参数估计的数据包络分析方法，其基本思路是，根据各个观测单元的数据，利用线性规划技术将有效单元线性组合起来，构造出一个前沿的生产面。从而在给定投入条件下，根据各个单元的实际产出与该前沿生产面之间的距离就测量了生产的效率(夏良科，2010)。上述方法优点在于无需预先设定生产函数，从而规避了因错误的函数形式所带来的问题。在具体做法上，$y_t \in \mathrm{R}$ 表示在 t 时期的产出，$x_t \in \mathrm{R}^m$ 表示用于生产 y_t 的 m 种投入的向量。假设有一个包含 n 个投入和产出观测值的时间序列数据集 $S=\{(y_t, x_t): t=1, \cdots, n\}$，并假设存在一个单调递增的凹函数 f: $\mathrm{R}^m \rightarrow \mathrm{R}$ 以及参数 $\theta_t \in \mathrm{R}$、$A_t \in \mathrm{R}$ 和 $V_t \in \mathrm{R}^m$。我们可以得到生产技术：

$$y_t = f(\theta_t A_t (x_t - V_t)), \ t=1, \cdots, n, \ 0 \leqslant \theta_t \leqslant 1 \tag{8-1}$$

$$A_1 \leqslant A_2 \leqslant \cdots \leqslant A_n - 1, \ x_t \geqslant 0, \ V_t \geqslant 0 \tag{8-2}$$

其中，方程中 V_t 表示投入要素松弛向量。A_t 代表技术进步指数，在期末 $t=n$ 标准化为1。参数 θ_t 是测度在时间 t 所有要素投入使用情况的总体技术效率（Overall technical efficiency）。时间序列的 DEA 方法就是在技术进步率非递减的约束条件下，通过线性规划测算每一个企业在 t 期实际的技术进步指数（A_{jt}，$j=1, \cdots, N$）和给定生产技术条件下要素投入利用效率（θ_{jt}，$j=1, \cdots, N$）与最佳生产实践边界（$A_n=1$，$\theta=1$ 和 $V=0$）的相对距离，分别得到第 j 个企业在第 t 期的技术变化指数（TC_{jt}）和效率变化指数（EC_{jt}）。因此，在时间序列的 DEA 模型下，第 j 个企业第 t 期的全要素生产率（TFP_{jt}）可以表示为技术变化指数（TC_{jt}）和效率变化指数（EC_{jt}）的乘积：

$$\mathrm{TFP}_{jt} = \mathrm{TC}_{jt} \times \mathrm{EC}_{jt}, \ j=1, \cdots, N, \ t=1, \cdots, n \tag{8-3}$$

在具体指标选取上，本书根据现有文献的通常做法，采用工业中间投入(intermediate_good)、年末员工人数(labor)作为要素投入变量，以工业总产值(gross_value)作为产出变量来测算企业的全要素生产率(夏良科，2010；陆雪琴、文雁兵，2013)。考虑到企业工业总产值在填报过程中容易存在统计定义不清晰、计算口径不一致的问题，我们采用"工业总产值=主营业务收入+期末存货-期初存货"的会计准则进行数据清理，主营业务收入、期末存货和期初存货指标本次调查也进行了搜集。对于主营业务收入、期末存货存在缺失的部分企业样本，工业总产值则采用销售收入与期初存货的差额作为近似替代(李唐等，2016)。

2. 随机前沿模型(SFA)

随机前沿模型(SFA)是现有文献测算企业全要素生产率普遍应用的一种参数估计方法。与 DEA 方法相比，SFA 方法通过具体的生产函数模型设定，从而使得全要素生产率的测算过程更具经济学含义，并且通过组合误差中的随机扰动项保留了环境影响因素的作用，较之 DEA 方法更符合现实情况(张建波、张丽，2012)。同时，SFA 方法也具有测算结果与生产函数模型设定较为敏感的缺陷。在具体做法上，本书借鉴现有文献(Kumbhakar，2000；涂正革、肖耿，2005)，采用基于超越对数(trans-log)形式的时变生产函数(time-varying)作为前沿生产函数，将其作为衡量企业投入-产出效率变化的基准：

$$\ln Y_{jt}=\beta_0+\beta_1\ln K_{jt}+\beta_2\ln L_{jt}+\beta_3 t+\beta_4\frac{1}{2}(\ln K_{jt})^2+\beta_5\frac{1}{2}(\ln K_{jt})^2$$
$$+\frac{1}{2}\beta_6 t^2+\beta_7\ln K_{jt}\ln L_{jt}+\beta_8 t\ln K_{jt}+\beta_9 t\ln L_{jt}+(v_{it}-u_{it}) \tag{8-4}$$

其中，K_{jt} 和 L_{jt} 分别表示第 j 个企业在第 t 期的资本与劳动投入，$\varepsilon_{jt}=v_{jt}-u_{jt}$ 为组合误差项。我们假设 v_{jt} 和 u_{jt} 相互独立，v_{jt} 为第 j 个企业在第 t 期的随机误差项，服从正态分布（$v_{jt}\sim N(0,\ \sigma_v^2)$），$u_{jt}$ 为第 j 个企业在第 t 期的技术非效率项，$u_{jt}=u_j e^{-\eta(t-T)}$。假设 u_{jt} 服从非负断尾正态分布，即 $u_{jt}\sim N^+(u,\ \sigma_u^2)$。通过极大似然估计在式(8-4)条件下估算出 $\beta_0\sim\beta_9$ 的参数估计值并保存技术非效率项（u_{jt}）的估计值，企业全要素生产率可表示为前沿技术水平(FTP)与技术非效率变化的差值：

$$\text{TFP}_{jt}=\exp\Big[(\ln Y_{jt}-\hat\beta_0-\hat\beta_1\ln K_{jt}-\hat\beta_2\ln L_{jt}-\hat\beta_3 t-\hat\beta_4\frac{1}{2}(\ln K_{jt})^2-\hat\beta_5\frac{1}{2}(\ln L_{jt})^2$$
$$-\frac{1}{2}\hat\beta_6 t^2-\hat\beta_7\ln K_{jt}\ln L_{jt}-\hat\beta_8 t\ln K_{jt}-\hat\beta_9 t\ln L_{jt}-u_{jt}\Big] \tag{8-5}$$

在具体指标选取上，本书根据现有文献的通常做法，采用工业中间投入(intermediate_good)、年末员工人数(labor)作为要素投入数据，以工业增加值(added_value)作为产出变量来测算企业的全要素生产率。对于工业增加值数据的整理，本书参考刘小玄、李双杰(2008)的做法，对部分异常值(outliers)采用“工业增加值=工业总产值-工业中间投入+增值税”的会计准则进行数据清理。对于工业总产值存在缺失的部分企业样本，则进一步根据“工业增加值=产品销售额-期初存货+期末存货-工业中间投入+增值税”的会计准则进行数据整理。

3. Levinsohn-Petrin 一致半参数估计法(LP)

Levinsohn-Petrin 一致半参数估计法(简称 LP 方法)是对企业全要素生产率的 Olley-Pakes 方法(简称 OP 方法)的改进和拓展。该方法考虑到传统 C-D 生产函数即使在加入固定效应的情况下，也无法有效解决残差项中技术冲击和测量误差对于生产函数的影响，从而较好地解决了模型估计的联立性偏误和选择性偏差问题。同时，该方法放弃了 OP 方法要求代理变量(Proxy)即投资与总产出始终保持单调关系的过于严格的假设，从而使模型可较大程度地保留观测样本，使大量当年投资额为 0 的企业的全要素生产率得以进行测算。具体做法上，先构建一个 C-D 生产函数，并将随机误差项分为 $\bar\omega_{jt}$ 和 e_{jt} 两个部分：

$$\ln Y_{jt}=\alpha_0+\alpha_1\ln K_{jt}+\alpha_2\ln L_{jt}+\bar\omega_{jt}+e_{jt} \tag{8-6}$$

其中，$\bar\omega_{jt}$ 是传统 C-D 生产函数的随机误差项中可以被企业观测到并影响当期要素选择的部分，e_{jt} 则是符合经典 OLS 假设的真正的随机误差项。LP 方法将 t 期企业的资本存量（K_{jt}）视作内生变量，假设企业根据当前企业生产率状况（$\bar\omega_{jt}$）做出投资决策并进而影响企业的资本存量。因此，企业的最优投资策略可表达如下：

$$\ln I_{it} = i_t(\overline{\omega}_{jt}, \ln K_{jt}) \tag{8-7}$$

由于实际观测中大量企业投资数据难以被准确观测，因此采用工业中间投入(Intermedia_good)作为投资的替代变量，使C-D生产函数中未纳入观测的生产率冲击对于当期企业投入-产出效率的实际影响进行了良好的近似，从而有效解决了生产函数估计的联立性偏误问题。我们将式(8-7)的反函数 $\overline{\omega}_{jt} = h_t(\ln I_{jt}, \ln K_{jt})$ 代入式(8-6)：

$$\ln Y_{it} = \alpha_0 + \alpha_1 \ln K_{jt} + \alpha_2 \ln L_{jt} + h_t(\ln I_{jt}, \ln K_{jt}) + e_{jt} \tag{8-8}$$

根据Levinsohn和Petrin(2003)的研究，对式(8-8)进行非线性最小二乘估计，可得到企业全要素生产率的一致半参数估计值(consistent semi-parametric estimator)。在具体指标选取上，本书根据现有文献的通常做法，采用工业增加值(added_value)作为产出变量，以年末员工人数(labor)、固定资产净值(capital)作为要素投入变量，以工业中间投入(intermediate_good)作为生产率冲击的代理变量(proxy)，对企业全要素生产率进行了估算。

4. 主成分分析(PCA)

考虑到上述方法在测算企业全要素生产率指标方面各有优缺点，以及由于计量尺度的差异，单纯使用一种方法测度的企业全要素生产率也难以精确反映新常态下企业全要素生产率在不同行业、不同地区的变化情况。为便于统计分析，本书采用主成分分析(PCA)，对基于时间序列DEA、SFA和LP方法测算的企业全要素生产率指标进行线性加总。

通过对上述三种方法测算的企业全要素生产率指标进行主成分分析(PCA)，我们得到各主成分的特征根与方差贡献率。表8-1给出了总方差分解的统计结果。根据特征根大于1和累计方差贡献率大于85%的经验法则，我们提取第一个主成分(factor1)来进行主成分分析，其累计方差贡献度已达到85.45%，可见这一个主成分已经对大多数数据做出了充分的概括。由此，我们可以认为主成分的提取结果比较理想。表8-2进一步给出了主成分得分系数矩阵的计算结果。

表8-1 **总方差分解表**

因子	初始特征根			主因子特征根		
	特征根	方差贡献率(%)	累计方差贡献率(%)	特征根	方差贡献率(%)	累计方差贡献率(%)
1	1.87361	0.8545	0.8545	1.87361	0.8545	0.8545
2	0.63939	0.1131	0.9676			
3	0.48700	0.0324	1.0000			

注：根据stata14.0计算。

表 8-2　　主成分得分系数矩阵

变量	因子
TFP(DEA)	0.7832
TFP(SFA)	0.8309
TFP(LP)	0.7549

注：根据 stata14.0 计算。

根据表 8-2 我们可以写出因子得分函数，我们将其作为在主成分分析条件下基于 DEA、SFA 和 LP 方法线性加总得到的企业全要素生产率的代理变量：

$$TFP\_factor = 0.7832 * stdTFP\_DEA + 0.8309 * stdTFP\_SFA + 0.7549 * stdTFP\_LP \tag{8-9}$$

其中，std 代表经过标准化处理后的指标。

二、统计分析

运用 2015 年广东制造业-企业员工企业调查这一基于不同企业规模随机抽样、样本信息时效性最强的研究样本，我们可以对新常态下企业全要素生产率状况的时序、行业和地区变化进行统计分析。

1. 调查数据说明

本次调查选择我国经济总量最大、制造业规模最大、地区经济发展水平差距显著的广东省作为调查区域，① 从而保证调查对象具有较好的样本异质性与代表性。与现有企业-员工数据相比，本次调查采用了严格的随机分层抽样方式，即根据等距抽样原则，从广东省 21 个地级市中随机抽取 13 个地级市，并从 13 个地级市下辖的区(县)中，最终等距抽选出 19 个区(县)作为最终调查单元。为保证研究结论的稳健性，本调查对企业进行按就业人数加权的随机抽样。抽样的总体是广东省第三次经济普查的 30.09 万家制造业企业，发放企业问卷 874 份，员工问卷 5300 份，回收有效企业问卷 571 份，员工问卷 4988 份，共计 5559 份问卷。对于员工的抽样，是根据企业提供的全体员工名单，首先将中高层管理人员和一线员工分类，然

① 根据 2015 年各省统计公报计算，2014 年广东经济总量占全国 10.66%，进出口总额占全国 25.01%，制造业就业人数占全国的 16.4%，均处在所有省份的第一位。并且，通过将广东珠三角地区、粤西地区和粤东地区的经济发展水平与其他各省进行对比，我们发现广东省内的区域经济异质性十分显著。2014 年珠三角地区人均 GDP 为 10.03 万元，与上海(9.75)、江苏(8.20)和浙江(7.30)等经济发达省份相近；粤西地区人均 GDP 为 3.66 万元，与中部省份河南(3.71)、安徽(3.45)相似；粤东地区人均 GDP 为 2.93 万元，甚至低于西部云南(2.63)、贵州(2.73)等省份。

后分别在每一类中进行随机数抽样，中高层管理人员占 30%，一线员工占 70%。图 8-1～图 8-4 是本次调查企业的行业分布、规模分布、所有制类型分布、制造业产值的地区分布及其与《广东省统计年鉴》相关统计指标的比较，从中发现：本次企业调查的行业分布和地区分布与真实状况较为一致。

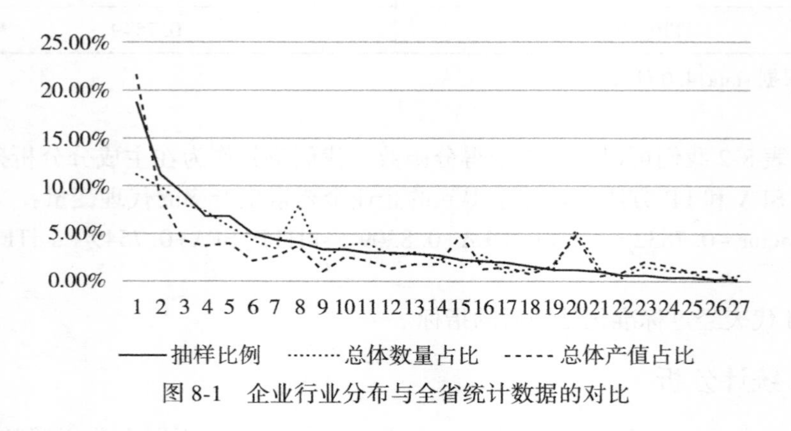

图 8-1　企业行业分布与全省统计数据的对比

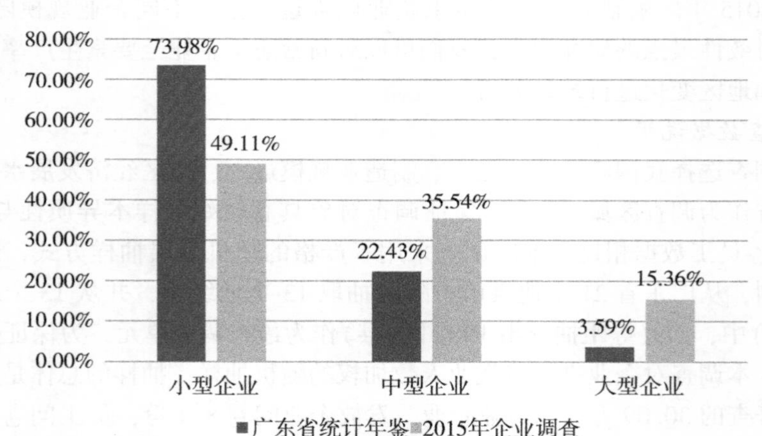

图 8-2　企业规模分布与全省统计数据的对比

2. 企业全要素生产率的行业分布

表 8-3 给出了 2013—2014 年本次调查受访企业全要素生产率在不同行业的分布情况，为获得稳健的估计结果，我们分别报告了基于时间序列 DEA、SFA 和 LP 方法的测算指标，并报告了基于主成分线性加总的因子分(factor scores)数值。我们对于 2013—2014 年的企业全要素生产率的因子分(TFP-factor)行业平均值按照降序进行了排列。结果发现，对于本次调查数据而言，2014 年企业全要素生产率最高的 5 个行业分别为铁路、船舶、航空航天和其他运输设备制造业(2.3903)，有

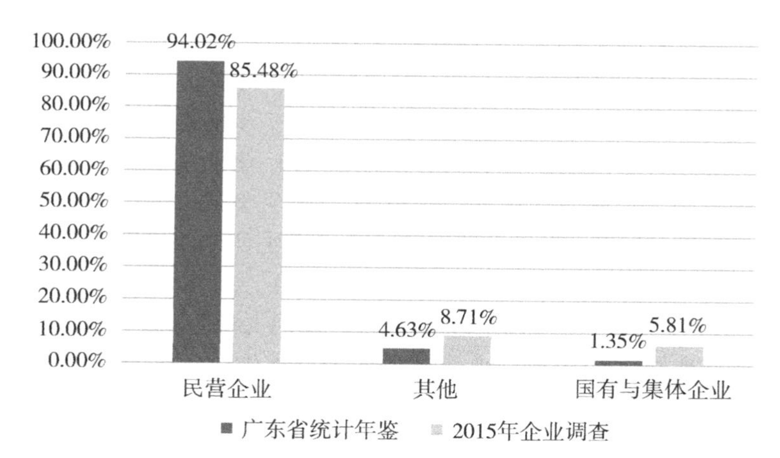

图 8-3　企业所有制类型分布与全省统计数据的对比

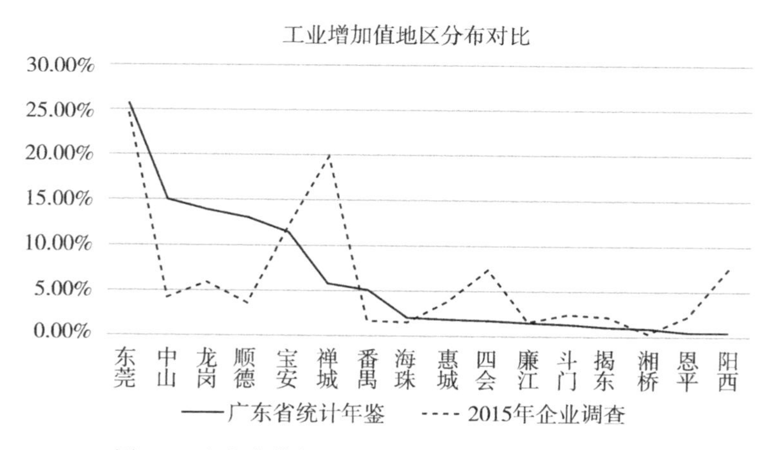

图 8-4　企业产值的地区分布与全省统计数据的对比

色金属冶炼和压延加工业(0.7521)，酒、饮料和精制茶制造业(0.7444)，汽车制造业(0.6579)与印刷和记录媒介复制业(0.6334)；2014 年企业全要素生产率最低的 5 个行业则分别为食品制造业(−0.9334)，造纸和纸制品业(−0.4193)，农副食品加工(−0.4086)，其他制造业(−0.4072)与皮革、毛皮、羽毛及其制造业和制鞋业(−0.2464)。企业全要素生产率较高的产业主要为技术密集型和内需主导型产业，而全要素生产率较低的产业则多为劳动密集型产业、出口导向型产业。上述统计结果表明，随着我国经济自 2013 年进入新常态以来，低劳动力成本优势已大幅下降，劳动密集型产业的投入-产出效率不高且受到国际市场需求震荡的较大冲击。我国经济亟待从依赖低成本劳动力进行简单加工的价值链低端环节向技术密集型的价值链高端环节升级。同时，由于国际市场需求低迷以及技术性贸易壁垒的存在，出口导向型产业受到了较大冲击；而随着我国居民收入的提升，国内需求尤其是居民的改善型需求得到了较大释放，内需主导型产业的投入-产出效率普遍较高。这表明，新常态下我国产业结构需要从外需导向型进一步向内需主导型转变。

表 8-4 则按降序依次报告了 2013—2014 年各行业全要素生产率的变动情况。结果发现，基于本次企业调查数据，2014 年企业全要素生产率平均增长 5.09%，这一数据测算结果与现有文献认为中国企业全要素生产率年均增速 3%~5%的经验判断相一致(闫坤、刘陈杰，2015；杨汝岱，2015)。并且，通过对本次调查所涉及的 27 个行业全要素生产率的变动进行统计，我们发现：印刷和记录媒介复制业、烟草制品业、文教娱乐用品业等 19 个行业的全要素生产率仍然处于增长状态，占全部抽样企业的 70.37%。这表明，在中国经济进入新常态的条件下，大部分微观企业仍具有较强的经济活力，中长期经济增速具有"筑底企稳"的可能。通过对全要素生产率增长和下降最快的行业类型进行分析，我们发现：对于印刷和记录媒介复制业、烟草制品业、文教娱乐用品业、木材加工业、其他制造业和服装制造等以国内需求为主、需求弹性不高的行业而言，其投入-产出效率的增长最为强劲；而对于非金属矿物制品、酒水饮料、汽车制造、造纸和黑色金属冶炼加工等产能过剩严重的行业而言，其全要素生产率则面临较大的下行风险。上述行业分布也与现实的经验判断基本一致。

3. 企业全要素生产率的地区分布

表 8-5 给出了 2013—2014 年本次调查受访企业全要素生产率在不同地区的分布情况，为获得稳健的估计结果，我们分别报告了基于时间序列 DEA、SFA 和 LP 方法的测算指标，并报告了基于主成分线性加总的因子分(factor scores)数值。我们对于 2013—2014 年的企业全要素生产率的因子分(TFP-factor)地区平均值按照降序进行了排列，并有如下三个发现：

第一，珠三角地区的全要素生产率水平普遍较高。根据表 8-5 的统计结果，2014 年全要素生产率因子分(TFP-factor)大于 0 的地区共有 10 个，除揭阳(0.5999)、阳江(0.3126)外，其余均为珠三角城市。这说明，对于本次广东省制造业企业调查而言，珠三角地区的投入-产出效率较之于经济欠发达的粤东、粤西地区更高，集群优势更加明显。这或许与珠三角地区改革开放以来"得风气之先"、制造业产业基础较为雄厚、产业配套较为完善等有较大关系。

第二，临近珠三角地区的"后发优势"较为显著。根据表 8-5 的统计结果，2014 年全要素因子分数值最高的地区分别为粤东的揭阳(0.5990)和粤西的阳江(0.3126)，而本次调查所涉及的其他粤东、粤西城市如潮州(-0.0246)、湛江(-0.3975)则分列 2014 年地区全要素生产率水平的倒数第三、倒数第一位。引入经济地理分析，我们发现：揭阳、阳江两个地区的行政区划均与珠三角城市圈紧密

表 8-3

企业全要素生产率的行业分布(2013—2014 年)

二位行业代码	行业名称	TFP-DEA（2013）	TFP-DEA（2014）	TFP-SFA（2013）	TFP-SFA（2014）	TFP-LP（2013）	TFP-LP（2014）	TFP-factor（2013）	TFP-factor（2014）
37	铁路、船舶、航空航天和其他运输设备制造业	0. 8650	0. 9340	0. 7494	0. 7577	0. 6954	0. 9223	1. 8883	2. 3903
32	有色金属冶炼和压延加工业	0. 6622	0. 6988	0. 6713	0. 6643	0. 2855	0. 3606	0. 5858	0. 7521
15	酒、饮料和精制茶制造业	0. 5080	0. 4840	0. 7570	0. 7431	0. 5847	0. 5375	0. 9125	0. 7444
36	汽车制造业	0. 6404	0. 6535	0. 6529	0. 6563	0. 4752	0. 3903	0. 8166	0. 6579
23	印刷和记录媒介复制业	0. 4118	0. 4793	0. 6255	0. 6411	0. 3155	0. 7133	-0. 1330	0. 6334
16	烟草制品业	0. 3360	0. 4545	0. 6625	0. 7257	0. 3555	0. 5297	-0. 1254	0. 6055
26	化学原料和化学制品制造业	0. 6113	0. 6125	0. 6863	0. 6645	0. 3635	0. 3766	0. 3347	0. 3893
31	黑色金属冶炼和压延加工业	0. 6290	0. 5440	0. 6596	0. 6416	0. 6245	0. 3878	0. 7142	0. 3447
18	纺织服装、服饰业	0. 4152	0. 4464	0. 5690	0. 6258	0. 3404	0. 4436	-0. 1422	0. 3395
20	木材加工和木、竹、藤、棕、草制品业	0. 4423	0. 4913	0. 6908	0. 7126	0. 2053	0. 2999	0. 0171	0. 3357
30	非金属矿物制品业	0. 4775	0. 4782	0. 6524	0. 6375	0. 3898	0. 3645	0. 2487	0. 1675
17	纺织业	0. 4695	0. 4708	0. 6219	0. 6378	0. 2583	0. 2844	0. 0436	0. 1551
27	医药制造业	0. 6453	0. 6667	0. 5753	0. 5369	0. 2568	0. 2555	0. 1864	0. 1077
33	金属制品业	0. 4470	0. 4511	0. 6372	0. 6206	0. 3148	0. 3567	-0. 0197	0. 0093
38	电气机械和器材制造业	0. 4652	0. 4857	0. 6219	0. 6239	0. 2612	0. 2816	-0. 0699	-0. 0024
34	通用设备制造业	0. 4587	0. 4816	0. 6150	0. 6249	0. 2671	0. 2736	-0. 1084	-0. 0107

续表

二位行业代码	行业名称	TFP-DEA (2013)	TFP-DEA (2014)	TFP-SFA (2013)	TFP-SFA (2014)	TFP-LP (2013)	TFP-LP (2014)	TFP-factor (2013)	TFP-factor (2014)
39	计算机、通信和其他电子设备制造业	0.4429	0.4572	0.6043	0.6145	0.2955	0.3245	−0.1505	−0.0223
35	专用设备制造业	0.4910	0.4898	0.6016	0.6036	0.3395	0.3167	−0.0410	−0.0508
21	家具制造业	0.4392	0.5132	0.6171	0.5694	0.2364	0.2520	−0.1248	−0.0519
40	仪器仪表制造业	0.4587	0.4852	0.6107	0.6255	0.2359	0.2386	−0.1689	−0.0526
29	橡胶和塑料制品业	0.3817	0.4044	0.6338	0.6379	0.2877	0.2709	−0.1068	−0.0684
24	文教、工美、体育和娱乐用品制造业	0.3401	0.3711	0.6328	0.5951	0.2591	0.4394	−0.3327	−0.1620
19	皮革、毛皮、羽毛及其制品和制鞋业	0.3549	0.3571	0.6322	0.6551	0.2309	0.2752	−0.3662	−0.2464
41	其他制造业	0.2130	0.2520	0.5684	0.6138	0.1127	0.1373	−0.9077	−0.4072
13	农副食品加工业	0.5247	0.5248	0.4873	0.4889	0.0965	0.1064	−0.4009	−0.4086
22	造纸和纸制品业	0.4743	0.4486	0.5765	0.5039	0.2893	0.1893	0.1750	−0.4193
14	食品制造业	0.3490	0.3560	0.5175	0.5096	0.1111	0.1018	−0.9112	−0.9334
	合计	0.4798	0.4997	0.6270	0.6271	0.3144	0.3493	0.0672	0.1776

注：根据 stata14.0 计算并整理。行业分类按照国民经济行业分类代码 GB/4754—2011 中的两位数代码，全部数据按 2014 年企业全要素生产率的行业平均因子分(TFP-factor)降序排列。

表 8-4　**企业全要素生产率的行业变化情况**

序号	二位行业代码	行业名称	TFP 增速（%）	序号	二维行业代码	行业名称	TFP 增速（%）
1	23	印刷和记录媒介复制业	48. 32%	15	13	农副食品加工业	3. 52%
2	16	烟草制品业	31. 28%	16	40	仪器仪表制造业	3. 12%
3	24	文教、工美、体育和娱乐用品制造业	24. 24%	17	34	通用设备制造业	3. 00%
4	20	木材加工和木、竹、藤、棕、草制品业	20. 11%	18	29	橡胶和塑料制品业	0. 26%
5	41	其他制造业	16. 03%	19	26	化学原料和化学制品制造业	0. 20%
6	18	纺织服装、服饰业	15. 93%	20	27	医药制造业	-1. 29%
7	37	铁路、船舶、航空航天和其他运输设备制造业	13. 91%	21	35	专用设备制造业	-2. 21%
8	32	有色金属冶炼和压延加工业	10. 26%	22	14	食品制造业	-2. 61%
9	19	皮革、毛皮、羽毛及其制品和制鞋业	7. 82%	23	30	非金属矿物制品业	-2. 88%
10	21	家具制造业	5. 23%	24	15	酒、饮料和精制茶制造业	-4. 88%
11	39	计算机、通信和其他电子设备制造业	4. 92%	25	36	汽车制造业	-5. 10%
12	17	纺织业	4. 32%	26	22	造纸和纸制品业	-17. 51%
13	38	电气机械和器材制造业	4. 19%	27	31	黑色金属冶炼和压延加工业	-18. 05%
14	33	金属制品业	3. 88%	28		合计	5. 09%

注：根据 stata14. 0 计算并整理。行业分类按照国民经济行业分类代码 GB/4754—2011 中的两位数代码，全部数据按 2013—2014 年企业全要素生产率的行业平均增速降序排列。

表 8-5　**企业全要素生产率的地区分布(2013—2014 年)**

地区名称	所属地区	TFP-DEA (2013)	TFP-DEA (2014)	TFP-SFA (2013)	TFP-SFA (2014)	TFP-LP (2013)	TFP-LP (2014)	TFP-factor (2013)	TFP-factor (2014)
揭阳	粤东	0. 5341	0. 5261	0. 5937	0. 6070	0. 4853	0. 5422	0. 4539	0. 5990
阳江	粤西	0. 4057	0. 4248	0. 6410	0. 6589	0. 4335	0. 5422	0. 0204	0. 3126
中山	珠三角	0. 4926	0. 5136	0. 6118	0. 6395	0. 2922	0. 2965	0. 1575	0. 2647
佛山	珠三角	0. 5180	0. 5379	0. 6025	0. 6201	0. 3065	0. 3600	0. 0170	0. 2398
深圳	珠三角	0. 4180	0. 4713	0. 6139	0. 6190	0. 3073	0. 4775	-0. 1643	0. 2261
江门	珠三角	0. 4713	0. 4873	0. 6034	0. 6348	0. 2436	0. 3022	-0. 0416	0. 1982
惠州	珠三角	0. 5447	0. 5644	0. 6157	0. 6289	0. 2374	0. 2625	0. 0545	0. 1798
肇庆	珠三角	0. 5429	0. 5602	0. 6508	0. 5992	0. 3319	0. 3264	0. 3149	0. 1747
珠海	珠三角	0. 5480	0. 5297	0. 6239	0. 6155	0. 3626	0. 2934	0. 2607	0. 0950
广州	珠三角	0. 4148	0. 4286	0. 6125	0. 6282	0. 3205	0. 3881	-0. 1382	0. 0499
潮州	粤东	0. 4839	0. 4721	0. 6361	0. 6202	0. 2894	0. 2810	-0. 0170	-0. 0246
东莞	珠三角	0. 3780	0. 3889	0. 6150	0. 6133	0. 2651	0. 2597	-0. 2495	-0. 2453
湛江	粤西	0. 4028	0. 4091	0. 6178	0. 6112	0. 1812	0. 1793	-0. 3638	-0. 3975
合计		0. 4734	0. 4857	0. 6183	0. 6228	0. 3120	0. 3470	0. 0234	0. 1286

注：根据 stata14. 0 计算并整理。其中广州包含海珠区、番禺区 2 个调查单元，深圳包含宝安区、龙岗区 2 个调查单元，佛山包含禅城区、顺德区 2 个调查单元，东莞包含长安、东城等 4 个调查单元，其余城市均为 1 个县(区)调查单元。全部数据按 2013—2014 年企业全要素生产率的地区平均因子分(TFP-factor)降序排列。

相连,① 而潮州、湛江则离珠三角城市圈较远。这说明，在靠近珠三角的欠发达地区，其能较好地发挥劳动力成本较低的优势，从而承接珠三角地区的产业转移，技术扩散和外溢效应明显。而对远离经济核心区的欠发达地区，其“后发优势”并不显著。

第三，传统制造业优势地区面临一定程度的“转型升级”压力。本次调查数据表明，对于以东莞为代表的传统制造业优势地区，面临较为迫切的“转型升级”要求。表8-5的统计结果表明，2014年东莞企业全要素生产率的因子分数值仅为-0.2453，在全部13个接受调查的地级市中名列倒数第二，也远低于广东省0.1286的整体得分值。这说明，随着经济进入新常态，原有的劳动力成本优势已渐趋衰减，在以东莞为代表的劳动密集型制造业较为发达的地区，企业正面临较大的外迁、停产和转型压力，因此造成经济整体投入-产出效率的下降。

最后，表8-6给出了2013—2014年各地区企业全要素生产率的变动情况。表8-6的描述性统计结果与表8-5较为近似，同样支持前文对于珠三角地区拥有较高的全要素生产率水平、临近珠三角地区具有较强的“后发优势”和东莞等传统制造业优势地区“转型升级”压力较大的经验判断。

表8-6　　**企业全要素生产率的地区变化情况**

序号	地区名称	所属地区	TFP 增速（%）	序号	地区名称	所属地区	TFP 增速（%）
1	深圳	珠三角	22.98%	8	中山	珠三角	3.42%
2	江门	珠三角	10.88%	9	东莞	珠三角	0.18%
3	阳江	粤西	10.85%	10	湛江	粤西	-0.19%
4	广州	珠三角	9.00%	11	肇庆	珠三角	-2.13%
5	佛山	珠三角	8.07%	12	潮州	粤东	-2.63%
6	惠州	珠三角	5.46%	13	珠海	珠三角	-7.92%
7	揭阳	粤东	4.16%		合计		4.84%

注：根据stata14.0计算并整理。全部数据按2013—2014年企业全要素生产率的地区平均增速降序排列。

① 揭阳、阳江分别与珠三角城市圈的惠州、江门相距较近，而潮州、湛江则分属广东省的东、西两端，分别与福建、广西两省相近。

三、结论

运用2015年广东制造业企业-员工匹配调查数据，本节以广东省为案例对2013年经济进入新常态以来企业全要素生产率的变化状况进行了较为全面的指标测算。基于时间序列DEA、随机前沿模型（SFA）和Levinsohn-Petrin一致半参数估计法（LP）等不同估计方法的综合运用，本书对调查样本企业全要素生产率的行业分布、地区分布进行了较为详细的统计分析。

行业分布的统计结果表明，新常态下技术密集型、内需主导型行业的企业全要素生产率水平要明显高于劳动密集型、出口主导型行业，我国产业结构需要朝技术密集型、内需导向型产业的方向进一步优化调整。同时，对于内需主导型、需求弹性不大的产业，企业全要素生产率的增长速度更快，而对于产能过剩严重的产业，企业全要素生产率的下行压力较大。因此，“十四五”期间我国应加快淘汰落后产能，切实提高要素投入的资源配置效率。地区分布的统计结果表明，新常态下经济发达地区企业的产业集群优势较为明显，全要素生产率水平普遍较高，应通过改革进一步释放微观主体的创新活力。同时，部分以劳动密集型产业为主导的传统制造业地区也面临较大的转型升级压力。为对冲经济下行风险，应大力开展供给侧改革，鼓励一部分技术落后、创新意识不强企业退出市场，并积极引导部分优质企业向紧邻经济核心区的欠发达地区转移，通过技术外溢、技术扩散促进地区经济协调发展，使经济增长稳定在合理区间。

第二节　企业人力资本质量提升全要素生产率

近年来，中国经济正处于“结构性减速”的关键发展期。随着劳动力供给“刘易斯转折点”的到来（蔡昉，2013），中国经济的“人口红利”渐趋消失，改革开放前依靠低成本劳动力无限供给的比较优势已难以为继，提高人力资本质量、改善劳动力要素投入结构已成为“十三五”期间中国经济实现均衡、稳健、有质量的中高速增长的内在要求（胡鞍钢等，2013；程虹，2014）。

从理论和实证角度，国外文献对于人力资本质量与经济增长的关系展开了深入探讨。新增长理论支持者普遍认为，劳动力生产要素具有显著的个体差异。随着劳动力在健康、教育和技能水平等方面的质量提升，更高水平的人力资本有利于提高知识生产效率、增强创新能力、优化劳动力与物质资本的匹配性，从而避免宏观经济由于单纯依靠生产要素的投入扩张而引致的规模报酬递减效应，使长期经济增长获得内生动力（Romer，1990；Lucas，1988；Aghion and Howitt，1992；Basu and Weil，1998；Acemoglu，2002）。基于人力资本的研究视角，许多文献运用跨国宏观经济面板数据分别从健康状况(Shastry and Weil, 2002)、教育水平(Barro and Lee, 2001; Hall and Jones, 1999; Cohen and Soto, 2007)、劳动技能(Krusell 等, 2000; Cunha 等, 2010)等角度实证分析了人力资本质量差异对于人均 GDP、人均工资水平、全要素生产率等经济绩效指标的影响。近年来,考虑到健康、教育和技能等人力资本分项指标在实际经济活动中的交互作用和匹配效应,现有文献从人力资本角度进一步引申出人力资本质量(Human Cpital Quality)的理论定义和测算方法(Jones, 2008; Musa Ahmed 等, 2013; Coulombe 等, 2014; Li 等, 2015)①,基于投入要素质量(Input Quality)的视角,对人力资本质量从劳动力的体能状况、教育程度和技能水平进行综合性的指标构建。在此基础上,部分文献运用丹麦、挪威等国的企业-员工匹配数据(MEE data),对人力资本质量和企业全要素生产率(TFP)的微观实证关系进行了细致研究(Fox and Smeets, 2011; Irarrazabal 等, 2010; Bagger 等, 2014),结果发现:人力资本质量对企业的全要素生产率具有显著影响。考虑到企业异质性因素,这种影响具有较大的差异。对于出口企业和高科技企业,人力资本质量对企业的全要素生产率影响程度更大;而外资与内资企业之间并不存在明显差异。

然而,作为快速发展的、全球经济总量第二的发展中经济体,中国与丹麦、挪威等北欧小型发达经济体而言存在较大差别。中国经济正处于从技术模仿阶段、投资驱动阶段向全要素生产率驱动阶段转型的关键期;对于现阶段中国企业而言,其人力资本质量、企业全要素生产率也与技术模仿阶段、投资驱动阶段的历史状况存在一定差异。中国企业当前的人力资本质量与全要素生产率的真实状况究竟如何?考虑中国较强的 FDI 技术扩散效应(徐舒等, 2011)、加工贸易出口企业占比较大(戴觅等, 2014)、高科技企业研发创新效率不高(李向东等, 2011)等特征性事实,中国不同类型企业的人力资本质量对于全要素生产率的影响具有怎样的差别?其与现有文献关于小型发达经济体的研究结论有什么差异?对上述问题的研究,不仅可以加深现有文献对于大型发展中经济体的企业异质性、人力资本质量与全要素生产率的微观实证关系的理论认知,对于中国经济如何通过提高人力资本质量、改善劳动要素投入结构来加快实现经济的转型升级而言,更具有较强的政策意义。

但是,由于数据限制,国内现有文献对于上述问题的实证研究与国外同类研究相比尚存在一定差距。首先,样本信息时效性不强,制约了现有文献对于当前中国不同类型企业人力资本质量异质性状况的真实判断。现有文献对于不同类型企业人力资本质量异质性的研究多运用 2005 年"家庭动态与财富代际流动抽样调查"

---

① 此外,部分文献也将其称为劳动质量或劳动力质量(Bolli and Zurlinden, 2008: 1-35; Cubas 等, 2015: 15-51)。

(PDFD)(张车伟、薛欣欣等，2008)、2006年“民营企业竞争力调查”(吴延兵、刘霞辉，2009)、2007年中国居民家庭收入调查(CHIP)和2007年中国工业企业数据库(陈维涛等，2014a；陈维涛等，2014b)等调查数据，然而上述研究样本距今多已存在8~10年的时间滞后。由于经济变量的“渐近独立性”(Asymptomatic Independence)特征，[①] 基于多年前调查样本的研究结论已难以追踪不同类型企业人力资本质量的最新变化。其次，样本指标多元性不足，致使现有文献难以完整反映不同类型企业劳动力体能状况、教育程度和技能水平的实际状况。现有调查数据大多仅包括劳动力教育程度、学历水平等少数指标，较少涉及平均工作时长、教育年限、工龄等全面反映人力资本质量状况的指标问项。因此，现有文献主要选择教育程度作为企业人力资本质量的代理变量(王秋实，2013；罗楚亮、李实，2007；刘青等，2013；何亦名，2014)，上述指标仅涵盖企业员工在教育形式的人力资本上的差异情况，而无法全面反映我国企业劳动力在体能状况、教育程度和技能水平等方面的人力资本质量状况。最后，由于企业-员工匹配样本的缺乏，现有文献就人力资本质量对于企业全要素生产率的影响系数难以从企业层面进行直接的实证检验，多采用行业面板数据回归、省级面板数据回归等方式进行间接的经验判断(袁开洪，2006；张涛、张若雪，2009；夏良科，2010；罗勇等，2013)，对现有研究结论的精度造成了一定影响。

为解决上述问题，本节依然采用2015年广东制造业企业-员工匹配调查的数据。该调查全面搜集了所调查企业和员工在2013—2014两年度有关人力资本质量、企业经营等方面的最近状况，为学术界提供了有关大型发展中经济体企业-员工匹配调查的首个研究样本。在此基础上，本节借鉴现有文献(Jones，2008；Bagger等，2014)关于人力资本质量的理论定义和测算方法，[②] 对于企业人力资本质量从体能状况(劳动强度)、文化知识水平(教育程度)和技术经验(技术熟练程度)三个角度进行了全面的测算。在此基础上，本书基于分组回归方式，进一步采用OLS回归、工具变量法(IV)等计量模型，实证分析了不同类型企业人力资本质量对于全要素生产率的影响。通过对合理的工具变量的搜寻，较好地解决了企业人力资本质量与全要素生产率两者之间的内生性问题，从而能够对不同企业类型下二者的关系做出更准确的因果性推断。

---

① 渐近独立性，即指经济变量的历史信息与现实状况的相关性将随着时间跨度的延长而趋近于0(程虹等，2016：1-12)。因此，研究结论的现实政策价值将在较大程度上取决于样本信息的时效性。

② 部分国内文献采用上述方法对省级人力资本质量的时间序列情况进行了较为详细的统计分析(王立军等，2015：55-68)。然而，基于微观企业层面的实证研究则不多见。

本节安排如下：第一部分为模型构建，对人力资本质量、全要素生产率的指标选择和测算方法进行了阐述，并构建了实证分析二者关系的计量模型，讨论了内生性与工具变量的选择问题。第二部分是数据说明，首先对本次调查的设计、实施、数据回收过程及样本分布代表性问题进行简要介绍；在此基础上，对外资与内资、出口与非出口、[1] 高科技与非高科技等不同类型企业的人力资本质量、全要素生产率方面的异质性状况进行描述性统计。第三部分是实证检验，分别采用 OLS 回归和工具变量法(IV)，对不同类型企业人力资本质量与企业全要素生产率的因果效应进行了基于分组回归的实证检验。第四部分是结论。

一、模型构建

本书旨在测算不同类型企业人力资本质量、全要素生产率的差异状况，并在此基础上分组检验人力资本质量对于企业全要素生产率的实证关系。因此，模型构建分别从人力资本质量、全要素生产率(TFP)的测算方法以及计量模型三部分进行论述。

1. 人力资本质量的测算方法

参照现有文献(Jones，2008；Bagger 等，2014)的模型设定方式，采用企业员工平均受教育年限表示的文化知识水平、企业员工平均从业年限表示的技术熟练程度、平均周工作时长表示的劳动强度三个维度，测算企业的人力资本质量。该测算方法的优点在于能够综合衡量劳动者体能(劳动强度)、文化知识水平(受教育程度)和技术经验(技术熟练程度)对劳动者工作及创新能力的影响。

将人力资本质量(Q)变量引入扩展后的 C-D 生产函数：

$$Y = A(QN)^{\alpha}K^{\beta},\ \alpha + \beta = 1 \tag{8-10}$$

其中，Y、A、N 和 K 分别表示产出、生产技术、员工人数和资本存量，α、β 分别为劳动投入和资本产出弹性。根据现有文献的思路，我们在实际测算过程中分别采用各企业的工业总产值、企业员工人数和中间投入作为 Y、N 和 K 的代理变量。人力资本质量 Q 的设定形式如下：

$$Q = Se^{\lambda_1 M + \lambda_2 H} \tag{8-11}$$

其中，S 表示劳动强度(企业员工相对于每周 40 小时的工作时长)；M 表示工龄代表的劳动熟练程度(企业员工的平均工作年限)、H 表示教育形式的一般人力资本水平(企业员工的平均受教育年限)。上述变量均根据本次调查各受访企业随机抽取的员工样本取算术平均值。λ_1 和 λ_2 分别为劳动熟练程度、人力资本水平系

---

① 考虑到现有文献认为加工贸易出口企业与一般贸易出口企业在要素投入、全要素生产率等方面存在较大的差异(李春顶，2010：64-81)，本书对于出口与非出口企业的分组检验，均考虑出口、加工贸易出口和非出口三种企业类型。

数。将式(8-11)代入式(8-10)并对等号两边取自然对数值，最终可获得下式：

$$\ln\left(\frac{Y}{SN}\right) = \ln A + \beta\ln\left(\frac{Y}{SN}\right) + \alpha\lambda_1 M + \alpha\lambda_2 H,\ \alpha + \beta = 1 \tag{8-12}$$

通过对式(8-12)进行回归检验，可求出 λ_1 和 λ_2 参数估计值，并将两者代入式(8-11)完成人力资本质量(Q)的数值测算。

2. 全要素生产率(TFP)的测算方法

全要素生产率(TFP)是剔除资本和劳动等投入要素对决策单元产出增长贡献后的残余，它不仅包含了技术进步对产出增长的贡献，也包含了许多没有体现在生产函数中但对产出增长有实质性贡献的因素，如企业规模的优化、管理效率的改善等(鲁晓东、连玉君，2012)。对于企业全要素生产率的估算，现有文献主要采用参数估计的索罗余值法、固定效应法以及半参数估计的 OP 方法、LP 方法和非参数估计的数据包络方法(DEA)等。考虑到本次调查的企业数据基本为 2013—2014 两个年度的短面板信息，采用参数估计方法难以规避遗漏变量、样本选择性偏差等关键技术性问题，采用半参数估计方法则由于样本历史信息的缺乏，会产生难以获得一致性估计、损失期初调查样本等问题。本书借鉴陆雪琴、文雁兵(2013)的研究思路，采用修正的时间序列 DEA 方法中 Malmquist 指数方法计算的全要素生产率(TFP)指数作为企业全要素生产率的代理变量，并选取工业总产值(gross_value)、中间投入(intermediate_good)和年末员工人数(labor)来计算样本企业 2013—2014 年度的 TFP 指标。

考虑到企业工业总产值在填报过程中容易存在统计定义不清晰、计算口径不一致的质量问题，本书采用“工业总产值=主营业务收入+期末存货-期初存货”的会计准则进行数据清理，主营业务收入、期末存货和期初存货指标本次调查也进行了搜集。对于主营业务收入、期末存货存在缺失的部分企业样本，工业总产值则采用销售收入与期初存货的差额作为近似替代。

3. 计量模型

基于此次调查数据的短面板性质，本书对人力资本质量(Q)对于全要素生产率(TFP)实证关系的检验采用加入行业、地区和时间固定效应的 OLS 模型进行测算。采用分组回归方式，我们对外资与内资、出口与非出口、高科技与非高科技等不同企业类型的人力资本质量(Q)对于全要素生产率(TFP)及其分解指标的影响系数进行比较，研究上述影响是否在微观实证关系中呈现出较强的企业异质性。

基本计量模型设定如下：

$$\begin{aligned}\ln y_{ijdt} = {} & \alpha_0 + \alpha_1 \ln Q_{ijdt} + \alpha_2 \ln \text{r\_d}_{ijdt} + \alpha_3 \ln \text{labor}_{ijdt} + \alpha_4 \ln \text{stake\_stake}_{ijdt} \\ & + \alpha_5 \ln \text{foreign\_stake}_{ijdt} + X'_{it}\alpha_6 + X'_{dt}\alpha_7 + D_j + D_d + D_i + \varepsilon_{ijdt}\end{aligned} \tag{8-13}$$

式(8-13)根据稳态条件下长期经济增长模型的一般设定要求，计量模型中的各种变量除虚拟变量外均取自然对数值。其中，被解释变量 y_{ijdt} 为企业全要素生产率

(TFP)及其分解指标如技术变化指数(TC)、效率变化指数(EC)，核心解释变量Q_{ijdt}为人力资本质量。r_d_{ijdt}为企业R&D强度，根据企业研发支出除以企业年销售收入总额进行计算。$labor_{ijdt}$、$state_stake_{ijdt}$和$foreign_stake_{ijdt}$分别为企业年末职工人数、国有和集体股权占比、外资股权占比，前者控制企业规模，后两个变量则控制了企业的市场化程度。X'_{it}为一系列企业所有性质的控制变量，分别包括是否国有企业(state_owned)、是否外资企业(foreign_owned)、是否出口企业(export_dummy)、是否加工贸易企业(improv_export)、是否为高科技企业(hightech_dummy)，上述变量均为0-1二维虚拟变量。考虑到多重共线性(multi-collinearity)，对于不同企业分组的回归而言，X'_{it}的具体控制变量组合稍有差异。参照现有经济增长文献的通常做法，X'_{dt}涵盖了一系列地区控制变量，包括政府支出规模(government_gdp)、市场化程度(market)、城市化水平(urban)、经济开放度(trade_gdp)、教育经费占政府支出比重(eduex)和社会保障开支占政府支出比重(socialex)等(干春晖、郑若谷、余典范，2011；钞小静、沈坤荣，2014)。上述地区控制变量均整理自《广东省统计年鉴》及各地级市的统计年鉴或统计公报。表8-7给出了上述地区控制变量的具体计算方法。D_j、D_d和D_t分别为行业、地区与时期的固定效应，其中D_j基于一维制造业行业代码(GB/4754—2011)对行业固定效应进行控制，D_d控制了本次调查涉及的全部19个县级调查单元的地区固定效应。

表8-7　**地区控制变量定义及说明**

变量符号	变量名称	变量说明
government_gdp	政府支出规模	政府支出占GDP比重
market	市场化程度	地区国有经济固定资产投资额占地区经济固定资产投资额比重
urban	城市化水平	第一产业增加值占GDP比重
trade_gdp	经济开放度	进出口总额占GDP比重
eduex	教育支出	教育支出占公共财政预算支出比重
socialex	社会保障支出	社会保障开支占政府支出比重

现有文献指出，人力资本质量与企业全要素生产率存在较强的内生性问题(Irarrazabal等，2010；Bagger等，2014)，即有可能出现人力资本质量与企业全要素生产率相互影响、相互作用的联立性偏误问题。① 如果仅采用OLS回归，则很难

① 第三部分实证检验部分，本书将对式(9-14)全部解释变量进行Hausman检验，即考察全部解释变量是否均满足“所有解释变量均为外生”的原假设。

完整有效地将人力资本质量对于企业全要素生产率的因果效应测度出来。为此，本书在OLS回归的基础上，进一步采用工具变量法(IV)的估计策略。根据现有文献(Blackburn and Neumark，1992)的做法，我们采用衡量企业员工父辈人力资本状况的相关指标作为人力资本质量的工具变量。根据本次调查的数据可获性，选择企业受访员工父亲受教育年限的平均值(Dad)、母亲受教育年限的平均值(Mom)作为工具变量。第一阶段回归，运用上述两个工具变量的自然对数值(lnDad、lnMom)作为解释变量对lnQ进行回归，获得lnQ的估计值并将其代入第二阶段回归方程式(8-14)对被解释变量lny进行实证检验。在稳健性回归条件下，如果工具变量(lnDad、lnMom)满足弱工具变量检验的经验法则(the rule of thumb)和过度识别检验Hansen J统计量的原假设要求，同时第二阶段回归结果中lnQ对于被解释变量lny存在统计显著性的实证影响，我们则可推断：工具变量符合相关性和外生性的理论假定，同时人力资本质量(lnQ)对于全要素生产率具有因果效应(安格里斯特等，2012)。

此外，由于本次调查对于员工父亲和母亲的受教育年限并无直接统计，仅调查了两者的受教育程度，包括小学 H_{1t} 、初中 H_{2t} 、高中(包括中专) H_{3t} 、大专 H_{4t}、大学 H_{5t} 、硕士 H_{6t} 和博士 H_{7t} 7类。根据我国现有学制年限，并参照Wang和Yao(2003)以及陈钊等(2004)的做法，我们将父母(Parent)的受教育年限定义为：

$$\text{Parent}_{imht}=(6H_{1t},\ 9H_{2t},\ 12H_{3t},\ 15H_{4t},\ 16H_{5t},\ 19H_{6t},\ 22H_{7t})\times D_{imh} \quad (8\text{-}14)$$

其中，D_{imh} 为一个7×1维的向量。对于第 i 个受访企业第 m 个接受调查的员工而言，如果其父亲(或母亲)的受教育程度为第 h 类 ($h=1,\ 2,\ \cdots,\ 7$)，则 D_{imh} 在第 h 行记为1，其余行记为0。

二、数据说明

1. 数据来源

为对不同类型企业人力资本质量(Q)对于全要素生产率(TFP)及其分解指标的差异性影响进行实证研究，武汉大学联合香港科技大学、清华大学和中国社科院等专业机构，开展了以学术研究为主要目标的大规模一手企业数据调查。本次调查中，问卷调查由200余名调查员(含辅助人员)通过“直接入户、现场填报”的方式完成，企业问卷覆盖企业基本情况、销售、生产、技术创新与企业转型、质量竞争力、人力资源状况6大维度的175项指标；与之匹配的劳动力调查问卷则囊括个人基本信息、当前工作状况、保险与福利、工作历史和个人性格特征5大维度的262个问项，有效搜集受访企业在2013—2014年度的相关指标。调查指标的及时性和全面性，有效弥补了现有企业-员工数据在样本信息时效性和指标多元性上的缺陷。

本次调查选择我国经济总量最大、制造业规模最大、地区经济发展水平差距显著的广东省作为调查区域，[①] 从而保证调查对象具有较好的样本异质性与代表性。与现有企业-员工数据相比，本次调查采用了严格的随机分层抽样方式，即根据等距抽样原则，从广东省21个地级市中随机抽取13个地级市，并从13个地级市下辖的区(县)中，最终等距抽选出19个区(县)作为最终调查单元。为保证研究结论的稳健性，本调查对企业进行按就业人数加权的随机抽样。抽样的总体是广东省第三次经济普查的30.09万家制造业企业，发放企业问卷874份，员工问卷5300份，回收有效企业问卷571份，员工问卷4988份，共计5559份问卷。对于员工的抽样，是根据企业提供的全体员工名单，首先将中高层管理人员和一线员工分类，然后分别在每一类中进行随机数抽样，中高层管理人员占30%，一线员工占70%。基于严格的随机分层抽样方式，本次调查企业和员工的概率分布特征与企业和劳动力总体的真实分布较为一致。

根据研究需要，我们剔除了企业工业总产值、主营业务收入、销售收入、存货市值、中间投入、员工人数、研发支出和企业股权、注册类型等指标存在缺失值的部分企业样本，并对全部财务数据根据会计准则进行清理。对于员工问卷，则相应剔除工作时长、工龄和教育年限存在缺失值或有逻辑错误的部分样本。最后，本书构建了包含467家企业、完整覆盖2013—2014年度企业全要素生产率及其分解指标、人力资本质量状况的短面板数据，共计934份有效样本。本书遵循Nunnally(1978)的数据有效性和可靠性检验方法对全部调查数据进行了信度和效度检验，上述数据总体的Cronbach系数为0.875，表明本次调查数据具有良好的内部一致性(吴明隆，2010)。

2. 描述性统计

表8-8给出了不同类型企业全要素生产率(TFP)及其分解指标如技术变化指数(TC)、效率变化指数(EC)的描述性统计结果。结果发现，不同企业类型的全要素生产率(TFP)、技术变化指数(TC)、效率变化指数(EC)存在一定的异质性。其中，外资企业的全要素生产率(TFP)、技术变化指数(TC)、效率变化指数(EC)分别比内资企业高出0.7%、5.5%和20.3%，表明外资企业的经营绩效要普遍高于内资企业，并且效率变化指数(EC)的差距要大于技术变化指数(TC)，这说明：外资企业在既有技术条件下通过管理流程优化、资源配置效率提高所获得的生产效率提

---

① 根据2015年各省统计公报计算，2014年广东经济总量占全国10.66%，进出口总额占全国25.01%，制造业就业人数占全国的16.4%，均处在所有省份的第一位。并且，通过将广东珠三角地区、粤西地区和粤东地区的经济发展水平与其他各省进行对比，我们发现广东省内的区域经济异质性十分显著。2014年珠三角地区人均GDP为10.03万元，与上海(9.75)、江苏(8.20)和浙江(7.30)等经济发达省份相近；粤西地区人均GDP为3.66万元，与中部省份河南(3.71)、安徽(3.45)相似；粤东地区人均GDP为2.93万元，甚至低于西部云南(2.63)、贵州(2.73)等省份。

高幅度要大于技术进步所引致的最优生产技术边界的扩张速度。此外，我们发现出口企业在TFP、TE和TC三项指标上均优于非出口企业，而加工贸易出口企业的TFP平均而言比非出口企业要低2.1个百分点。这表明，出口企业由于市场开放程度更高，其自身管理流程、资源配置效率和技术进步速率均优于非出口企业；而加工贸易出口企业作为接受客户订单外包、从事来料加工与贴牌出口的特殊群体，其生产率较低，这也是现有文献认为中国出口企业存在一定程度"生产率悖论"现象的关键(李春顶，2010；戴觅等，2014等)。高科技企业的全要素生产率及其分解指标则要优于非高科技企业。我们对于本次调查样本企业TFP及其分解指标的测算结果与现实经验判断基本一致。此外，不同企业分组之间，TFP、TC和EC三项指标的标准差并不存在明显的组间差异。这说明，本次调查数据对于企业TFP及其分解指标的测算结果，并不存在严重的异方差问题。

表8-8　**不同类型企业全要素生产率及其分解指标的描述性统计**

	全要素生产率(TFP)			技术变化指数(TC)			效率变化指数(EC)		
	样本量	平均值	标准差	样本量	平均值	标准差	样本量	平均值	标准差
外资企业	434	0.4634	0.1804	434	0.5437	0.2018	434	0.1447	0.3980
内资企业	500	0.4601	0.1640	500	0.5153	0.1834	500	0.1203	0.3530
出口企业	624	0.4632	0.1689	624	0.5391	0.1921	624	0.1363	0.3980
加工贸易出口企业	272	0.4375	0.1648	272	0.5330	0.2028	272	0.1547	0.4030
非出口企业	310	0.4585	0.1776	310	0.5072	0.1922	310	0.1235	0.3530
高科技企业	258	0.5362	0.1668	258	0.6280	0.1790	258	0.1360	0.4030
非高科技企业	676	0.4332	0.1650	676	0.4906	0.1840	676	0.1315	0.3530
样本总体	934	0.4683	0.1699	934	0.5376	0.1893	934	0.1311	0.3880

注：运用stata14.0对不同企业类型的全要素生产率及其分解指标进行描述性统计。

表8-8给出了不同类型企业人力资本质量(Q)及其分解指标如体能状况(S)、技能状况(M)和教育程度(H)的描述性统计结果。图8-9比较了不同类型企业人力资本质量的差异情况，结果发现人力资本质量在不同企业之间存在一定程度的异质性。其中，高科技企业的人力资本质量显著优于其他类型企业，高科技企业的人力资本质量比非高科技企业平均高出89.25%。出口企业的人力资本质量要优于加工贸易出口企业，但比非出口企业要低10.9%。这或许由于出口企业的技能状况(M)、教育程度(H)指标均为13.09年，要略低于非出口企业(后者上述两项指标

均为 13.77 年）。此外，基于本次调查数据测算而来的外资企业的人力资本质量也略低于内资企业。考虑到表 8-8 中外资企业、出口企业的 TFP 及其分解指标均大于内资企业、非出口企业的特征性事实，表 8-8 和表 8-9 的描述性统计结果总体表明，不同类型企业的人力资本质量（Q）对企业全要素生产率（TFP）有可能存在异质性的影响关系。图 8-5～图 8-11 给出了内资与外资、出口与非出口、高科技与非高科技等企业分组下全要素生产率（TFP）、技术变化指数（TC）、效率变化指数（EC）和人力资本质量的三个分项指标（体能状况 S、技能状况 M 和教育程度 H）的对比情况。

表 8-9　　**不同类型企业人力资本质量及其分解指标的描述性统计**

	人力资本质量（Q）			体能状况（S）			技能状况（M）			教育程度（H）		
	样本量	平均值	标准差	样本量	平均值	标准差	样本量	平均值	标准差	样本量	平均值	标准差
外资企业	434	433.89	555.00	434	1.30	0.17	434	12.97	3.93	434	12.32	1.88
内资企业	500	489.95	751.17	500	1.31	0.19	500	13.62	5.27	500	12.35	2.12
出口企业	624	445.74	568.03	624	1.31	0.17	624	13.09	4.56	624	12.30	2.02
加工出口贸易企业	272	427.52	519.27	272	1.31	0.15	272	12.62	4.22	272	12.29	1.98
非出口企业	310	500.45	832.26	310	1.31	0.20	310	13.77	4.95	310	12.40	2.00
高科技企业	258	704.29	1033.63	258	1.27	0.17	258	11.59	3.96	258	13.55	2.13
非高科技企业	676	372.15	422.50	676	1.32	0.18	676	13.98	4.80	676	11.87	1.76

注：运用 stata14.0 对不同企业类型的人力资本质量及其分解指标进行描述性统计。

本部分测算了在不考虑其他控制变量的情况下，人力资本质量 Q 对于企业全要素生产率 TFP 的弹性系数。图 8-12～图 8-18 给出了不同类型企业两者弹性系数的计算结果。结果发现，对于外资企业而言，其 TFP 的人力资本质量弹性（0.1899）要大于内资企业（0.1703）；出口企业 TFP 的人力资本质量弹性（0.1585）要大于加工贸易出口企业（0.0775），但要小于非出口企业（0.3260）；高科技企业 TFP 的人力资本质量弹性（0.1494）要小于非高科技企业（0.2078）。描述性统计结果表明，人力资本质量对企业全要素生产率的影响有可能存在较明显的企业异质性。

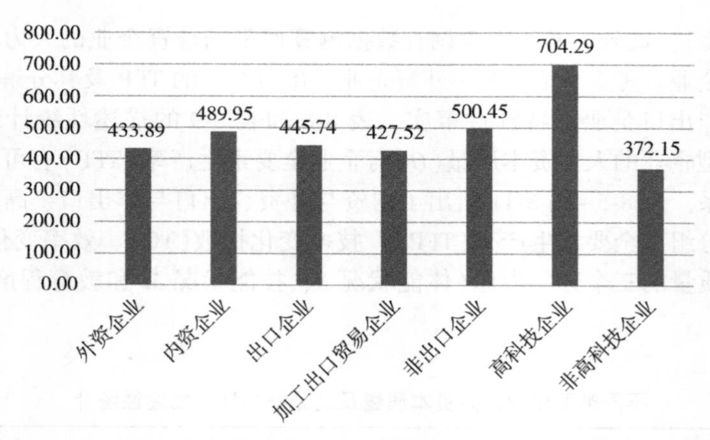

图 8-5　不同类型企业人力资本质量状况的比较

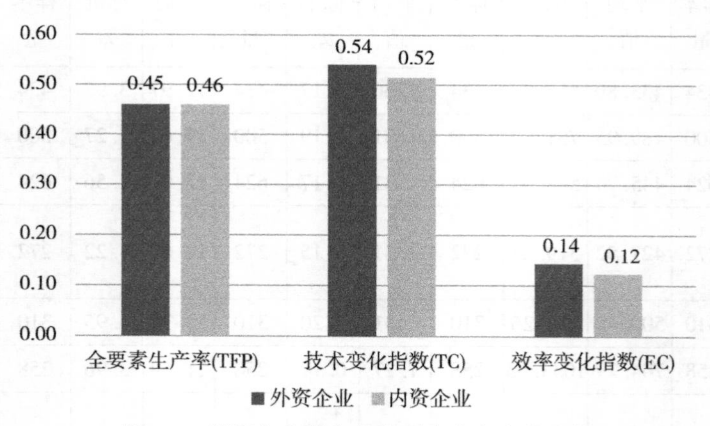

图 8-6　外资与内资企业全要素生产率的比较

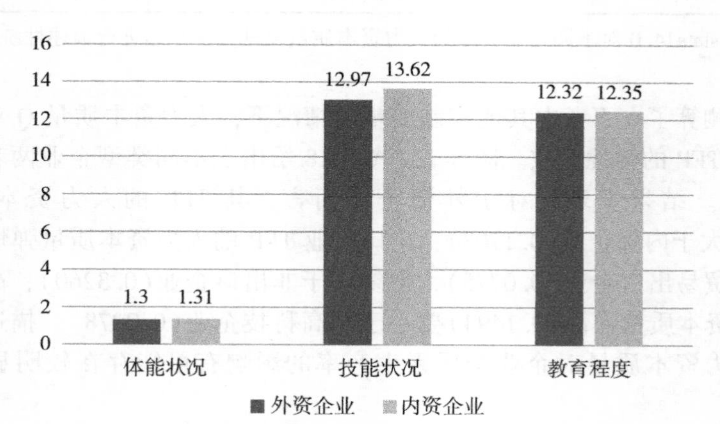

图 8-7　外资与内资企业人力资本质量的比较

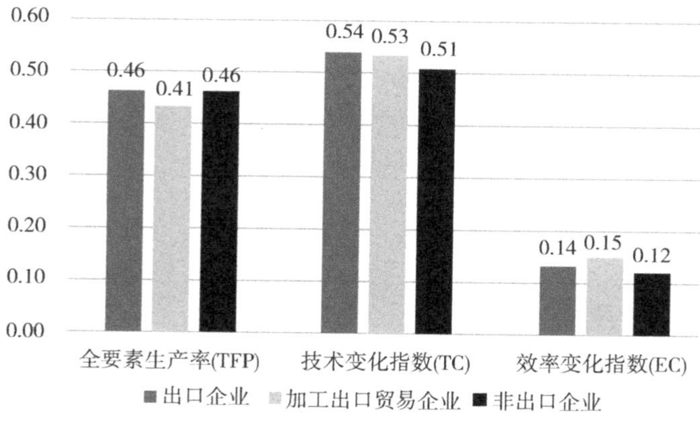

图 8-8 出口与非出口企业全要素生产率的比较

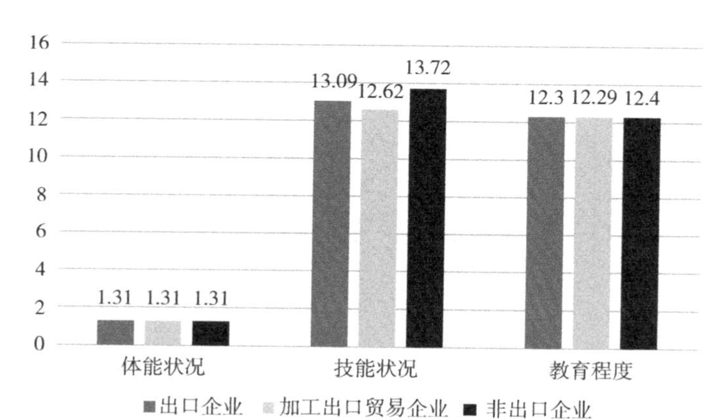

图 8-9 出口与非出口企业人力资本质量的比较

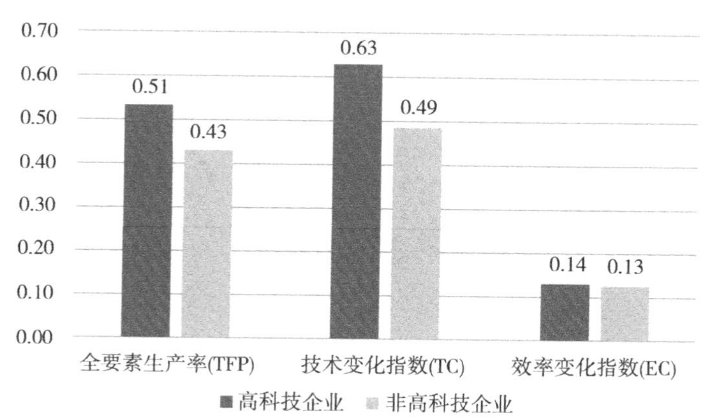

图 8-10 高科技与非高科技企业全要素生产率的比较

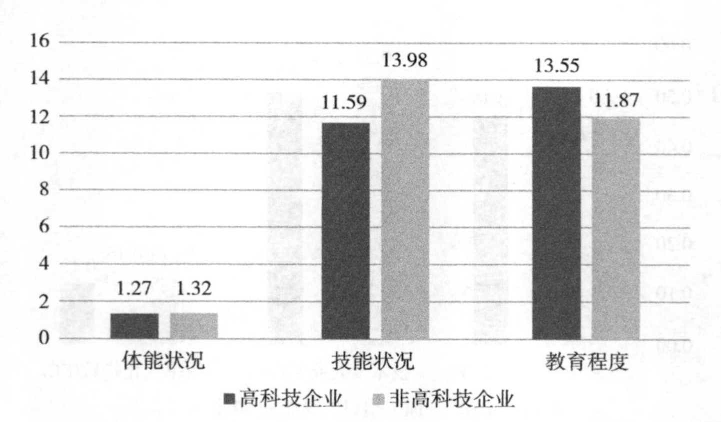

图 8-11　高科技与非高科技企业人力资本质量的比较

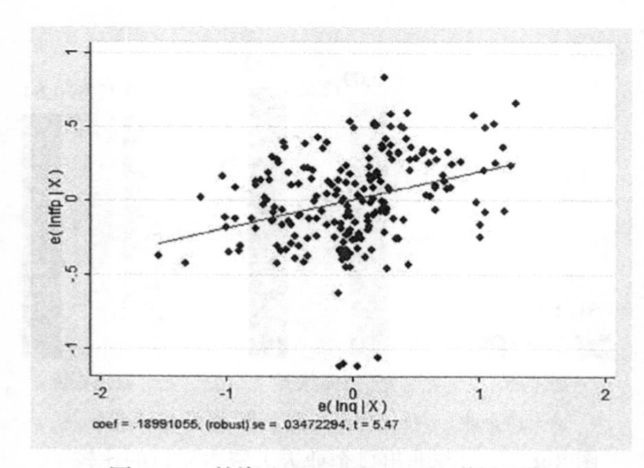

图 8-12　外资企业 Q 对 TFP 的弹性系数

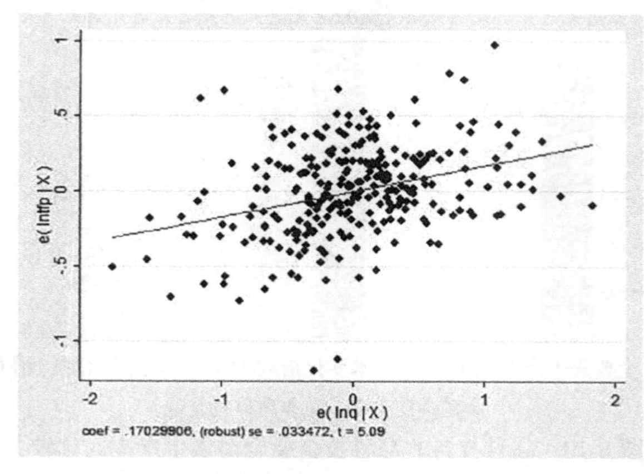

图 8-13　内资企业 Q 对 TFP 的弹性系数

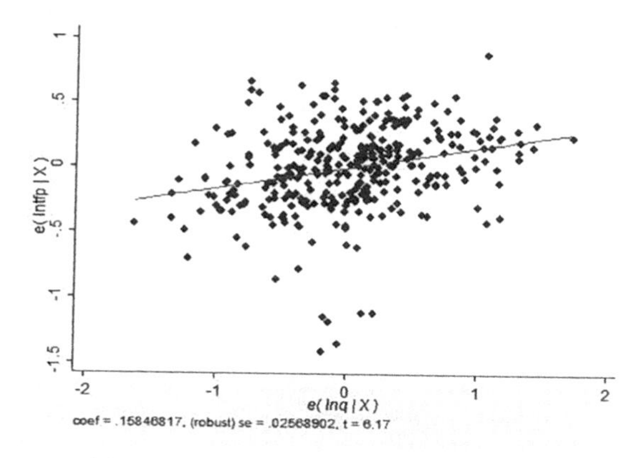

图 8-14　出口企业 Q 对 TFP 的弹性系数

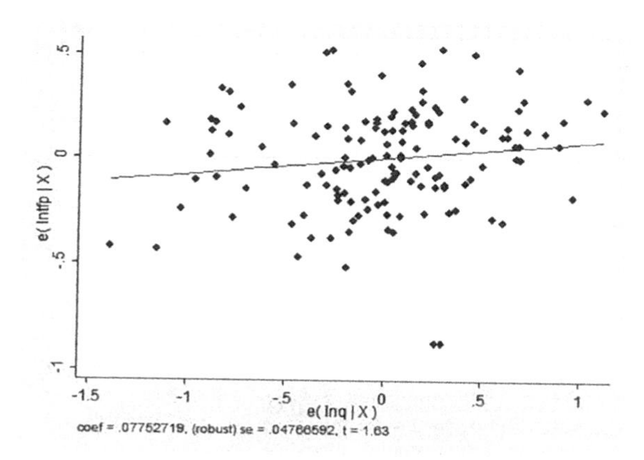

图 9-15　加工贸易出口企业 Q 对 TFP 的弹性系数

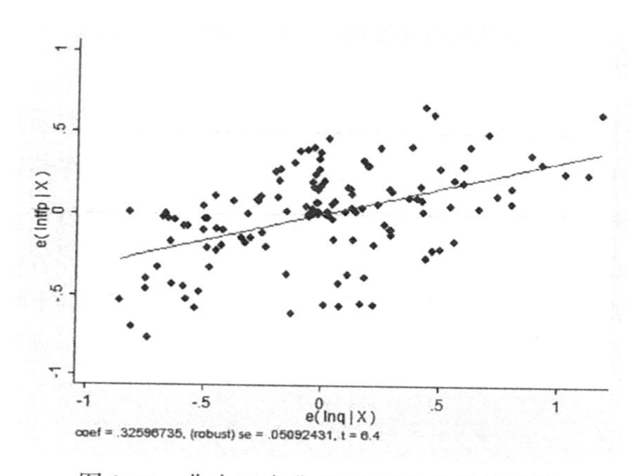

图 9-16　非出口企业 Q 对 TFP 的弹性系数

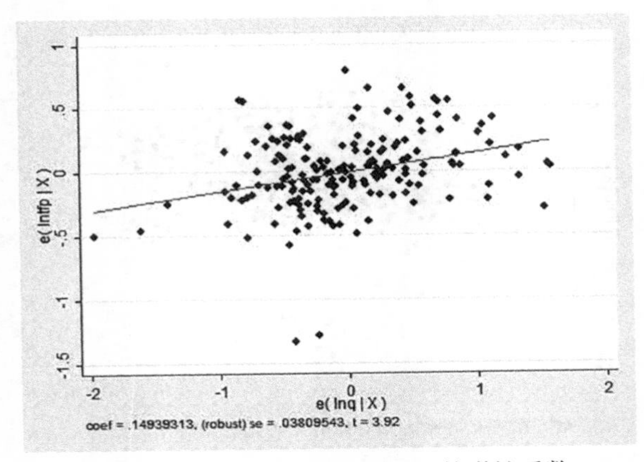

图 8-17　高科技企业 Q 对 TFP 的弹性系数

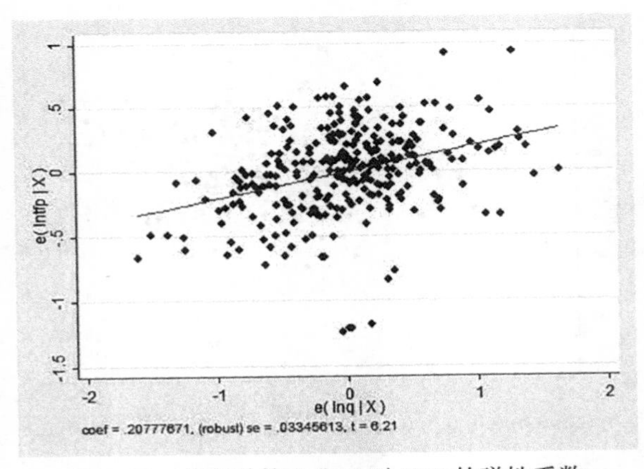

图 8-18　非高科技企业 Q 对 TFP 的弹性系数

三、实证检验

通过前文描述性统计结果发现，不同类型企业的人力资本质量对于全要素生产率的影响程度或存在一定的异质性。那么，在大样本的稳健性估计条件下，人力资本质量对于全要素生产率影响程度的企业异质性现象是否仍然存在？这种异质性的实证关系是否可以通过因果效应统计推断的检验？为此，本部分基于不同类型的企业分组，分别采用加入行业、地区和时间固定效应的 OLS 回归和工具变量法（IV）等计量模型，对人力资本质量对于全要素生产率影响程度的企业异质性问题进行实证检验。

1. OLS 估计结果

表 8-10～表 8-12 分别给出了基于外资与内资、出口与非出口、高科技与非高

科技等企业分组的 OLS 回归结果，估计模型为式(8-14)。OLS 回归结果表明，基于 2015 广东制造业企业-员工匹配调查数据，人力资本质量对于全要素生产率及其分解指标(技术变化指数 TC、效率变化指数 EC)总体存在显著的正向影响。其中，企业全要素生产率的人力资本质量弹性基本位于 0.08~0.21 的统计区间内。这说明，对样本企业而言，在其他要素投入、市场环境和制度条件等因素不变的情况下，人力资本质量每提高 1 倍，企业的全要素生产率将平均提高 8%~21%。通过对不同企业分组条件下解释变量 lnq 对于被解释变量 lnTFP、lnTC 和 lnEC 的影响系数的对比分析，我们进一步可获得如下发现：

第一，人力资本质量对于外资企业绩效的促进作用要普遍大于内资企业。表 8-10 的回归结果表明，无论对于全要素生产率(TFP)还是技术变化指数(TC)，人力资本质量的影响系数对于外资企业而言均大于内资企业，两者的差距为 0.020~0.022。这表明，在其他生产要素、市场环境和制度条件等因素相同的条件下，人力资本质量每提升 1 倍，外资企业全要素生产率和技术进步率的提高程度比内资企业要高出 2~2.2 个百分点。仅对于效率变化指数(EC)而言，人力资本质量对于内资企业的影响程度要略大于外资企业。

第二，人力资本质量对于非出口企业绩效的促进作用要普遍大于出口企业。表 8-11 的回归结果表明，无论对于全要素生产率(TFP)还是技术变化指数(TC)，人力资本质量的影响系数对于非出口企业而言均大于出口企业，两者差距高达 0.167~0.214。这表明，在其他影响因素相同的条件下，人力资本质量提升对于以内需市场导向为主的非出口企业的生产效率改善作用更为显著。人力资本质量每提升 1 倍，对内需导向的非出口企业生产效率的改善程度整体而言要比外需导向的出口企业高出 16.7%~21.4%。这说明，对于内需企业而言，更应该充分重视提高人力资本质量对于改善企业经营绩效的积极作用。同时，表 8-11 的实证结果表明，人力资本质量对于加工贸易出口企业绩效的改善作用基本不显著。

第三，人力资本质量对于非高科技企业绩效的促进作用要普遍大于高科技企业。表 8-12 的回归结果表明，无论对于全要素生产率(TFP)、技术变化指数(TC)还是效率变化指数(EC)，人力资本质量的影响系数对于非高科技企业而言均大于高科技企业。两者在 TFP 人力资本质量弹性系数上的差距高达 0.058。对于非高科技企业而言，在其他条件相同的情况下，人力资本质量每提高 1 倍，对非高科技企业经营绩效的改善程度整体而言要比高科技企业高出 5.8%。根据本次基于完全随机抽样的企业样本，非高科技企业是我国现有企业的主体，数量占全部有效样本企业的 61.2%，工业总产值占 74.8%、工业增加值占 69.2%。因此，提高人力资本质量，能够更快地提升非高科技企业的全要素生产率水平，从而对中国宏观经济的整体绩效产生更为积极的影响。

表 8-10　人力资本质量与全要素生产率的实证检验(外资与内资企业分组)

解释变量	被解释变量：lnTFP		被解释变量：lnTC		被解释变量：lnEC	
	外资	内资	外资	内资	外资	内资
lnq	0. 1899106***	0. 1702991***	0. 1612523***	0. 1389285***	0. 0284917**	0. 0312081***
	(0. 034723)	(0. 033472)	(0. 033640)	(0. 035024)	(0. 011969)	(0. 011655)
lnr_d	-. 0690316***	-0. 0875095***	-0. 069268***	-0. 0687531***	0. 0002355	-0. 0187612**
	(0. 017145)	(0. 011756)	(0. 017823)	(0. 012930)	(0. 005368)	(0. 007326)
lnlabor	0. 0059288	-0. 0533849***	0. 1447809***	-0. 0125785	-0. 1389375***	-0. 0408089***
	(0. 024514)	(0. 019156)	(0. 020663)	(0. 020802)	(0. 010988)	(0. 009442)
state_stake	0. 0287361	-0. 0734524	0. 076091	0. 0104239	-0. 0475355	-0. 0842914***
	(0. 210421)	(0. 093073)	(0. 166949)	(0. 095568)	(0. 071186)	(0. 032668)
foreign_stake	0. 047025	0. 4446534***	0. 0396087	0. 3471192**	0. 0071996	0. 0972093***
	(0. 087399)	(0. 134196)	(0. 081738)	(0. 142728)	(0. 026181)	(0. 033824)
state_owned	—	0. 0627032	—	0. 0235288	—	0. 0395269**
		(0. 059786)		(0. 063206)		(0. 019297)
foreign_owned	—	—	—	—	—	—
export_dummy	-0. 1264437	0. 1377321***	-0. 2148246**	0. 1180238**	0. 0887331***	0. 0195676
	(0. 094522)	(0. 048640)	(0. 087753)	(0. 051438)	(0. 029605)	(0. 016853)
improv_export	0. 0059082	-0. 1148233**	0. 012593	-0. 0952857	-0. 0066257	-0. 019301
	(0. 060814)	(0. 053721)	(0. 052098)	(0. 059105)	(0. 021367)	(0. 022270)
hightech_dummy	0. 0135549	0. 2587041***	0. 0019577	0. 2629077***	0. 0117026	-0. 0040454
	(0. 064784)	(0. 055820)	(0. 057487)	(0. 056416)	(0. 022312)	(0. 018469)
government_gdp	-5. 013773	-0. 2241888	-5. 143587	-0. 5793566	0. 0728506	0. 3549346
	(8. 263769)	(5. 147304)	(7. 188000)	(4. 919393)	(2. 312615)	(2. 260223)
market	-0. 394996	-0. 6146714	-0. 1181614	-0. 3143331	-0. 2693859	-0. 3039599
	(1. 910819)	(1. 050701)	(1. 599370)	(1. 049131)	(0. 531574)	(0. 460941)
urban	-14. 28769	3. 719384	-14. 94315	2. 434214	0. 4992918	1. 207874
	(24. 798140)	(19. 481210)	(22. 513900)	(19. 425020)	(7. 956766)	(8. 234037)
trade_gdp	0. 2062017	0. 3119146	0. 1911932	0. 3217221	0. 015076	-0. 0110542
	(0. 767899)	(0. 621507)	(0. 662376)	(0. 666669)	(0. 249725)	(0. 236190)
educex	0. 6135927	-0. 1975699	0. 2152177	-0. 3237716	0. 3868997	0. 1316936
	(2. 273521)	(1. 557835)	(1. 903450)	(1. 457668)	(0. 731549)	(0. 610717)
socialex	-6. 064006	0. 7259648	-6. 208775	0. 9859942	0. 1283496	-0. 2846582
	(8. 024276)	(6. 447434)	(8. 026371)	(6. 034688)	(2. 536985)	(3. 453831)
Industry Dummy	Yes	Yes	Yes	Yes	Yes	Yes
County Dummy	Yes	Yes	Yes	Yes	Yes	Yes
Year Dummy	Yes	Yes	Yes	Yes	Yes	Yes
R^2	0. 4536	0. 4537	0. 5753	0. 4213	0. 6965	0. 3748
Observations	209	270	209	270	209	270

注：1. 根据 stata14. 0 计算结果进行整理。

2. 括号内数值为标准差。

3. ***表示 1%水平显著，**表示 5%水平显著，*表示 10%水平显著。

表 8-11　人力资本质量与全要素生产率的实证检验(出口与非出口企业分组)

解释变量	被解释变量：lnTFP			被解释变量：lnTC			被解释变量：lnEC		
	出口	加工贸易出口	非出口	出口	加工贸易出口	非出口	出口	加工贸易出口	非出口
lnq	0.1584682*** (0.025689)	0.0775272 (0.047666)	0.3259674*** (0.050924)	0.1290687*** (0.025461)	0.0466584 (0.036860)	0.3431082*** (0.052215)	0.029289*** (0.010912)	0.0308097 (0.025326)	−0.0173279 (0.021695)
lnr_d	−0.0790061*** (0.013217)	−0.119743*** (0.017339)	−0.0831159*** (0.014124)	−0.0739407*** (0.012638)	−0.0915413*** (0.015568)	−0.0784486*** (0.012589)	−0.0050501 (0.006340)	−0.0282032** (0.013888)	−0.0046684 (0.006057)
lnlabor	−0.006894 (0.016824)	−0.0145721 (0.022587)	−0.0631756*** (0.023658)	0.0888367*** (0.017151)	0.1042554*** (0.020968)	−0.0311559 (0.025997)	−0.095756*** (0.008377)	−0.1189046*** (0.013553)	−0.0320337* (0.017097)
state_stake	−0.0027237 (0.092127)	0.0793486 (0.125357)	−0.4624966** (0.194799)	0.0788842 (0.082584)	0.3683611*** (0.111819)	−0.0787374 (0.170013)	−0.0819766* (0.043120)	−0.2892965*** (0.081251)	−0.3835855*** (0.088071)
foreign_stake	0.0379458 (0.065704)	0.1242399 (0.095413)	−0.3001208 (0.213683)	0.0433608 (0.065369)	0.0844419 (0.080107)	−0.3840442* (0.211809)	−0.0057882 (0.029018)	0.039291 (0.041658)	0.0836849 (0.064155)
state_owned	0.0391961 (0.057222)	−0.1201524 (0.095249)	0.1811763 (0.155107)	−0.0435674 (0.058506)	−0.2651526*** (0.090382)	−0.0119593 (0.129610)	0.082944*** (0.026704)	0.1450593** (0.056101)	0.1937218** (0.085846)
foreign_owned	0.0082426 (0.059017)	−0.0536906 (0.090157)	0.3379046* (0.184115)	−0.0382634 (0.057764)	−0.0673969 (0.077306)	0.370358** (0.165747)	0.0469868* (0.025564)	0.0143214 (0.043007)	−0.0322713 (0.038328)
export_dummy	—	—	—	—	—	—	—	—	—
improv_export	−0.0071353 (0.040858)	-	-	0.0300172 (0.037508)	-	-	−0.037038** (0.016726)	-	-
hightech_dummy	0.1624531*** (0.047494)	0.2806991*** (0.082029)	0.1986552** (0.094752)	0.1417074*** (0.045596)	0.1673343** (0.071425)	0.197489** (0.096640)	0.020758 (0.015101)	0.1136154** (0.045169)	0.0015743 (0.047550)

续表

解释变量	被解释变量：lnTFP			被解释变量：lnTC			被解释变量：lnEC		
	出口	加工贸易出口	非出口	出口	加工贸易出口	非出口	出口	加工贸易出口	非出口
government_gdp	-1.882631 (5.992251)	-0.7900824 (8.361465)	-2.595569 (7.666011)	-2.070524 (5.721793)	-0.8037017 (8.078499)	-3.03627 (6.310835)	0.115487 (1.529748)	-0.0244185 (2.541541)	0.4862331 (4.193564)
market	-0.7363582 (1.236741)	-0.1005075 (1.346337)	0.3186719 (1.563761)	-0.4475259 (1.113534)	0.2071207 (0.932372)	0.5425797 (1.733678)	-0.2827469 (0.393115)	-0.307657 (1.016864)	-0.2341736 (1.039737)
urban	-5.093182 (20.310300)	-6.143201 (31.670250)	4.948029 (27.828930)	-6.39866 (20.264030)	-5.763993 (30.568550)	7.03248 (23.781200)	1.063418 (5.799833)	-0.5486229 (10.569900)	-1.950863 (15.672480)
trade_gdp	0.1831588 (0.592270)	-0.1292539 (0.797003)	0.6717246 (0.749274)	0.1637863 (0.569712)	-0.1419044 (0.655827)	0.865146 (0.816932)	0.0186005 (0.213583)	0.0106365 (0.574799)	-0.1961652 (0.308070)
educex	0.3698818 (1.667921)	-0.7719481 (2.340916)	-1.461309 (2.115768)	-0.0343154 (1.676957)	-1.20785 (2.179368)	-1.570953 (2.137945)	0.3928957 (0.533546)	0.429015 (1.241040)	0.1140807 (1.004856)
socialex	-2.159755 (6.407400)	-2.435104 (12.308490)	-0.1281518 (9.475322)	-2.331539 (6.812506)	-2.30598 (10.898400)	1.795077 (9.673791)	0.1261251 (2.366136)	-0.1343024 (5.321600)	-1.886965 (7.733522)
Industry Dummy	Yes	Yes	Yes	Yes	Yes	Yes	Yes	Yes	Yes
County Dummy	Yes	Yes	Yes	Yes	Yes	Yes	Yes	Yes	Yes
Year Dummy	Yes	Yes	Yes	Yes	Yes	Yes	Yes	Yes	Yes
R^2	0.3739	0.6137	0.6154	0.4356	0.7460	0.5489	0.5527	0.6247	0.3998
Observations	346	139	133	346	139	133	346	139	133

注：1. 根据 stata14.0 计算结果进行整理。

2. 括号内数值为标准差。

3. ***表示 1%水平显著，**表示 5%水平显著，*表示 10%水平显著。

表 8-12　人力资本质量与全要素生产率的实证检验(高科技与非高科技企业分组)

解释变量	被解释变量：lnTFP		被解释变量：lnTC		被解释变量：lnEC	
	高科技	非高科技	高科技	非高科技	高科技	非高科技
lnq	0. 1493931*** (0. 038095)	0. 2077767*** (0. 033456)	0. 1267081*** (0. 037008)	0. 1823164*** (0. 036001)	0. 0226067 (0. 013935)	0. 0252072* (0. 014255)
lnr_d	-. 0812339*** (0. 020911)	-0. 0983213*** (0. 013148)	-0. 067961*** (0. 020740)	-0. 0824488*** (0. 013269)	-0. 0132549 (0. 013093)	-0. 0158602*** (0. 005234)
lnlabor	-. 0525947** (0. 025000)	-0. 0351252* (0. 018258)	0. 0441977 (0. 028687)	0. 045326** (0. 019650)	-0. 0968144*** (0. 010144)	-0. 080523*** (0. 009510)
state_stake	-0. 1100067 (0. 176063)	-0. 1658042** (0. 076284)	-0. 0290523 (0. 149160)	0. 0362638 (0. 115527)	-0. 0810465 (0. 071833)	-0. 2027249*** (0. 070537)
foreign_stake	0. 1445208 (0. 095053)	-0. 1459824 (0. 108902)	0. 149723 (0. 093263)	-0. 1812325 (0. 112919)	-0. 0053161 (0. 031377)	0. 0350097 (0. 040782)
state_owned	0. 0841587 (0. 110368)	0. 1483479* (0. 085742)	-0. 0905711 (0. 106518)	0. 0534897 (0. 088960)	0. 1752108*** (0. 058237)	0. 0950223*** (0. 036838)
foreign_owned	-0. 0772728 (0. 086189)	0. 2216806** (0. 089984)	-0. 0639372 (0. 073144)	0. 1930527** (0. 095075)	-0. 0132024 (0. 029380)	0. 0291348 (0. 034290)
export_dummy	0. 0639873 (0. 070394)	0. 0580552 (0. 061215)	0. 0185573 (0. 073699)	0. 0019945 (0. 066494)	0. 0455449* (0. 027023)	0. 0561067** (0. 022052)
improv_export	0. 059681 (0. 068292)	-0. 051814 (0. 057797)	0. 0368652 (0. 065864)	0. 0247124 (0. 054937)	0. 0228876 (0. 027645)	-0. 0764878*** (0. 022426)
hightech_dummy	—	—	—	—	—	—

续表

解释变量	被解释变量：lnTFP		被解释变量：lnTC		被解释变量：lnEC	
	高科技	非高科技	高科技	非高科技	高科技	非高科技
government_gdp	1. 690916 (11. 717010)	−1. 3323 (6. 142811)	0. 0550243 (11. 466490)	−1. 698107 (6. 332834)	1. 578757 (7. 756714)	0. 349041 (1. 843701)
market	−0. 8769601 (1. 249656)	−0. 2086273 (1. 390052)	−0. 6823405 (1. 238863)	0. 0608919 (1. 313349)	−0. 1937955 (0. 445662)	−0. 2681439 (0. 527784)
urban	16. 86772 (44. 192740)	−4. 539856 (21. 381670)	13. 89972 (43. 287350)	−2. 681701 (22. 780510)	2. 680857 (19. 959850)	−1. 889342 (7. 148604)
trade_gdp	0. 3556086 (0. 803478)	0. 0898017 (0. 673545)	0. 2049247 (0. 762971)	0. 2482486 (0. 700785)	0. 148455 (0. 287009)	−0. 1584233 (0. 248663)
educex	2. 12693 (6. 079338)	−0. 3557709 (1. 608155)	1. 256988 (5. 421608)	−0. 6080972 (1. 634532)	0. 8544371 (2. 089131)	0. 2483211 (0. 673064)
socialex	3. 951661 (8. 710006)	−2. 403686 (7. 227888)	2. 969832 (8. 812031)	−1. 205991 (7. 959773)	0. 9080492 (5. 640480)	−1. 19424 (3. 558576)
Industry Dummy	Yes	Yes	Yes	Yes	Yes	Yes
County Dummy	Yes	Yes	Yes	Yes	Yes	Yes
Year Dummy	Yes	Yes	Yes	Yes	Yes	Yes
R^2	0. 3222	0. 3931	0. 3780	0. 3370	0. 6048	0. 4400
Observations	186	293	186	293	186	293

注：1. 根据 stata14. 0 计算结果进行整理。

2. 括号内数值为标准差。

3. ***表示 1%水平显著，**表示 5%水平显著，*表示 10%水平显著。

2. 工具变量法(IV)估计结果

前文提到，现有文献认为人力资本质量与企业全要素生产率之间存在较强的内生性问题(Irarrazabal 等，2010；Bagger 等，2014)，即有可能因为无法有效剥离人力资本质量与企业全要素生产率相互影响、相互作用的潜在关系，而造成 OLS 参数估计值存在有偏性。在此，我们对基于全部 467 家企业、934 个观测样本的 OLS 回归结果进行了解释变量是否存在内生性问题的 Hausman 检验。实证结果表明，Hausman 统计量为 0. 0478，即在 5%的显著性水平上可以拒绝“所有解释变量均为外生”的原假设，OLS 的回归结果存在一定的内生性问题。

为解决上述问题，本部分参考现有文献(Blackburn and Neumark，1992)的做法，以接受调查企业受访员工父亲受教育年限的平均值(Dad)、母亲受教育年限的平均值(Mom)作为人力资本质量(Q)的工具变量。根据稳态条件下长期经济增长模型的一般设定要求，所有变量除虚拟变量外均取自然对数值。我们代入工具变量(lnDad、lnMom)进行对于内生变量 lnQ 的第一阶段回归，获得 lnQ 的估计值，并将其代入第二阶段回归方程式(8-14)对被解释变量 lny 进行实证检验。第一阶段回归的估计结果中，计量模型的 F 统计量均显著大于 10，即满足拒绝弱工具变量假定的“经验法则”(the rule of thumb)要求。这表明，本书所选取的工具变量(lnDad、lnMom)与内生变量(lnQ)具有较强的相关性。表 9-14~表 9-16 则报告了采用工具变量法(IV)测算的人力资本质量(lnQ)对于全要素生产率(lnTFP)、技术变化指数(lnTC)和效率变化指数(lnEC)的全部第二阶段回归结果。其中，除对于部分回归结果外，稳健性回归条件下的 Hansen J 统计量的 p 值均大于 0. 1，即在 10%的显著性水平上不拒绝工具变量满足外生性的原假设。这表明，本书选取的工具变量基本满足计量模型设定要求。

从表 8-13~表 8-15 的估计结果中我们可以发现，第二阶段回归结果中人力资本质量(lnq)对于全要素生产率、技术变化指数和效率变化指数基本存在显著的正向影响。这说明，基于本次调查企业样本，人力资本质量对于企业全要素生产率及其分解指标具有显著为正的因果效应。

此外，通过对表 8-13~表 8-15 估计结果的分组对比，我们发现工具变量法(IV)的估计结果与前文 OLS 的估计结果基本一致。在考虑内生性问题的情况下，不同类型企业人力资本质量对于全要素生产率影响程度的异质性现象确实存在。对于外资企业、非出口企业和非高科技企业而言，人力资本质量的影响程度更大。对于加工贸易出口企业而言，人力资本质量对于全要素生产率及其分解指标则基本不存在显著的正向效应。

表 8-13　　人力资本质量与全要素生产率的 2SLS 估计结果(外资与内资企业分组)

解释变量	被解释变量：lnTFP		被解释变量：lnTC		被解释变量：lnEC	
	外资	内资	外资	内资	外资	内资
lnq	0. 4383462 *** (0. 105560)	0. 1232292 (0. 090386)	0. 4572883 *** (0. 093674)	0. 1359449 (0. 092943)	−0. 0189694 (0. 034102)	−0. 0128174 (0. 037754)
lnr_d	−. 0815924 *** (0. 013901)	−0. 0847224 *** (0. 011141)	−0. 0842355 *** (0. 013234)	−0. 0685764 *** (0. 012138)	0. 0026351 (0. 005130)	−0. 0161544 ** (0. 006486)
lnlabor	−0. 0303978 (0. 029983)	−0. 0514431 *** (0. 017899)	0. 1014941 *** (0. 025714)	−0. 0124555 (0. 019261)	−0. 1319977 *** (0. 012297)	−0. 0389927 *** (0. 009092)
state_stake	0. 1741299 (0. 204503)	−0. 0440543 (0. 099681)	0. 2493423 (0. 172673)	0. 0122873 (0. 107240)	−0. 0753115 (0. 073588)	−0. 0567947 (0. 038980)
foreign_stake	0. 0619182 (0. 102777)	0. 4400687 *** (0. 124829)	0. 0573554 (0. 112230)	0. 3468285 *** (0. 132203)	0. 0043544 (0. 029740)	0. 092921 *** (0. 033186)
state_owned	-	0. 0665559 (0. 055090)	—	0. 023773 (0. 059207)	—	0. 0431304 ** (0. 019732)
foreign_owned	—	—	—	—	—	—
export_dummy	−0. 0819008 (0. 096802)	0. 1189041 * (0. 063833)	−0. 1617472 * (0. 091402)	0. 1168304 * (0. 067678)	0. 0802236 *** (0. 027484)	0. 0019573 (0. 019137)
improv_export	0. 0067687 (0. 061212)	−0. 1088198 ** (0. 053327)	0. 0136184 (0. 056848)	−0. 0949051 (0. 059067)	−0. 0067901 (0. 020162)	−0. 0136857 (0. 023360)
hightech_dummy	−0. 0502106 (0. 064843)	0. 2803274 *** (0. 068373)	−0. 0740252 (0. 062582)	0. 2642783 *** (0. 071305)	0. 0238844 (0. 019242)	0. 0161794 (0. 024537)
government_gdp	−3. 345966 (8. 396137)	−0. 1055438 (4. 794892)	−3. 156228 (7. 961100)	−0. 5718362 (4. 562153)	−0. 2457674 (2. 274892)	0. 465906 (2. 123773)

续表

解释变量	被解释变量：lnTFP		被解释变量：lnTC		被解释变量：lnEC	
	外资	内资	外资	内资	外资	内资
market	-0. 5510804 (1. 730852)	-0. 5866765 (0. 987340)	-0. 3041516 (1. 467853)	-0. 3125586 (0. 972648)	-0. 2395675 (0. 497725)	-0. 2777756 (0. 454310)
urban	-8. 597797 (26. 893230)	3. 943496 (18. 190240)	-8. 163071 (26. 860440)	2. 448419 (18. 019840)	-0. 5877066 (7. 818133)	1. 417491 (7. 674015)
trade_gdp	0. 3033694 (0. 757602)	0. 2920249 (0. 578510)	0. 3069784 (0. 693916)	0. 3204614 (0. 617700)	-0. 003487 (0. 233189)	-0. 0296575 (0. 228999)
educex	0. 2542041 (2. 185225)	-0. 0817949 (1. 498092)	-0. 2130299 (2. 027566)	-0. 316433 (1. 371561)	0. 4555574 (0. 725012)	0. 2399807 (0. 616018)
socialex	-3. 634379 (8. 075629)	0. 8747578 (6. 055836)	-3. 31363 (8. 274772)	0. 9954256 (5. 596016)	-0. 3358068 (2. 376913)	-0. 1454886 (3. 261261)
Industry Dummy	Yes	Yes	Yes	Yes	Yes	Yes
County Dummy	Yes	Yes	Yes	Yes	Yes	Yes
Year Dummy	Yes	Yes	Yes	Yes	Yes	Yes
CenteredR^2	0. 3513	0. 4486	0. 4235	0. 4212	0. 6809	0. 3393
Hansen J statistic	0. 7898	0. 7844	0. 4278	0. 8751	0. 0009	0. 7871
Observations	209	270	209	270	209	270

注：1. 根据 stata14. 0 计算结果进行整理。

2. 括号内数值为标准差。

3. ***表示 1%水平显著，**表示 5%水平显著，*表示 10%水平显著。

表 8-14　　人力资本质量与全要素生产率的 2SLS 估计结果(出口与非出口企业分组)

解释变量	被解释变量：lnTFP			被解释变量：lnTC			被解释变量：lnEC		
	出口	加工贸易出口	非出口	出口	加工贸易出口	非出口	出口	加工贸易出口	非出口
lnq	0.1454331** (0.065090)	−0.0442637 (0.092213)	0.6250471*** (0.141711)	0.1057103 (0.065849)	−0.0551015 (0.078020)	0.775112*** (0.151756)	0.0398709 (0.028161)	0.0115515 (0.053172)	−0.1506198*** (0.057374)
lnr_d	−.0783063*** (0.012598)	−0.1259136*** (0.016979)	−0.1013255*** (0.018990)	−0.0726866*** (0.012208)	−0.096697*** (0.014732)	−0.1047512*** (0.024129)	−0.0056183 (0.006489)	−0.029179** (0.011573)	0.0034471 (0.009246)
lnlabor	−0.005409 (0.017523)	−0.0022791 (0.023747)	−0.0732755*** (0.021989)	0.0914979*** (0.016602)	0.1145266*** (0.021474)	−0.0457447* (0.023551)	−0.0969616*** (0.007741)	−0.1169607*** (0.013083)	−0.0275324* (0.014670)
state_stake	0.0018762 (0.090834)	0.0115344 (0.119312)	−0.3883421* (0.201250)	0.087127 (0.081717)	0.3117004*** (0.103609)	0.0283747 (0.202298)	−0.0857108** (0.039674)	−0.3000196*** (0.069355)	−0.4166342*** (0.075759)
foreign_stake	0.0376506 (0.061689)	0.1654539 (0.100843)	−0.3723414** (0.189753)	0.0428318 (0.060467)	0.1188774 (0.085732)	−0.4883628** (0.203826)	−0.0055485 (0.026526)	0.0458079 (0.036227)	0.1158718* (0.069527)
state_owned	0.0430575 (0.056112)	−0.0480309 (0.090385)	0.1928368 (0.148877)	−0.0366479 (0.056584)	−0.204893*** (0.077317)	0.0048835 (0.135075)	0.0798093*** (0.026216)	0.1564635*** (0.052591)	0.188525*** (0.073196)
foreign_owned	0.0084215 (0.055613)	−0.115685 (0.107132)	0.4679746*** (0.157587)	−0.0379428 (0.053713)	−0.119195 (0.093232)	0.5582368*** (0.152474)	0.0468416** (0.023388)	0.0045185 (0.042867)	−0.09024* (0.053847)
export_dummy	—	—	—	—	—	—	—	—	—
improv_export	−0.0060994 (0.038879)	-	-	0.0318736 (0.036392)	-	-	−0.0378789** (0.016442)	-	-
hightech_dummy	0.1658354*** (0.049602)	0.3591509*** (0.085692)	0.006799 (0.125035)	0.1477685*** (0.049231)	0.2328831*** (0.071795)	−0.0796365 (0.133853)	0.0180122 (0.014642)	0.1260205*** (0.040317)	0.0870795 (0.055953)
government_gdp	−1.889326 (5.631709)	−0.6903891 (7.045857)	−3.179705 (6.825597)	−2.08252 (5.369142)	−0.720405 (6.843877)	−3.880022 (6.103454)	0.1209216 (1.463582)	−0.0086545 (2.199824)	0.746567 (3.728656)

续表

解释变量	被解释变量：lnTFP			被解释变量：lnTC			被解释变量：lnEC		
	出口	加工贸易出口	非出口	出口	加工贸易出口	非出口	出口	加工贸易出口	非出口
market	−0. 7306078 (1. 169855)	−0. 0052795 (1. 245201)	0. 0436516 (1. 663291)	−0. 4372214 (1. 055837)	0. 2866865 (0. 825804)	0. 1453284 (2. 055965)	−0. 287415 (0. 371248)	−0. 2925991 (0. 896639)	−0. 1116044 (0. 994671)
urban	−5. 040894 (19. 070630)	−4. 9162 (27. 026450)	8. 71867 (24. 141780)	−6. 304962 (18. 992950)	−4. 738798 (26. 294950)	12. 47896 (20. 660440)	1. 020971 (5. 541933)	−0. 3546039 (9. 136980)	−3. 631337 (13. 462070)
trade_gdp	0. 1823514 (0. 558929)	−0. 1464271 (0. 721560)	1. 056202 (0. 828197)	0. 1623395 (0. 537820)	−0. 1562532 (0. 576732)	1. 420502 (0. 992436)	0. 0192559 (0. 201461)	0. 007921 (0. 504152)	−0. 3675166 (0. 332814)
educex	0. 3945676 (1. 571088)	−0. 646457 (2. 086575)	−2. 303374 (2. 141982)	0. 0099207 (1. 582095)	−1. 102998 (1. 945034)	−2. 787268 (2. 492658)	0. 3728557 (0. 508380)	0. 4488582 (1. 081189)	0. 4893664 (1. 048251)
socialex	−2. 148672 (6. 032523)	−2. 199936 (10. 447540)	0. 1517782 (8. 332360)	−2. 311679 (6. 417717)	−2. 10949 (9. 298366)	2. 19942 (8. 796440)	0. 1171281 (2. 248238)	−0. 0971165 (4. 605134)	−2. 011722 (6. 728221)
Industry Dummy	Yes	Yes	Yes	Yes	Yes	Yes	Yes	Yes	Yes
County Dummy	Yes	Yes	Yes	Yes	Yes	Yes	Yes	Yes	Yes
Year Dummy	Yes	Yes	Yes	Yes	Yes	Yes	Yes	Yes	Yes
CenteredR^2	0. 3735	0. 5918	0. 5045	0. 4344	0. 7310	0. 3058	0. 5515	0. 6229	0. 2554
Hansen J statistic	0. 5327	0. 1543	0. 9539	0. 8535	0. 3876	0. 9949	0. 0380	0. 1185	0. 9171
Observations	346	139	133	346	139	133	346	139	133

注：1. 根据 stata14. 0 计算结果进行整理。

2. 括号内数值为标准差。

3. ***表示 1%水平显著，**表示 5%水平显著，*表示 10%水平显著。

表 8-15　人力资本质量与全要素生产率的 2SLS 估计结果(高科技与非高科技企业分组)

解释变量	被解释变量：lnTFP		被解释变量：lnTC		被解释变量：lnEC	
	高科技	非高科技	高科技	非高科技	高科技	非高科技
lnq	0.2442607*** (0.065297)	0.2280472** (0.102200)	0.2179188*** (0.064759)	0.2811801*** (0.107997)	0.026327 (0.023920)	−0.0532077 (0.042855)
lnr_d	−0.0897563*** (0.019044)	−0.0992294*** (0.012360)	−0.0761549*** (0.017615)	−0.086878*** (0.012217)	−0.0135891 (0.011342)	−0.0123472** (0.005940)
lnlabor	−.0656327*** (0.025127)	−0.036343** (0.018189)	0.0316624 (0.028723)	0.0393864** (0.019060)	−0.0973257*** (0.010244)	−0.0758119*** (0.009609)
state_stake	−0.1016037 (0.156358)	−0.1779797* (0.097801)	−0.0209732 (0.133189)	−0.0231191 (0.146679)	−0.080717 (0.064833)	−0.1556247* (0.087718)
foreign_stake	0.2017582** (0.082478)	−0.1519801 (0.107660)	0.2047541*** (0.076139)	−0.2104845* (0.123934)	−0.0030715 (0.033274)	0.0582113 (0.053272)
state_owned	0.0579956 (0.105026)	0.1523505* (0.082410)	−0.1157257 (0.100469)	0.0730115 (0.091874)	0.1741848*** (0.053670)	0.0795383* (0.043403)
foreign_owned	−0.1153596 (0.080657)	0.2258924*** (0.085888)	−0.100556 (0.070056)	0.2135947** (0.099502)	−0.014696 (0.028133)	0.0128417 (0.043892)
export_dummy	0.1159297 (0.081923)	0.0615908 (0.061370)	0.0684976 (0.085899)	0.0192384 (0.066709)	0.0475819* (0.026494)	0.0424295** (0.020697)
improv_export	0.0327269 (0.067082)	−0.0515274 (0.054074)	0.0109501 (0.064969)	0.0261101 (0.052764)	0.0218305 (0.025607)	−0.0775964*** (0.022787)
hightech_dummy	—	—	—	—	—	—
government_gdp	1.5389 (11.348330)	−1.327265 (5.742665)	−0.0911325 (10.833640)	−1.673551 (5.984283)	1.572795 (6.982235)	0.3295645 (1.773189)
market	−0.9604241 (1.086629)	−0.2108351 (1.298847)	−0.7625872 (1.086440)	0.0501243 (1.259397)	−0.1970687 (0.400198)	−0.2596034 (0.540935)
urban	17.98108 (42.429350)	−4.506922 (19.989990)	14.97016 (41.243190)	−2.521076 (21.496780)	2.724519 (17.955280)	−2.016744 (6.777087)
trade_gdp	0.3259573 (0.726061)	0.0989027 (0.633262)	0.1764163 (0.692776)	0.2926362 (0.684603)	0.1472922 (0.257486)	−0.1936299 (0.255806)

续表

解释变量	被解释变量：lnTFP		被解释变量：lnTC		被解释变量：lnEC	
	高科技	非高科技	高科技	非高科技	高科技	非高科技
educex	1.878351 (5.675820)	-0.4078836 (1.502209)	1.017991 (5.065613)	-0.8622627 (1.538262)	0.8446888 (1.879349)	0.4499155 (0.683421)
socialex	3.8108 (8.242296)	-2.367394 (6.750899)	2.834401 (8.196523)	-1.02899 (7.526211)	0.9025252 (5.072402)	-1.334631 (3.433597)
Industry Dummy	Yes	Yes	Yes	Yes	Yes	Yes
County Dummy	Yes	Yes	Yes	Yes	Yes	Yes
Year Dummy	Yes	Yes	Yes	Yes	Yes	Yes
CenteredR^2	0.2966	0.3924	0.3555	0.3187	0.6046	0.3751
Hansen J statistic	0.0383	0.8712	0.0200	0.4572	0.6878	0.0661
Observations	186	293	186	293	186	293

注：1. 根据 stata14.0 计算结果进行整理。

2. 括号内数值为标准差。

3. ***表示 1%水平显著，**表示 5%水平显著，* 表示 10%水平显著。

综上所述，本部分基于 2015 年广东制造业企业-员工匹配调查，对人力资本质量对于企业全要素生产率影响程度的企业异质性问题进行了较为完整的实证检验。与根据丹麦、挪威等小型发达经济体的企业-员工匹配数据所进行的实证研究相比(Fox and Smeets，2011；Irarrazabal 等，2010；Bagger 等，2014)，我们的实证结果有所不同。上述文献认为，对于技术创新要求更高、市场竞争能力更强的高科技企业和出口企业，人力资本质量对于全要素生产率的影响程度更大。对于外资企业而言，人力资本质量与全要素生产率二者的实证关系并不显著大于内资企业。然而，本部分的实证结果表明，对于中国这样一个快速发展、总量巨大的发展中经济体，人力资本质量对于全要素生产率的促进作用在外资企业、非出口企业和非高科技企业中更为显著。一方面，中国经济尚处于快速追赶的发展中阶段，外资的技术扩散效应和技术溢出效应仍然十分明显(徐舒等，2011)，对于处于生产技术前沿的外资企业而言，人力资本质量对于全要素生产率的影响作用更大。另一方面，中国经济尚未真正实现从国际产业分工的价值链低端环节向高端环节的跨越，低生产率的加工贸易出口企业仍占较大比例(戴觅等，2014)，致使出口企业人力资本质量对于全要素生产率的促进作用并未得到充分发挥。此外，中国高科技企业研发创新效率整体偏低(李向东等，2011)，从而使人力资本质量对于改善企业绩效的作用没有得到完全释放。

四、结论

通过选择样本信息时段较近、问项指标较为多元的2015年"广东制造业企业-员工匹配调查"作为研究样本，本书较为全面地实证检验了不同类型企业人力资本质量(Q)对于全要素生产率及其分解指标的微观实证关系。与现有国内文献多采用受教育年限(H)作为企业人力资本代理变量不同的是，本书借鉴了国外研究对于丹麦、挪威等国企业-员工匹配数据的使用方式，构建了完整涵盖员工体能状况(S)、技能水平(M)和受教育程度(H)的人力资本质量指标。因此，本书对人力资本对于全要素生产率影响程度的企业异质性研究，是在多维度、综合性的质量层面进行的实证考察，一定程度上增进了国内文献对于人力资本微观机理的认知，也为人力资本质量与企业全要素生产率的实证关系研究提供了来自大型发展中经济体的比较结果。

第一，人力资本质量对于企业全要素生产率具有较强的促进作用。本书分别采用控制行业、地区和时间固定效应的OLS估计方法和二阶段最小二乘(2SLS)的工具变量估计方法，实证检验了不同类型企业人力资本质量对于全要素生产率的影响程度。分组回归结果表明，对于外资、内资、出口、非出口、高科技和非高科技企业等大多数类型企业而言，人力资本质量对于全要素生产率(TFP)及技术变化指数(TC)、效率变化指数(EC)都有显著为正的影响。工具变量法(IV)的估计结果进一步表明，上述实证关系符合因果效应的统计推断要求。这说明，对于当前中国经济尤其是广大制造业企业而言，提高人力资本质量有助于提高企业的全要素生产率水平，既有利于企业技术条件从现有最优生产前沿边界向外扩张，也有利于企业在现有技术条件下生产效率、资源配置效率的优化。

第二，人力资本质量对于全要素生产率的影响程度具有较强的企业异质性。本书对计量模型式(9-14)的OLS回归与工具变量回归结果表明，人力资本质量对于企业全要素生产率的正向效应在外资企业、非出口企业与非高科技企业更强，上述企业分组与相对应企业分组在二者弹性系数上的差距基本处于0.02~0.21的统计区间内。这表明，人力资本质量对于企业全要素生产率的影响程度在不同企业之间确实存在较大差异。对于主要面向国内需求市场的非出口企业和占据中国制造业企业总数60%以上、工业总产值70%以上、工业增加值近70%的非高科技企业而言，提升人力资本质量对于改善企业绩效、提高全要素生产率具有更大的帮助。此外，本书实证结果进一步表明，由于高科技企业研发创新效率偏低，人力资本质量对于企业绩效的促进作用并未得到充分发挥；人力资本质量对于内资企业绩效的促进作用也显著低于外资企业。因此，为实现企业绩效的提高，应重视人力资本质量在高科技企业、内资企业的有效利用。

第三，人力资本质量在不同类型企业的结构性配置应进一步优化。经济转型升级的整体目标在于推动经济增长方式从技术模仿阶段、投资驱动阶段向全要素生产率驱动阶段转变，而微观企业全要素生产率的普遍提高则是宏观经济转型升级成功的重要基础。对于不同类型企业而言，全要素生产率的改善空间存在较大差异。本书的实证结果表明，对于加工贸易出口企业而言，人力资本质量对于全要素生产率的促进作用并不显著。对于接受国际市场订单外包、仅从事简单来料加工和贴牌生产的加工贸易出口企业而言，其自身通过提高人力资本质量改善全要素生产率的效果并不明显。根据本次基于完全随机抽样的企业样本，加工贸易出口企业的数量仍占全部有效样本企业的近 30%、工业总产值占 28.2%、工业增加值占 23.2%。应允许这类企业加快退出，或通过合理的产业政策引导其尽快转型为面向国内需求市场、具有自主营销渠道和品牌议价能力的制造业企业。这样，人力资本质量的结构性配置将更为优化，能有力推动我国制造业企业的全要素生产率在整体层面进一步提高。

第三节　劳动力成本上升驱动企业创新转型

近年来，劳动力成本的迅速提升对于我国企业的经营绩效造成了较大的压力。国家统计局官方数据显示，一方面，2010—2015 年，城镇单位职工人均工资的平均实际年增长率为 9.2%,[①] 比人均国内生产总值平均年增长率(8.4%)高出 10.3%。与其他国家相比，中国劳动力工资已高于大多数非经合组织经济体国家。例如，2014 年，日本对外贸易组织(Japan External Trade Organization)对亚洲国家劳动力成本状况进行调查，发现 2014 年企业中一个中国工人一年的平均总成本高达 8204 美元，远高于印度尼西亚、印度、越南、孟加拉国等国的同期水平。另一方面，劳动力成本问题直接影响到中国经济增长的可持续性(马飒，2015；Gan 等，2016；Liang 等，2016；陈雯等，2016；谢科进等，2018；李磊等，2019)。通过对统计局调查数据、工业企业数据和个体层面数据的研究发现，劳动力成本上升显著提高了外资企业撤出中国的概率，中国比较优势在国际市场上已受到劳动力成本上升的影响。劳动力最低工资上涨对企业出口概率和出口销售存在显著的负相关，劳动力成本快速上升，对中国经济的效率和竞争力产生了负面影响。

一、理论假设

根据引言所提到的逻辑框架，对行为决策异质性及其对企业向知识经济转型的

① 按照定义，城镇单位职工人均工资是包括国有企业、上市企业、国内民营企业、港澳台投资企业和外商投资企业在内的平均水平工资，按各部门职工比例加权确定。

可能影响进行理论分析，同时讨论中国企业绩效存在异质性的原因。具体可分为两个部分：劳动力成本上升及其对企业绩效的潜在影响、行为决策的定义。所有的理论分析将归纳为不同的假设。

在 Aghion and Howitt(2009)的经济增长理论模型中，与劳动力、资本、创新等相关的生产要素投入是实现企业内生增长的重要因素。根据完全市场竞争假设，生产要素的投入可以根据相对价格变化实现完全弹性调整，那么企业的完全理性选择是通过增加资本投入和加大创新行为来应对劳动力成本的上涨。内生增长理论强调技术进步对于经济增长的贡献，所以企业在面对短期的资本替代劳动力与长期的创新行为选择之时，会选择后者作为其实现利益最大化的核心动力。然而，在现实中，由于完全竞争状态并不存在，人力资本的水平严重制约了经济增长的可持续性，企业向知识经济驱动升级的成本不断提升(Luo 等，2012；Jefferson，2016)。

关于劳动力成本上升对企业绩效的影响，可以提出以下两个假设：

假设 1：虽然劳动力成本上升确实对企业绩效产生了负面影响，但企业仍有一定的行为调整空间来应对这一问题。

假设 2：人均劳动成本增长率高于企业效率增长率，这意味着企业有必要针对这一问题调整行为选择。

从企业行为决策的定义出发，我们提出一个假设：

假设 3：由于短期行为的边际收益显著高于长期行为的边际收益，企业的行为选择存在行为决策差异，对中国向知识经济转型的过程中存在潜在的负面影响。

二、研究设计

本部分将详细介绍企业绩效和劳动力成本的衡量方法，并设定计量模型来检验关于劳动力成本上升对中国经济转型的行为决策差异及其影响的假设。

1. 数据测度

(1)企业绩效

企业绩效是被解释变量。首先，使用两个变量来衡量 2013—2015 年面板企业层面的产出增长。一方面，我们使用每个制造业企业工业增加值的增长来衡量企业层面的产出增长。具体来说，一个国家和地区的 GDP 一般用增加值来衡量，我们使用每家企业工业增加值的一阶差分(以对数形式)作为增长率的有效近似替代。另一方面，从稳健分析角度考虑，使用工业总产值的增长作为替代变量来衡量时间序列变异，用同样的一阶差分输出总额/企业(以对数形式)作为增长率近似值。

其次，使用五个企业绩效指标，销售利润率、总资产收益率(ROA)和净资产收益率(ROE)、劳动生产率和全要素生产率(TFP)，具体如下：(1)销售利润率是衡量企业经营绩效的第一个指标，它被定义为企业层面的息税前利润与销售额之比。通过销售利润率变化，可以比较在劳动力成本上升时，不同企业财务收益变化与行为决策差异。(2)第二个、第三个经营绩效指标是总资产收益率(ROA)和净资产收益率(ROE)，作为考察企业资产回报的替代指标。这些指标分别采用净利润占总资产与占净资产的比率来分别计算。(3)第四个、第五个衡量企业绩效的指标是劳动生产率和全要素生产率 TFP。综合考虑已有研究文献的指标(Gan 等，2016；Liang 等，2016)，使用工业增加值与工人数量的比率作为劳动生产率的代理变量。采用两步法来消除遗漏变量所导致的内生性，并在回归分析中分析劳动力成本上升对企业绩效的影响。第一步，预测残差系数减去估计的固定资本（k_{ijdt}）、劳动（l_{ijdt}）、中间投入（m_{ijdt}）、固定效应（γ_i）的人均增加值，以残差作为企业层面的劳动生产率检验资源分配(人均固定资本、中间投入等变化)潜在的影响。使用固定效应模型对每个行业的所有残差进行分别估计。① 第二步，使用估计的残差作为被解释变量来检验劳动力成本增长对企业经营绩效的影响。(4)最后一个企业绩效指标是全要素生产率 TFP。

借鉴 Brandt 等(2012，2017)计算方法，得到了企业估计的总产出生产函数的残差。以销售收入（q_{ijdt}）为被解释变量，资本（k_{ijdt}）、劳动力数量（l_{ijdt}）和中间投入（m_{ijdt}）为解释变量，② 以柯布-道格拉斯函数形式估计生产函数如式(8-15)。其中，函数中的下标 i、j、d 和 t 分别代表企业、行业、城市和年份，γ_i 代表各种固定效应，ν_{ijdt} 代表 TFP。

$$\ln q_{ijdt} = \beta_o + \beta_k \ln k_{ijdt} + k_{ijdt}\beta_l \ln l_{ijdt} + \beta_m \ln m_{ijdt} + \gamma_i + \nu_{ijdt} \tag{8-15}$$

(2)劳动力成本

劳动力成本是解释变量。一方面，使用三个变量来衡量企业劳动力成本。首先，使用每个企业的劳动力成本总值来衡量，比较企业劳动力总成本和企业总产出增长的时间序列变化。如果劳动力成本总额的增长速度明显高于产出增长(分别测算每家企业的工业增加值与工业总产值)，则可以推断劳动力需求相对无弹性，不能引发企业行为的显著变化。如果这一现实属实，则意味着劳动力成本上升不仅对于企业产出增长存在显著负面影响，而且不能解决企业资源配置行为选择，即是否以固定资本投资替代劳动力，或者选择企业创新行为。其次，使用劳动者收入(工资、奖金与社会保障成本)作为观察劳动力投入相对价格变化的替代措施。通过这两个措施，如果企业劳动成本增长率明显高于人均产出的增长率，则可推断出劳动力的相对价格上升得太快，企业有必要选择其他行为(短期行为与长期行为)以

① 根据中国国家统计局的标准，我们将企业分为五个行业：钢铁和有色金属、建筑材料、机械设备、轻工、纺织、服装和皮革。

② 在如式(8-15)所示的生产函数方程中，我们分别使用固定资本、员工人数和中间产业投入作为资本、劳动力和中间投入的代理变量。

应对。

另一方面，使用另外两个变量来衡量制造业企业在劳动力成本压力下的预期变化。租金分摊指数比较适合用来估计劳动力成本压力预期变化的指标。按照 Menil(1971)、Grout(1984)、Svejnar(1986)、Card 等(2014，2016)的研究方法，将租金分摊定义为分配给公司的每个工人的增值，可按照式(8-16)计算：

$$\frac{Q_{ijdt}}{N_{ijdt}}=\frac{VA_{ijdt}}{N_{ijdt}}-w_{Li}^{a}(1-s_i)-w_{Hi}^{a}s_i \tag{8-16}$$

其中 Q_{ijdt} 表示企业获得的“准租金”。除此之外，VA_{ijdt} 代表企业 i 在 t 时期的生产的附加值。s_i 代表企业中高技能员工的占比情况，① $w_{Li}^{a}(w_{Hi}^{a})$ 代表在谈判破裂的情况下，员工是否可以得到另一种工资。高技能员工和非高技能员工的工资都是按照同一城市相同时期的员工平均工资来衡量。

此外，工资差异指数(也称为工资溢价，Bloom 等，2016)是第二个适合估计劳动力成本压力预期变化的测度指标。基于已有文献(Cotton，1988；Lazear & Rosen，1990；Troske，1999；Bloom 等，2016)，将工资差异定义为同一城市的均衡水平人均收入与企业层面的人均收入之比，均衡水平的人均收入衡量的是 2013—2015 年同城市企业的人均收入。在同一城市的劳动市场中，企业劳动力工资较低，预期未来劳动成本会进一步增加。

2. 计量设定

(1)劳动力成本上升对企业绩效的影响

通过所搜集的微观企业调查数据，本书对劳动力成本与企业绩效之间的时间序列变化进行了深入描述，可以说是劳动力成本上升对中国企业绩效影响进行的完整分析。这些实证分析与上述假设 1 与假设 2 相一致。

首先，为了检验假设 1 是否存在，我们将劳动力成本的时间序列变化与企业总产出增长进行比较。一方面，如果企业层面的劳动力成本之和/企业的增长率高于附加值增长和产出增长总额，则可以推断劳动需求无弹性，劳动力成本上升对可持续增长的负面影响不能有效通过企业的行为调整解决(如增加固定资本和机器与减少劳动力的资源重新配置，或过渡到更依赖研发创新)。如果这一现象存在，意味着劳动力成本的上升不仅会对企业经营绩效产生影响，也无法通过新机器投资或者专利研发等企业行为调整来解决这一问题。另一方面，如果劳动力成本之和/企业的增长率仍然很高但不超过总产出增长，则可以推断企业可以采用行为调整应对劳动力成本上升，尽管后者对绩效有负面影响。

其次，为了检验假设 2 是否存在，本书比较了个体水平上劳动力成本和企业生

① 为简单起见，认为受过高中及以上教育的工人是高技能工人。因此，变量 S_i 是在公司内受过高中及以上教育的工人的比例。

产率变化的时间序列。一方面，如果人均劳动力成本的增长速度(以人均收入和社会保障成本)比企业增长率(衡量生产率，如劳动生产率、TFP和利润率等；财务回报，如ROA和ROE)高，则可以推断，劳动力成本上升对企业效率提升产生负面影响，企业采取行为调整是必要的(短期行为侧重于资本和劳动力之间的投入再分配，或长期行为更依赖于创新的效率增加)。另一方面，如果人均劳动力成本增长率低于企业绩效增长率，则可以推断，至少在短期内，企业没有必要改变其行为选择。

(2)不同行为决策之间存在异质性

本节旨在考察在企业面临劳动力成本上升的情况下，企业不同行为之间的行为决策差异是否阻碍中国转型的重要原因。这与理论分析中提到的假设3相对应。

由于行为决策异质性可以定义为企业短期行为(资本替代劳动力)与长期行为(创新)之间的利益分配不平衡，据此可以预期长期行为的边际收益将低于短期行为的边际收益。利用一阶微分方程来估计企业行为(短期与长期)对其产出增长的不同边际收益。计量模型可在式(8-17)中设定如下：

$$(\ln y_{ijd,t}-\ln y_{ijd,t-1})=\alpha_0+\alpha_1(\ln k_{ijd,t}-\ln k_{ijd,t-1})+\alpha_2(\ln l_{ijd,t}-\ln l_{ijd,t-1}) \\ +\alpha_3(\ln RD_{ijd,t}-\ln RD_{ijd,t-1})+\gamma_i+\varepsilon_{ijdt} \tag{8-17}$$

式中，一阶微分项 $\ln y_{ijd,t}-\ln y_{ijd,t-1}$ 表示企业产出增长率(分别以每个工人的增加值、销售收入和利润来衡量)。同样地，在右边的变量中，$\ln k_{ijd,t}-\ln k_{ijd,t-1}$，$\ln l_{ijd,t}-\ln l_{ijd,t-1}$ 和 $\ln RD_{ijd,t}-\ln RD_{ijd,t-1}$ 分别代表固定资本、劳动力和研发创新投入的增长率。为消除被解释变量和被解释变量之间的相关性，将企业固定效应控制在回归方程中。因此，在一阶微分估计方程中，参数 α_1、α_2 和 α_3 表示不同行为(投资扩张、劳动调整、研发投入增量)对企业产出增长的边际收益。由于短期行为被定义为劳动力的替代资本，因此参数的组合 $\alpha_1-\alpha_2$ 可以被视为这种行为的边际收益。同样，由于长期行为被定义为企业的创新投入，因此该参数 α_3 可以代表企业长期行为对企业产出增长的边际回报。在回归分析中，如果参数组合 $\alpha_1-\alpha_2$ 显著高于 α_3，则可以认为短期行为的边际收益高于长期行为的边际收益。如果有企业层面的数据支持，则可推断出，面对劳动力成本上升的企业存在行为决策异质性，对企业转型存在潜在的负面影响。

三、数据介绍及实证检验

1. 数据说明

本书所使用的微观企业调查数据来自笔者参与并实施的对中国制造业企业的一项持续性研究。迄今为止，由于缺乏关于企业和员工的高质量、深入的数据，无法对中国制造业企业面临的重要问题进行系统的研究。而现有的企业数据集包含信息有限，未能获得企业和员工的关联样本。

调查于2015年开始对中国制造业重要的省份广东省的企业和员工进行调查。2016年，对2015年在广东被调查的企业和员工进行了跟踪调查，并在该省的员工样本中增加了新员工。抽样调查广东省19个县级地区(21个副省级/地级市地区中的13个)，占广东省制造业总产值的90%，制造业就业的86%。2016年又增加了第二个省份——浙江。抽样调查浙江20个县级区(包括17个地市级行政区中的13个)，占浙江省制造业总产值的89%，制造业就业的90%。

调查将2014年第三次全国经济普查中的企业名单作为调查的抽样框架。抽样分两个阶段进行，每个阶段使用概率比例对企业和员工分层大小抽样(PPS)，企业样本代表了中国企业的就业规模。调查总共收集广东省555家企业和浙江省477家共1032家企业含2013—2015年三年的面板数据。

2. 实证检验

表8-16报告了企业一级产出增长指标。① 根据微观企业调查数据，发现2013—2015年的平均增加值增长率为8.8%，远低于2007—2011年的11.9%(NBS，2012)。这支持了之前的研究结果，即中国的经济增长在最近几年有所放缓(Brandt，2016；Brandt等，2017)。同样，调查发现同期总产值的平均增长率为3.2%，也大大低于2007—2011年15.8%的增长率(NBS，2012)。此外，通过对人均产出的衡量，发现这三年中劳动生产率和全要素生产率(TFP)的平均增长率为9.5%(0.3%)，远低于使用1998—2006年的数据得出的21.3%(2.7%)(Brandt等，2012)。根据这四个指标可以发现，企业层面的产出增长自2013年以来确实有所放缓。

表8-16 **2013—2015年企业产出增长变化的面板数据**

年份	工业增加值(单位：万元)		工业总产值(单位：万元)		劳动生产率(单位：万元/人)		全要素生产率	
	平均值	样本量	平均值	样本量	平均值	样本量	平均值	样本量
2013	8680	754	33490	1032	14.34	846	0.009	792
2014	9680	754	35310	1032	16.18	813	0.007	823

① 为了进行具有明确经济含义的统计分析，描述性统计中的劳动生产率、ROA和ROE等指标直接反映在比率中，不扣除资本、劳动力、中间投入和企业固定效应。在下一节的回归分析中，我们预测这3个变量的残差，减去方程(8-16)右侧变量的影响，作为回归模型(8-15)的被解释变量。

续表

年份	工业增加值（单位：万元）		工业总产值（单位：万元）		劳动生产率（单位：万元/人）		全要素生产率	
	平均值	样本量	平均值	样本量	平均值	样本量	平均值	样本量
2015	10280	754	35670	1032	17.32	826	-0.016	879
三年增长率	8.8%		3.2%		9.5%		0.3%	

注：根据微观企业调查数据进行统计分析，TFP 根据回归模型(8-15)来计算。

表 8-17 的统计结果显示，自 2013 年以来，中国企业的盈利能力和财务回报都有所下降。例如，2013—2015 年，中国企业的平均利润率从 4.7%下降到 4.5%，平均年增长率为-2.5%。同样，同期中国企业的资产回报率 ROA 与 ROE 从 5.8%与 8.9%下降到 5.2%与 8.5%，平均增长率为-4.6%(-2.1%)。因此，基于这一独特的微观层面的数据集，可以发现，近年来中国确实面临着更大的经济下行压力。

表 8-17　　**2013—2015 年企业绩效变化的面板数据**

年份	平均利润率(%)		平均股本回报率(%)		平均资产回报率(%)	
	平均值	样本量	平均值	样本量	平均值	样本量
2013	4.7	977	8.9	492	5.8	508
2014	4.9	977	9.5	492	5.7	508
2015	4.5	977	8.5	492	5.2	508
三年平均增长率	-2.5%		-2.1%		-4.6%	

注：根据微观企业调查数据进行统计分析，ROA 为总资产收益率，ROE 为净资产收益率。

从中国企业劳动力成本时间序列变化的描述性结果可以看出，劳动力成本的上升确实对企业绩效产生了负面影响。一方面，与效率下降形成鲜明对比(表 8-18)，表 8-19 的结果显示，自 2013 年以来，每个员工的劳动成本(分别以每个员工的收入和社会保障成本衡量)一直在快速上升。人均收入从 2013 年的 4 万元增加到 2015 年的 4.69 万元，年均增长率为 8.3%。同时，职工人均社会保障费用从 2013 年的 6100 元提高到 2015 年的 7500 元，年均增长 11.0%。由于这两个指标的增长率都超过了效率和财务回报的增长率(利润率、ROA 和 ROE)，意味着劳动力成本的上升确实对绩效产生了负面影响，中国企业有必要针对这一问题做出行为调整。

另一方面，表 8-19 的结果也显示，劳动力成本上升虽然会对企业绩效产生负面影响，但企业仍存在调整行为的可行性。对比每个企业的劳动力成本增长率(表8-19)、增加值和总产值(表8-16)，可以发现每个公司劳动力的平均增长率(6.9%)仍显著低于增加值增长(8.8%)，这就意味着劳动需求没有弹性，以及它可以代替短期行为(资本和劳动力之间的再分配)和长期行为(这更多取决于创新)。此外，随着劳动力成本/公司的增长率已经超过总额的输出(3.2%)，说明以前企业保持产出增长来自低廉的劳动力成本低，这也意味着经济转型不仅是可行的，也是必要和紧迫的。

表8-18 **2013—2015年企业劳动力成本变化的面板数据**

类别	每家企业的劳动力成本(万元)		每个员工的收入(万元/年)		每个员工的社会保障费用(万元/年)	
	平均值	样本量	平均值	样本量	平均值	样本量
2013	2180	947	4.00	843	0.61	404
2014	2480	947	4.49	843	0.70	404
2015	2490	947	4.69	843	0.75	404
三年平均增长率	6.9%		8.3%		11.0%	

注：根据微观企业调查数据进行统计分析。工人收入包含工资、奖金与社会保障成本等。

通过调查可知企业面临的劳动力成本压力的预期变化：劳动力成本的增加将是一个长期的趋势，结果见表8-18、表8-19。例如，基于分位数统计信息，有一个U形关系的租金分摊(企业人均增加值上涨)和劳动力成本(表8-18)。公司拥有劳动力成本位于第一个三组自下而上(底部20%，21%～40%分位数和分位数的41%～60%)，劳动力成本的增加对租金分摊产生负面影响，这就意味着对于大多数企业来说，劳动力成本上升降低了企业工资谈判中讨价还价的能力。此外，调查发现，只有前20%的生产性企业，增加的劳动力成本对租金分摊的影响才能被有效抵消。因此，从租金分摊的统计结果来看，企业工资议价能力的下降是一个长期的时间趋势。同样地，当使用工资差距(工资溢价)作为代理变量，有一个积极的人均收入增长率和工资之间的关系差异(表8-19)。例如，企业拥有最低人均收入增长率(20%)，平均工资差别是0.77，这意味着人均收入在这个群体是23%，低于均衡水平。然而，对于人均收入增长率最高的公司(前20%)，平均工资差距是1.27，这意味着这一小组的人均收入比均衡水平高出27%。因此，从表8-20的统计结果可以看出，对于劳动力成本较高的企业来说，劳动力成本的增长速度更快，意味着劳动力成本在未来还会进一步上升。

表 8-19　　不同劳动力成本下企业议价能力的差异

类别	2015 年租金分摊(万元/年)	
	平均值	样本量
按每个员工收入的分位数计算		
最后的 20%	20.55	142
21%~40%分位	10.07	141
41%~60%分位	9.54	147
61%~80%分位	21.42	144
最前的 20%	33.10	150

注：根据微观企业调查数据进行统计分析。对于租金分摊，它是用每个员工为企业所分摊的增加值来衡量的，它的定义是每个员工的增加值减去平衡水平的工资，工资的权重是熟练员工和非熟练员工的比例。均衡工资以 2013—2015 年同一地级市企业的平均工资(包括熟练员工和非熟练员工)来衡量。

表 8-20　　不同工资增长率下企业工资差异的变化

类别	工资差距(万元/年)	
	平均值	样本量
按企业层面人均收入增长率的分位数计算		
最后 20%	0.77	117
21%~40%分位	0.99	117
41%~60%分位	1.08	116
61%~80%分位	0.93	117
最前的 20%	1.27	117

注：根据微观企业调查数据进行统计分析。对于工资差异，它是通过均衡水平的每个员工的收入来衡量企业层面的每个员工的收入比率，均衡水平的每个员工收入是通过 2013—2015 年同一地级市企业的平均工资(包括熟练员工和非熟练员工)来衡量的。

本节对企业在面临劳动力成本上升时是否存在行为决策进行了检验，表 8-21 中的回归结果报告了企业的不同行为选择(短期的资本替代劳动力行为和长期的创新行为)对产出增长的边际收益估计。相应地，通过一阶微分回归估计方程(8-17)发现，固定资本增长对产出增长的影响(以劳动生产率来衡量，销售收入和利润)至少在 5%的水平上显著相关，而劳动力增长对产出增长的影响在至少 1%水平上显著负相关(除了利润增长)。这意味着，当企业面临劳动力成本上升时，采取短期行为选择(资本替代劳动力)来提高效率是合理的。例如，当控制企业相关特征后，短期行为对劳动生产率增长的边际收益为 1.31，即当资本-劳动比率提高 1%时，劳动生产率平均提高 1.31%。同样，表 8-21 中的回归结果也显示，除利润增长外，R&D 增长对产出增长的影响基本为负，且至少在 1%水平上显著。这意味着，当企业面临劳动力成本上升时，增加研发投入对企业绩效的影响至少在短期内是有限的。因此，企业不同的行为选择(短期行为与长期行为)之间确实存在利益不平衡，这是企业面临劳动力成本上升时的行为决策异质性。

表 8-21　**企业成长影响因素分析(一阶差分方程回归)**

	销售增长率		利润增长率		每个员工的增加值增长率	
	(1)	(2)	(3)	(4)	(5)	(6)
固定资本增长率	0.224*** (5.466)	0.185*** (5.991)	0.010*** (2.679)	0.010** (2.380)	0.216*** (3.081)	0.144** (2.401)
劳动增长率	−0.785*** (−15.754)	−1.033*** (−14.682)	0.016** (2.485)	0.028*** (2.831)	−0.809*** (−10.506)	−1.167*** (−8.744)
研发支出增长率	−0.422*** (−6.205)	−0.368*** (−7.980)	0.001 (0.206)	0.009 (1.390)	−0.255*** (−2.665)	−0.248*** (−2.765)
企业固定效应	否	是	否	是	否	是
样本量	1，484	1，484	1，465	1，465	1，204	1，204
R^2	0.326	0.705	0.019	0.483	0.142	0.618

注：括号内数字为稳健标准差的 t 统计量。*、**和***分别代表 10%、5%和 1%水平上的显著性。

综上所述，基准回归结果表明：一方面，劳动力成本的增加是一个长期的时间趋势，这意味着人口红利不再能够支持中国经济的持续增长；另一方面，通过对比劳动力成本的增长和企业产出的增长，可以发现劳动力成本的上升确实对企业绩效产生了负面影响，企业为应对这一问题进行行为调整是必要和可行的。此外，从一阶微分估计方程的回归分析结果可以发现，短期行为(资本替代劳动力)的边际收益显著高于长期行为的边际收益。因此，企业在面临劳动力成本上升的同时，也存在着行为决策差异，阻碍了企业向创新驱动的转型。所有这些发现都与假设 1-3 相一致。

四、结论

运用一个独特的微观调查数据，本节就中国经济如何在劳动力成本上升背景下实现创新转型，提供了一个新的解释。

通过描述统计和回归分析发现，行为决策异质性可能是阻碍企业进行创新转型的重要因素。当企业面临劳动力成本上升时，它们可以采取两种行为回应这个问题：一个是短期行为(资本替代劳动力)，可以短期内保持效率和经济回报；另一个是长期行为(创新)，可以实现长期可持续的产出增长。如果经济没有任何扭曲，长期行为的预期边际收益将高于短期行为的预期边际收益，这将促使企业尽快进行创新转型。然而，由于政策扭曲和人力资本投资不足的存在，长期行为的边际收益被恶化，导致这两种行为之间的利益不平衡。在利润最大化目标下，企业更多地依赖短期行为来应对劳动力成本的上升，而不是创新，这是企业理性的行为选择。因此，在劳动力成本上升的情况下，行为决策异质性已经成为阻碍中国发展创新型经济的重要因素。

为了解决这一矛盾，加快经济转型，政策建议如下：一方面，政府需要进一步深化市场化改革，消除任何政策扭曲。随着财政补贴和创新补贴的减少，创新资源将完全由市场分配，这将激发企业选择创新的内生动力。另一方面，政府需要投入更多的财政资金来改善教育，努力解决人力资本投资不足的问题。通过向农村学生提供更多的补贴和无息贷款，降低农村地区的教育机会成本，提高城乡之间的教育公平。此外，政府允许更多的社会资金投资于教育，鼓励公立学校和私立(甚至是外资)学校之间通过竞争来提升教育质量。通过这些政策，可以有效地解决人力资本的瓶颈，这将促使更多的企业进行创新，以应对劳动力成本的上升。

第九章　中国工业经济可持续发展战略

工业生产本质上是人类参与的物质资源的形态转化过程，即将自然资源加工转化成可用于消费或再加工过程的产品，而且需要开采能源资源作为加工制造过程的动力。因此，消耗自然资源是工业生产的必然结果。同时，工业生产过程还会产生废料(包括固体、液体和气体废物)，对自然环境产生负影响，这也是工业生产活动的必然后果。问题是，无论是资源的消费还是环境的改变(特别是污染和破坏)，都是有限度的。过度消费资源和破坏环境，不仅使工业生产无法持续进行，而且将破坏人类生存的基本条件。中国工业化是人类历史上人口参与规模最大的工业发展过程，对能源资源和环境的影响非常巨大。

所以，中国工业发展所受到的能源资源和环境约束比世界上其他国家更为显著，特别是进入 21 世纪以生态文明为特色的绿色数字经济模式下，能源资源和环境问题表现得更为突出，这使得我们不得不严肃地考虑：在严峻的能源和环境的约束条件下，中国的工业化能否持续发展，达到预期的经济和社会发展目标？

第一节　中国工业经济发展面临的能源现状

能源是实现我国社会经济可持续发展的物质基础，是中国崛起的动力。我国正处在工业化过程中，经济发展对能源的依赖比发达国家大很多。从世界范围的能源生产与消费情况来看，一次能源的储量和生产量可以满足需要，但能源的生产分布并不均衡，能源价格日益成为改变世界财富分配的重要因素，能源资源控制导致的能源危机变得越发频繁。

我国能源资源总量比较丰富，但人均资源占有量相对匮乏。中国拥有比较丰富多样的石化能源资源，能源总量位居世界前列。远景一次能源资源总储量约为 4 万亿吨标准煤，其中，煤炭占主导地位。2017 年，煤炭资源保有量 10345 亿吨，剩余探明可采储量约占世界的 13%，列世界第三位。已探明的石油、天然气资源储量相对不足，油页岩、煤层气等非常规石化能源储量潜力较大。另外，中国拥有较为丰富的可再生能源资源。水资源理论蕴藏量折合年发电量为 6.19 万亿千瓦时，经济可开发年发电量约 1.76 万亿千瓦时，相当于世界水资源量的 12%，列世界首位。但人均能源资源拥有量较低。

自然资源部发布《中国矿产资源报告2022》，截至2021年年底，中国已发现173种矿产，其中，能源矿产13种，金属矿产59种，非金属矿产95种，水气矿产6种。其中，2021年中国主要能源矿产储量为：煤炭2078.85亿吨、石油为36.89亿吨、天然气63392.67亿立方米、煤层气5440.62亿立方米、页岩气3659.68亿立方米。中国煤炭储量前5的地区是山西、陕西、新疆、内蒙古和贵州，页岩气主要分布在四川和重庆。我国页岩气等勘查再获新进展。四川盆地集中评价泸州区块页岩气，新增探明地质储量5138亿立方米、预测地质储量7695亿立方米，形成国内首个万亿立方米深层页岩气储量区。鄂尔多斯盆地庆城长7油层新增探明地质储量5.5亿吨。松辽盆地大庆古龙非常规油勘探取得重要新进展，新增预测地质储量12.68亿吨。2021年我国能源生产增速加快。一次能源生产总量为43.3亿吨标准煤，比上年增长6.2%。能源生产结构中煤炭占67.0%，石油占6.6%，天然气占6.1%，水电、核电、风电、光电等非化石能源占20.3%。能源消费总量为52.4亿吨标准煤，增长5.2%，能源自给率为82.6%。我国能源消费结构不断改善。2021年煤炭消费占一次能源消费总量的比重为56.0%，石油占18.5%，天然气占8.9%，水电、核电、风电等非化石能源占16.6%。2021年煤炭产量为41.3亿吨，比上年增长5.7%，消费量42.3亿吨，增长4.6%。石油产量1.99亿吨，增长2.1%，消费量7.2亿吨，增长4.1%。天然气产量2075.8亿立方米，增长7.8%，消费量3690亿立方米，增长12.5%。与十年前相比，煤炭消费占能源消费比重下降了14.2个百分点，水电、核电、风电等非化石能源比重提高了8.2个百分点。

但是，中国人口众多，人均能源资源拥有量在世界上处于落后水平；煤炭和水资源人均拥有量相当于世界平均水平的50%；石油、天然气人均资源拥有量仅为世界平均水平的1/15左右；耕地不足世界人均水平的30%，制约了生物质能源的开发。

我国现在基本形成了煤、油、气、电、核、新能源和可再生能源多轮驱动的能源生产体系。初步核算，2019年中国一次能源生产总量达39.7亿吨标准煤，为世界能源生产第一大国。从能源消费总量来看，我国是世界第一能源消费国，能源消费主要靠国内供应，能源自给率为94%。煤炭是我国主要的能源供应方式，其次是石油，虽然我国的水利资源丰富，但水电也只占到6%，炭、石油是不可再生资源，一旦能源枯竭，势必影响我国国民经济的运行。

目前，我国的能源安全问题主要体现在以下几个方面：

一是能源资源的分布不均衡。煤炭资源主要分布在华北、西北地区，水资源主要分布在西南地区，石油、天然气资源主要分布在中西部地区和海域。中国主要的能源消费地区集中在东南沿海经济发达地区，资源分布、生产与能源消费地域存在明显差别。大规模、长距离的北煤南运、北油南运、西气东输、西电东送，是中国能源流向的显著特征和能源运输的基本格局。受我国能源的地理分布及交通运输能力的限制，造成了我国部分省份经常出现“煤荒”“电荒”“油荒”等能源短缺现象。

二是能源资源开发难度较大。与世界其他国家相比，中国煤炭资源地质开采条件较差，大部分储量需要井工开采，极少量可供露天开采。石油天然气资源地质条件复杂，埋藏深，勘探开发技术要求较高。未开发的水力资源多集中在西南部的高山深谷，远离负荷中心，开发难度和成本较大。非常规能源资源勘探程度低，经济性较差，缺乏竞争力。

三是供需不平衡。我国供需出现很大的缺口，在 1994 年，供给缺口为 4008 万吨标准煤，到 2005 年，缺口达到 16468 万吨标准煤，呈现大幅上升的趋势。据 2022 年国家发改委和海关总署数据，2021 年我国煤炭产量 40.7 亿吨，同比增长 4.7%，2021 年中国煤炭进口量为 3.2 亿吨，同比增长 6.6%，煤炭对外依存度 7.3%。按目前的经济发展速度来看，这个缺口将会越来越大。根据数据分析，我国煤炭资源占到一次能源消费的 70%以上；石油是工业的血脉，但目前我国石油的供给已远远不能满足自身的需要，大量依靠进口，近年来，石油、天然气的进口大增，我国石油进口依存度已超过 50%，并不断增长。国际能源市场波动直接影响到石油供应，进而威胁到我国经济的平稳发展。

四是能源定价机制不合理。进入 21 世纪以来，我国快速融入世界经济一体化进程，积极参与世界分工，在国际产业转移的背景下，我国能源消费问题已经成为世界性问题，能源消费量不仅受到本国因素的影响，还受到国际贸易的影响。在全球化背景下，我国能源消费问题主要表现为消费总量增加、能源强度上升、能源结构调整缓慢。具体表现在高能耗出口制造业的发展对能源消费的拉动，国际产业转移制约能源消费效率的提高，等等。造成这种格局表面看是世界经济的发展规律所致，但深层次的原因却是我国不合理的能源定价机制。能源的低价格支撑着粗放的经济发展模式，降低了企业的运营成本和风险，使得国际高能耗、高污染的产业转移到国内，加速恶化了我国的能源和环境问题。

五是能源利用效率偏低。无论是通过第四章的国际比较，还是第五章、第六章的国内工业行业、省际能源效率经验分析，均表明我国能源整体利用效率偏低，存在巨大的能源损失。

六是新能源开发利用进程缓慢。对传统石化能源的过分依赖，在开发利用或正在积极研究、有待推广的能源方面存在力度不足的问题，如对太阳能、地热能、风能、海洋能、生物质能和核聚变能等“绿色能源”的开展缓慢。

第二节　中国工业经济发展面临的环境现状

1978 年至今，中国的改革开放已经走过了 40 多个年头。这 40 多年来，中国在各方面取得了举世瞩目的成就，经济社会面貌发生了翻天覆地的变化。按1978年不变价格计算，中国2007年GDP为53876.1亿元(现价为246619亿元)，大约是1978年的15倍(1978年为3645.2亿元)，人均GDP增长了10倍，数以亿计的人摆脱了贫困；2022年，我国经济总量突破120万亿元，达到121万亿元，这是继2020年、2021年连续突破100万亿元、110万亿元之后，又跃上新的台阶。按年均汇率计算，120万亿元折合美元约18万亿美元，稳居世界第二位。从人均水平来看，2022年我国人均GDP达到了85698元，比上年实际增长3%。按年平均汇率折算，达到12741美元，连续两年保持在1.2万美元以上。

当前，新冠疫情后，地缘冲突持续，全球通胀攀升，美联储激进加息冲击全球，世界经济下行压力明显加大。在此背景下，中国经济稳住了自身发展势头，不断向世界经济输送宝贵增长动能，续写世界经济发展史上的中国奇迹。中共二十大报告为中国的未来擘画了发展蓝图，让全球经济界人士继续看好中国经济发展的光明前景。从53.9万亿元到121万亿元，这是从2012年到2022年中国经济总量的跃升速度。经济增长率达到了6.6%，这是2013年到2022年中国经济的年均增长率。这一数字大大高于2.6%的同期世界平均增速，也高于3.7%的发展中经济体平均增速。

世界银行在其研究报告中指出："中国仅用了一代人的时间，取得了其他国家用了几个世纪才能取得的成绩。在一个人口超过非洲和拉丁美洲人口总和的国家，这是我们这个时代最引人瞩目的发展。"

然而，在肯定已经取得的巨大成就的同时，我们也注意到中国经济增长的质量不容乐观。环境污染和自然生态环境恶化问题已成为我国工业经济可持续发展的重要制约因素。从国内来看，2002年我国CO_2排放量约为33亿吨，占世界总量的13.6%，居世界第二位，2007年已达到52亿吨，年平均增长10%以上。另外，NO_x排放1700余万吨，SO_2排放2468.1余万吨，比上年下降4.66%，列世界第一位。2021—2022年，中国与能源相关的碳排放量相对持平，减少了0.2%，即0.23亿吨，总量约为121亿吨。这是自2015年结构性改革推动排放量下降以来的首次年度总体下降。

我国每年的严重污染工业固体、液体废弃物达10亿余吨，在大多区域已远超过环境自然消化能力，造成严重污染的长远影响难于估算。2019年，196个大、中城市一般工业固体废物产生量达13.8亿吨，综合利用量8.5亿吨，处置量3.1亿吨，贮存量3.6亿吨，倾倒丢弃量4.2万吨。一般工业固体废物综合利用量占利用处置及贮存总量的55.9%，处置和贮存分别占比20.4%和23.6%，综合利用仍然是处理一般工业固体废物的主要途径。2021年，在《排放源统计调查制度》确定的统计调查范围内，全国化学需氧量排放量为2531.0万吨。其中，工业源(含非重点)废水中化学需氧量排放量为42.3万吨，占1.7%；农业源化学需氧量排放量为

1676.0 万吨，占 66.2%；生活源污水中化学需氧量排放量为 811.8 万吨。2021 年，全国 SO_2 排放量为 274.8 万吨。其中，工业源 SO_2 排放量为 209.7 万吨，占 76.3%；生活源 SO_2 排放量为 64.9 万吨，占 23.6%；集中式污染治理设施 SO_2 排放量为 0.3 万吨，占 0.1%。全国酸雨面积仍占全国土地面积的 1/3，全国工业废弃物排放量 1941 万吨，其中 3000 吨危险废弃物未经任何处理排入环境，全国 660 个建制市生活垃圾量 1.36 亿吨，集中处理率仅为 54%。据国家环保总局和国家统计局联合发布的《中国绿色国民经济核算研究报告 2021》，2021 年全国因环境污染造成的经济损失已为 5118 亿元，占当年 GDP 的 3.05%。虚拟治理成本 2874 亿元，占当年 GDP 的 1.8%。

2022 年全国七大水系，全国地表水Ⅰ~Ⅲ类水质断面比例为 87.9%，同比上升 3.0 个百分点；劣Ⅴ类水质断面比例为 0.7%，同比下降 0.5 个百分点。重点流域水质进一步改善。长江流域、珠江流域、浙闽片河流、西南诸河和西北诸河水质持续为优，黄河流域、淮河流域和辽河流域水质良好。其中，长江干流持续 3 年全线达到Ⅱ类水质，黄河干流首次全线达到Ⅱ类水质。地下水水质总体保持稳定。全国地下水Ⅰ~Ⅳ类水质点位比例为 77.6%，Ⅴ类水质点位比例为 22.4%，部分重点污染源周边地下水特征污染物超标问题尚未得到有效控制。水生态环境不平衡不协调问题依然突出。部分区域汛期污染问题突出，黑臭水体从根本上消除难度较大，一些重点湖泊蓝藻水华仍处于高发态势。我国生活垃圾、建筑垃圾产生量逐年迅速增加，也没有形成一个可靠的环境利用机制，国内从管理制度到工业技术上都有许多改进工作有待施行。

表 9-1　　中国碳排放　　（单位：万吨）

行　　业	2016 年	2017 年	2018 年
消费总量	961156.37	971443.80	991302.24
农、林、牧、渔业	11171.38	11414.53	10470.94
工业	804151.73	810970.88	834533.74
建筑业	4970.46	5027.00	4787.82
交通运输、仓储和邮政业	71600.90	75214.10	76973.23
批发、零售业和住宿、餐饮业	10524.86	9969.98	8355.06
其他行业	19870.15	18826.21	17717.68
生活消费	38866.88	40021.09	38463.77

从表9-1中我们可以看到，中国碳排放的总量不断增加，从2007年的52亿吨增加到了2018年的99亿吨，而在2019—2021年又增加了7.5亿吨排放。中国是唯一在2020年和2021年均实现经济增长的主要经济体。中国碳排放量的增加主要是由于电力需求急剧增加，而电力需求严重依赖煤电。2021年，中国CO_2排放量超过119亿吨，占全球总量的33%，排名全球第一。

根据IEA发布的最新报告，随着世界经济从新冠疫情的危机中强劲反弹并严重依赖煤炭来推动经济增长，2021年全球与能源相关的CO_2排放量增加6%至363亿吨，创历史新高。仅2021年，全球CO_2排放量的绝对增幅超过20亿吨，是历史上最大的增幅。不利的天气和能源市场条件(尤其是天然气价格飙升)加剧了2021年能源需求的复苏，尽管可再生能源发电取得了有史以来最大的增长，但仍导致更多的煤炭燃烧。

从国际上来看，伴随能源消费大幅增加，我国的温室气体排放也迅猛增加。根据IEA统计，1980—2006年，我国化石燃料燃烧产生的CO_2排放的平均增速达到5.73%，特别是2001—2006年，中国的排放增速超过10%，排放增长量占全球排放增长量的58%。2020年亚太地区CO_2排放量最大，占比52.38%，其次为北美地区和欧洲地区，分别为16.59%、11.23%。从国家分布情况来看，2020年中国CO_2排放量为98.94亿吨，全球排名第一；美国CO_2排放量为44.32亿吨，全球排名第二；印度CO_2排放量为22.98亿吨，全球排名第三。

2021年，在《排放源统计调查制度》确定的统计调查范围内，全国废气中氮氧化物排放量为988.4万吨。其中，工业源氮氧化物排放量为368.9万吨，占37.3%；生活源氮氧化物排放量为35.9万吨，占3.6%；移动源氮氧化物排放量为582.1万吨，占58.9%；集中式污染治理设施氮氧化物排放量为1.5万吨，占0.2%。

中国工业界CO_2排放量增加同样很快，在1990—2002年10年间排放增长了21%，欧盟和美国则分别下降了15%和10%，在2002—2020年18年间，中国增加了22%的排放量，欧盟和美国增加了4%和12%，具体数据见表9-2。

表9-2　**中国工业界CO_2直接排放比重**

国家	占世界百分比(%)(2002)	期间变化百分比(%)(1990—2002)	期间变化百分比(%)(2002—2020)
中国	24.7	21	22
欧盟25国	14.2	−15	4
美国	12.8	−10	12
印度	5.5	49	65

续表

国家	占世界百分比(%)(2002)	期间变化百分比(%)(1990—2002)	期间变化百分比(%)(2002—2020)
日本	5.5	2	—
俄罗斯	4.4	-19	44
韩国	2.2	77	—
巴西	2.2	61	65
加拿大	1.8	3	—
印度尼西亚	1.7	152	54
墨西哥	1.2	-26	49
澳大利亚	0.8	-18	21
世界	100.0	18	26

来源：Kevin A. Baumert，Timothy Herzong，Jonathan Pershing. Navigating the number: Greenhouse Gas Data and International Climate Policy. World Resource Institute Reperot，2021。“—”表示数据缺失。

从表9-2看出，中国工业的CO_2排放世界排名第一，而且增长速度也比较靠前。不可否认，近年来我国温室气体排放量的增速令世界侧目，中国面临的碳排放压力越来越大。

随着全球气候的异常变化，气候问题已经成为主要的国际性议题，各种国际性会议、双边会晤、多边合作中，气候变化已经成为主要议题之一。正如IPCC主席拉金德拉·帕乔里所说，“现在全球各国领导人和民众对气候变化的关注水平是史无前例的”(新华网，2007)。在这样的氛围下，中国作为潜在的世界最大的能源消费国和碳排放国，不得不站在聚光灯下，而全世界的眼光会“盯住”中国。

全球气候变化需要各国共同努力，这已成为人类的共识。作为发展中大国，中国同样不可避免地要承担其相应的义务。按照《京都议定书》的减排承诺，到2010年，欧盟、美国、日本的CO_2排放量将比1990年减少5.9亿吨，尽管对中国没有强制减排义务，但随着我国经济实力的增长，我国温室气体排放的快速增加，发达国家要求中国控制排放和承担减排温室气体义务的呼声越来越高，这使得我国面临越来越严峻的局面。在2009年的哥本哈根全球气候会议上，以美国、欧盟为首的西方发达国家再次把矛头指向中国。我国勇于承担相对刚性的减排责任，避免以发展权为由拒绝相应的减排责任，力争避免受到发达国家的阻扰，塑造我国负责任的大国国际形象。所以，我国工业经济发展必须走低能耗、低排放、高效率的集约化发展道路，严格贯彻节能减排的国家战略方针，在实践中落实循环工业、生态工业的理念。而这促使我国能源系统形态加速变革，分散化、扁平化、去中心化的趋势特征日益明显，分布式能源快速发展，能源生产逐步向集中式与分散式并重转变，系统模式由大基地大网络为主逐步向与微电网、智能微网并行转变，推动新能源利用效率提升和经济成本下降。新型储能和氢能有望规模化发展并带动能源系统形态根本性变革，构建新能源占比逐渐提高的新型电力系统蓄势待发，能源转型技术路线和发展模式趋于多元化。数字经济的崛起，促使互联网、大数据、人工智能等现代数字信息技术加快与能源产业深度融合。智慧电厂、智能电网、智能机器人勘探开采等应用快速推广，无人值守、故障诊断等能源生产运行技术信息化、智能化水平持续提升。工业园区、城镇社区、公共建筑等领域综合能源服务、智慧用能模式大量涌现，能源系统向智能灵活调节、供需实时互动方向发展，推动能源生产消费方式深刻变革。

21 世纪以来，全球能源结构加快调整，新能源技术水平和经济性大幅提升，风能和太阳能利用实现跃升发展，规模增长了数十倍。全球应对气候变化开启新征程，《巴黎协定》得到国际社会广泛支持和参与，中国、欧盟、美国、日本等 130 多个国家和地区提出了碳中和目标，世界主要经济体积极推动经济绿色复苏，绿色产业已成为重要投资领域，清洁低碳能源发展迎来新机遇。“十三五”时期，我国能源结构持续优化，低碳转型成效显著，非化石能源消费比重达到 15.9%，煤炭消费比重下降至 56.8%，常规水电、风电、太阳能发电、核电装机容量分别达到 3.4 亿千瓦、2.8 亿千瓦、2.5 亿千瓦、0.5 亿千瓦，非化石能源发电装机容量稳居世界第一。“十四五”时期是为力争在 2030 年前实现碳达峰、2060 年前实现碳中和打好基础的关键时期，必须协同推进能源低碳转型与供给保障，加快能源系统调整以适应新能源大规模发展，推动形成绿色发展方式和生活方式。

第三节　碳关税对中国节能减排的影响

一、碳关税的提出

2009 年美国众议院通过了《限量及交易法案》和《清洁能源安全法案》，授权了美国政府可以对包括中国在内的不实施减排限额国家的进口产品征收碳关税，也就是说，从 2020 年起美国开始征收碳关税（Carbon Tariffs），即对进口排放密集型产品，如电解铝、钢铁、水泥、化工产品和众多机电产品等征收特别的 CO_2 排放关税，这实质上是一种新型绿色贸易壁垒。很显然，美国的这项法案，将直接影响到中国商品对美国出口。按照1992年联合国《气候变化框架公约》确立的“共同但有区别责任”的原则和“可持续发展”的原则，发达国家要率先减少温室气体排放，并向发展中国家提供资金和转让技术；发展中国家要在可持续发展框架下，采取应对气候变化的政策和措施。1997年通过的《京都议定书》规定，发达国家作为一个整体，在2008—2012年承诺期内，温室气体排放量比1990年水平至少减排5%。2007年12月制定的“巴厘路线图”，要求2009年年底前制定出发达国家2012年后的减排目标，同时要求没有参加《京都议定书》的美国承担与其他发达国家可比的量化减排目标；发展中国家也要在发达国家的技术和资金支持下，采取具有实质性效果的减排行动。按照上述“公约”“议定书”“路线图”的精神，中国作为发展中国家，可以暂时不承担强制性碳减排的义务，而美国的“碳关税”法案明显针对中国。

二、美国碳关税政策

（一）提出的背景

1. 低能耗低污染的环保产品在全球范围内越来越受消费者的青睐

据统计，67%的荷兰人、77%的美国人和83%的法国人在购买消费品时更愿意优先考虑环保产品，而85%的英国人会考虑产品对环境的影响。如今随着节能减排观念深入人心，越来越多的消费者不仅仅关注产品本身，同时也会关注其对环境的影响，低碳产品往往备受消费者欢迎。因此美国征收碳关税在不少国家的民众中至少不会引起反感，甚至一定程度上可以说是“顺民意而为”。

2. 全球性金融危机造成各国经济受到较大冲击

由于全球性金融危机，各国出口受到较大影响。为了能尽早走出经济困境，各国都有一定贸易保护倾向来推动国内产业的发展。美国作为这次危机的发源地，其经济更是受到相当大的冲击，在这样的背景下，其制定的各类法案常常会有贸易保护主义的影子，而把低碳产业作为战略性产业的美国拥有全球领先的低碳技术，相比之下，包括中国在内的众多发展中国家，相关的环保技术就落后得多。因此，在这样的条件下，美国征收碳关税是突出美国低碳产业的竞争力和美国重新实现贸易昌盛的必由之路。

3. 低碳经济已经成为全球关注的焦点

由于气候议题已成为全球最重要的议题之一，全球关于节能减排已经达成了共识，并且通过执行《京都议定书》和制定巴厘岛路线图使各国在全球范围内实行节能减排任务。自2003年英国政府能源白皮书首次提出“低碳经济”概念以来，低碳经济正成为各国应对气候变化挑战、保障未来能源安全的重要路径，也成为世界主要经济体抢占未来经济制高点的重要战略选择。低碳经济就是以低污染、低排放、低耗能为基础的经济发展模式，它的实质就是能源利用高效化、清洁化、环保化。其核心是促进节能和减排技术的创新发展，以及在碳排放基础上的制度改革和人类对创新发展的思想观念的转变。低碳经济的革命浪潮在短短数年已经席卷全球，在此背景下美国提出碳关税从某种程度上来说可以说是“顺势而为”。

（二）美国“碳关税”政策形成的原因

1. 美国国内贸易保护主义抬头

从历史上来看，美国一直以来就具有贸易保护的传统，早在1789年美国就制定了第一部关税法，并在此后长达140年的时间内，采取了保护主义的贸易政策。19世纪末20世纪初，美国通过了许多相关法案，如1890年的《麦金利关税法》、1897年的《丁利关税法》、1909年的《佩恩-奥尔德里奇关税法》、1922年的《福德尼-麦坎伯关税法》等。在签署了《关贸总协定》（GATT）后，美国陆续制定了《1979年贸易协定法》、《1984年贸易和关税法》、《综合贸易和竞争法案》（1988）等具有贸易保护倾向的法案。奥巴马时期民主党政府更是有着严重贸易保护主义倾向，通过设置贸易壁垒或者反倾销审查等众多方式对国内产业进行贸易保护，在这样的背景下，奥巴马政府出台碳关税政策就不难理解了。从美国的政治制度分析，美国公众通过国会进行利益诉求，进而影响到政府的政策制定。奥巴马时期的民主党政府的主要利益代表群体中，低收入工人占了多数，而这些利益集团由于就业等相关利益问题往往具有浓厚的贸易保护主义倾向，进而影响到美国贸易政策的制定。

2. 美国把低碳经济视为推动未来发展的增长点

如果说《联合国宪章》是以土地为主要资源的农业文明的游戏规则，世界贸易组织以及《关贸总协定》是突破以土地为主要资源而利用市场规则的工业文明的游戏规则，那么《联合国气候变化框架公约》可能会成为未来以低碳经济为主的生态文明游戏规则，引领世界经济的未来发展。美国正是看准了低碳经济时代即将到来，抢先提出“碳关税”的政策，有助于美国掌握未来低碳经济时代的主动权。奥巴马时期的美国政府更是将低碳产业作为引领全球经济下一轮发展的主要增长点，从而将低碳产业提升到美国经济战略的高度，因此碳关税政策的提出是美国全球经济战略中非常重要的一环。

3. 经济利益的驱动

首先，通过对发展中国家征收碳关税可以获得大量财政收入，从而弥补美国政府巨大的财政赤字，同时，征收“碳关税”可以使美国大幅减少对像中国这样的发展中国家的贸易逆差。其次，碳关税作为一种环境成本转嫁机制，可以让进口国承担美国减排所产生的环境成本。

（三）美国“碳关税”对全球贸易的影响

1. 违背WTO规则，不利于国家间贸易往来

美国首次将贸易问题与环境问题联合制定关税政策，是一个很不好的例子，会引起其他发达国家效仿。一旦发达国家将“碳关税”的实施规则凌驾于WTO规则之上，将对发展中国家，特别是像中国、印度这样的新兴国家造成巨大的影响。而且，从以往的经验来看，WTO在有关气候问题的贸易争端的解决上一般很难有作为。如果是这样，很可能导致中国等发展中国家采取贸易反击措施，影响世界各国的贸易往来，全球贸易有可能会因此萎缩，给经济危机中的各国造成很大的伤害。所以，碳关税的征收一定要谨慎，即便为了全球气候变化问题真要征收，也需要世界各国进行协商，平衡各国的利益，在获得广泛接受与认可的条件下征收。

2. 造成新的南北技术鸿沟和差距

以美国为首的发达国家已经完成工业化阶段，并向发展中国家大量转移高能耗、低效率、高排放的重化工业和低端制造业。一方面，发达国家向发展中国家进行产业转移，转嫁环境污染较高产业应承担的减排成本；另一方面，由于发达国家具有碳减排的领先技术，不断提高减排标准迫使发展中国家购买其先进的减排技术，使发展中国家承担高昂的减排成本和费用。而发达国家既转嫁了环境治理责任和成本，又获取了巨大的经济利益。发展中国家在承接国际产业转移的过程中，由于技术水平低下和成本因素，能耗增加，节能减排压力很大。对发展中国家来说，发达国家掀起碳关税无异于提高进口技术标准的壁垒，直接影响发展中国家的出口，削弱发展中国家在国际贸易中的传统优势和成本优势，降低产品的国际竞争力。发达国家通过课征碳关税谋求最大经济贸易利益，将会迫使发展中国家引进其开发的新能源、新环保技术、设备和产品，构造新的南北技术鸿沟，拉开技术差距，形成新一轮发达国家产品出口、技术出口和投资的新优势。美国等发达国家以关税构造贸易保护壁垒，减少进口和贸易赤字，降低国内竞争程度，促进新能源产业发展及对传统产业的绿色改造；增加关税的财政收入，减少财政赤字。但对于像中国、巴西、俄罗斯等以化石能源为主的新兴国家，在碳税、碳关税等政策实施下出口会受到遏制，面临着市场和价格的双重萎缩压力。

三、碳关税对中国节能减排的影响

按国家统计数据以及我们前面第四章的分析，根据官方汇率法计算，中国目前每万美元GDP所消耗的能源数量是美国的3倍、德国的5倍、日本的近9倍。中国1吨煤产生的效率仅相当于美国的28.6%、欧盟的16.8%、日本的3%~10%。

高投入、高能耗必然带来高污染和低效益，中国当前的经济增长成本比世界平均水平高25%。而且，我国已成为全球第一大碳排放国家，美国“碳关税”政策的实施无疑对中国的出口、节能减排工作产生较大影响。

1. 碳关税会造成我国出口贸易额较大幅度下降

美欧等发达国家占了我国出口份额的很大一部分，而我国出口企业大多是高能耗高排放的企业，因此碳关税一旦开征，会使我国的企业受到整体性的打击。另外，我国很多企业凭借低廉的劳动力成本优势参与世界竞争，一旦征收碳关税，环境成本将抵消劳动成本带来的优势，从而使我国的产品竞争力下降，在国际上相应的市场份额也显著下降。

刘小川等在课题“美国征收‘碳关税’对中国经济的影响”中，对征收碳关税可能带来的影响作了专门的研究。课题组运用可计算一般均衡模型(CGE)，分析了美国碳关税对我国对外贸易宏观经济可能带来的影响，得出：征收30美元/吨碳关税，将导致我国进口总额下降0.517%，对美国进口下降1.57%；出口总额下降0.715%，对美国出口下降近1.7%；拖累我国GDP下降0.021%。如果碳关税税率提高至60美元/吨碳，对我国进出口总额的负面影响相应增加，进口总额下降0.869%，对美国进口下降幅度增加为2.59%；出口总额下降1.244%，对美国出口下降幅度增加为2.6%，GDP下降0.037%。

2. 我国企业被迫转型、实施节能减排

碳关税的实施会使得众多企业，特别是外贸企业更加注重节能减排，将其作为经营工作中非常重要的一环，并努力开发低碳经济，也就是说，碳关税作为一种外力会倒逼我国企业不断进行企业转型升级，苦练内功，探索新型工业化道路，加强节能减排，促使企业减少碳排放。

根据美国经济学家庇古(A. C. Pigou)的庇古税理论。碳排放引起气候变化实质上是福利经济学中的外部不经济性问题。按照福利经济学的观点，外部性是指一种经济力量对另外一种经济力量的非市场的影响，是经济力量相互作用的结果，它破坏了资源的有效配置。为了减少这种在自由竞争下的非市场影响，他主张：应由国家采取干预手段进行外部性的内部化，即通过税收或补贴的办法，如根据污染所造成的危害对排污者收税，将污染的成本加到其产品价格中，来消除企业私人成本和社会成本之间的背离，这样企业就不会过度生产产品，从而减少了污染物的排放，减轻了对环境的破坏。这就是著名的庇古税原理(Pigouivain Tax)。

3. 我国应对美国碳关税的措施

首先，我国先在国内实施征收碳税。根据樊纲的观点，处于劣势的发展中国家可以先在国内实行碳税，其税收收入用于国内企业节能减排。关贸总协定(GATT)第20条规定，一国凡是为了“公共秩序”或重要合法政策目的而采取的措施，可背离 GATT/WTO 的基本规范，美国目前正根据这一条积极制定碳关税。但双重征税是违反 WTO 协议的。所以，我们先征收碳税，应该是较好的应对策略。一方面，迫使国内企业积极转型升级，促进节能减排；另一方面，可以把碳税收益留在国内，用于补贴企业环保技术和设备的引进。

其次，加快调整我国产业结构，促使我国企业转型升级。一方面，我国的产业中高碳产业偏多，比如金属加工产业、造纸业和化工产业等，为了应对碳关税，我们应加大对低碳产业的扶持力度，使竞争优势向低碳产业集中，增加低碳产业在国民经济中的比重。另一方面，我国企业中劳动密集型和资源密集型企业仍为数不少，因此要通过实施碳税、碳排放交易（CDM）等政策或方式来促进企业转型升级、节能减排，从而提高在全球市场的竞争力。同时可以通过提高出口退税率等方式给出口企业一定的扶持，使企业顺利度过转型期。

再次，不断扩大内需，改变过分依赖欧美等发达国家的市场局面。我国经济长期以来由出口、投资和消费三分天下，内需在 GDP 中所占的比例严重偏低：欧美国家消费在 GDP 中所占比例一般在 60%以上，而我国 GDP 中消费占比不足 50%，所以我国政府应采取各种刺激国民消费的宏观政策拉动国内消费。而且，我国过分依赖对欧美发达国家出口会造成碳关税征收对我国经济发展带来较大的负面冲击，因此要不断开发新兴国家和广大发展中国家的市场，进而分摊风险。

最后，积极推动形成“国际气候组织”，并从中获得更多的话语权。随着气候议题与政治、经济的关系越来越密切，产生了类似 WTO 的“国际气候组织”负责处理各种与气候相关的政治、经济问题，并制定相关标准。2021 年 11 月 13 日，《联合国气候变化框架公约》第 26 次缔约方大会圆满落幕，各国领导人签署了《格拉斯哥气候公约》（Glasgow Climate Pact）。中国和美国在联合国气候变化峰会 COP26 期间发布了《中美关于在 21 世纪 20 年代强化气候行动的格拉斯哥联合宣言》，中美两国是世界上最大的两个经济体，也是目前最大的两个碳排放国，双方同意建立“21 世纪 20 年代强化气候行动工作组”，在《巴黎协定》框架下在 21 世纪 20 年代采取大力度的强化气候行动，中美宣言的达成将对全球气候变化合作产生重要而深远的影响，从而使全球与气候相关的政治、经济问题在一个合理的组织框架内获得解决，并尽量获得该组织更多的话语权和决策权，推动中国工业数字化、智慧化、绿色化转型升级，确保我国在未来的低碳经济时代有制定相关游戏规则的权力。中国国内地区和行业间发展的不平衡使我国能源消费呈现出能耗总量巨大与利用效率低下并存的特点。因此，我国必须大力发展循环经济，提高能源使用效率，在全社会树立资源节约和环境友好的包容性增长的基本理念，以保障能源和环境对经济与社会发展的支撑。

第四节　循环经济是我国工业经济可持续发展的必由之路

一、循环经济的内涵

循环经济可分为广义和狭义两种，从狭义的角度看，循环经济是要实现物质资源的循环利用和再生使用，物质流从开环转向闭环，如“垃圾经济”、静脉产业、工业共生与代谢、产业链“对接”和“延伸”等都属于这个范畴。从广义的角度看，循环经济不仅包含狭义循环经济的内容，而且具有更宽泛的领域，如资源消耗的减量化和废物排放的减量化使得循环经济可以覆盖全社会各个领域，而建设资源节约型和环境友好型社会是循环经济最直观、最容易被社会公众所理解的表述方式。因此，资源节约和环境友好是发展循环经济最核心、最重要的两个基本理念。

1. 资源节约型社会

资源节约型社会是指在生产、流通、消费等领域，通过采取法律、经济和行政等综合性措施，提高资源利用效率，以最少的资源消耗获得最大的经济和社会收益，保障经济社会可持续发展。建设资源节约型社会，其目的在于追求更少资源消耗、更低环境污染、更大经济和社会效益，实现可持续发展。

在《现代汉语词典》中，节约意指“使可能被耗费掉的资源不能被耗费掉或少耗费掉”。“资源节约”具有双重含义：其一，相对浪费而言的节约；其二，要求在经济运行中对能源资源消耗实行减量化，即在生产和消费过程中，为创造等量的财富，投入尽可能少的资源、能源(或可再生资源)，充分利用各种回收废弃物，使之成为新的资源。这种节约要求彻底转变现行的经济增长方式，进行深刻的技术革新，真正推动社会经济的全面进步。建立资源节约型社会就是要走一条科技含量高、经济效益好、资源消耗低、环境污染少、人力资源优势得到充分发挥的新型工业化道路。所谓资源节约型工业，即构建资源节约型产业体系，加快调整产业结构、产品结构和资源消费结构，是建立节约型工业的重要途径。资源节约型产业体系是指生产效益高，物耗、能耗低，能源利用率高，生产精细化、集约化的产业体系。它与传统的资源浪费型产业相对立，克服了浪费型产业体系的缺陷，是一种全新的产业体系，在本质上，与循环经济的减量化原则是相同的。在生产中，制造厂通过减少每个产品的原料使用量，重新设计制造工艺来节约资源和减少废物排放。例如，用光纤通信电缆代替铜线通信电缆就可以大幅度减少金属铜的使用，也避免了大规模开采铜矿所带来的污染。此外，明确限制类和淘汰类产业项目，促进有利于资源节约的产业项目发展；淘汰技术水平低、消耗大、污染严重的产业，大力发展循环经济，推行清洁生产，有针对性地抓好钢铁、有色、电力、建材等重点耗能行业和高能耗企业的节能；积极建设生态工业园区，合理布局，促进产业链的有效衔接，就能构建资源节约型和环境友好型产业体系。

2. 环境友好型社会：从“末端治理”到“管端防治”

环境友好型社会是一种人与自然和谐共生的社会形态，其内涵是人类的生产和消费活动与自然生态系统协调可持续发展。众所周知，人类对生态环境关注由来已久，中国古代思想家在人与自然的关系上大多主张和谐统一、天人合一，也就是人与自然环境应该友好相处。然而，随着近现代工业的发展，人们在产品开发与生产的过程，只考虑产品适用性、有效性和经济性，很少考虑产品是否会给环境造成污染或给人类健康带来损害。例如，1941 年，科学家研究与开发出杀虫剂 DDT 时，人们都非常欢迎这种成本低、效果好、对农作物的增产增收有巨大作用的产品。然而，当生物学家卡森(R. Carson)1962 年出版著名的警世之作《寂静的春天》，详细叙述了 DDT 和其他杀虫剂通过食物链对地球上的生物和人类产生严重危害以后，才引起公众对化学农药潜在的危害的重视，消除 DDT 对生物和人类危害最有效的方法，一方面是从源头上制止，如美国环境保护署从 1972 年开始禁止使用 DDT 等杀虫剂；另一方面是开发无毒无害、环境友好的新型农药。

传统的工业化道路是“先污染、后治理”或“边污染、边治理”，这种传统环境保护的“末端治理”模式，给治理过程带来极大的困难，治理费用也相当巨大。以循环经济理念指导下的环境友好型社会建设，从一开始就强调“管端防治”，不是以“头痛医头，脚痛医脚”的方式治理环境污染，而是坚持“防患于未然”的理念，从污染产生的源头开始做工作，对产生污染多的产品的生产工艺和制造技术进行重新设计研究。树立清洁生产，生态工业，有毒有害的污染物“零排放”等新思路和新方法，把无污染、无公害、无毒性、环保型的生产技术开发和产品生产纳入视野，多层面、多角度、全方位地推进环境友好型工业体系的建设。因此，从环境保护到环境友好反映了人们从被动保护到主动关爱环境的转变，它使人与自然的关系达到了一种新的境界。

建设环境友好型社会的目的是把生产和消费活动规制在生态承载力、环境容量限度之内，通过积极发展环境无害化技术、环境友好型技术、清洁生产技术、洁净能源技术，来减少生产过程对环境的污染程度和损害程度，通过分析工业代谢过程中废物流的产生和排放机理与途径，对生产和消费全过程进行有效监控，并采取多种措施降低污染产生量、实现污染无害化，最终降低社会经济系统对生态环境系统的不利影响。

循环经济是建设资源节约型社会和环境友好型社会的具体载体和有效途径，而建设资源节约型社会和环境友好型社会各有侧重，互为补充，两者涵盖了社会经济系统中物质量、能源量、废物流量等物质代谢的全过程，它是自然资源消耗减量化和利用的高效化、废弃物排放减量化和无毒无害化、经济活动的生态化和循环化的直接体现。

二、循环经济发展的基本原则

循环经济的“3R 原则”即减量化原则(Reduce)、再利用原则(Reuse)、再资源化原则(Recycle)。“3R 原则”看起来很简单，也很容易理解，但它所涵盖的内容、思想和理念是十分广泛的。事实上，减量化是核心原则，再利用是为了减少资源消耗、再资源化同样是为了减少原生材料的物质消耗。减量化原则主要包含两个方面：一是资源消耗减量化；二是废物排放减量化。由这两个减量化思想延伸出两个新概念：资源节约和环境友好。因此，建设资源节约型和环境友好型社会的理念是循环经济的逻辑结果。国内外专家学者也提出了许多新的发展循环经济的基本原则，如再制造原则、绿色设计原则、非物质化原则、小型化和轻型化原则、节能降耗原则、工业共生和代谢原则、新技术代替原则等，其实都是资源消耗减量化原则的扩展和延伸。而循环化原则、生态化原则、无毒无害化原则、可降解原则、废弃物处理的优先序列原则、清洁生产原则、工业园区生态化改造原则等，本质上都体现了循环经济的环境友好思想和原则。

循环经济的“3R 原则”是我们利用资源的最佳方式，它对社会经济活动全过程进行指导和要求，改变了我们对资源利用的传统认识，也改变了人们在传统的经济模式下所处的资源瓶颈、废弃物末端治理的被动地位。

循环经济的“3R 原则”本身有所区别。首先，减量化原则具有第一法则的意义，因为它与“高消耗、高排放、高污染”的传统经济具有本质区别。循环经济的减量化原则强调经济活动减少对资源的消耗、减少废弃物的产生和排放以及减少环境污染，将传统经济模式下人们对废弃物及污染处理的视角从“事后治理”转变为“事前预防”，同时也是再利用和再资源化原则的目标。其次，再利用和再资源化原则通过将各种废弃物进行不同程度的加工处理后重新作为资源予以利用，提高了流入人类社会经济流程中的资源的利用率。最后，再资源化原则将大量废弃物通过再资源化技术制成再循环利用资源，从而替代原生资源进入生产流程，实现了人类社会物质流循环，减少了对原生资源的大量消耗，避免资源成为废弃物而白白浪费，也减轻了人类活动对生态环境的污染和干扰，实现循环经济的“减量化”目标。

“3R 原则”作为可持续发展思想的体现，反映了 20 世纪下半叶以来人们在环境与发展问题上经历的三种思想理念：首先，以挥霍资源、制造污染为代价追求经济增长的理念终于被抛弃，人们的思想从任意排放废物转变到要求净化废物(通过末端治理方式)；随后，由于环境污染的实质是资源浪费，因此要求进一步从净化废物升华到利用废物(通过再使用和再循环)；最后，人们认识到利用废物仍然只是一种辅助性手段，环境与发展协调的最高目标应该是实现从利用废物到减少废物的质的飞跃。

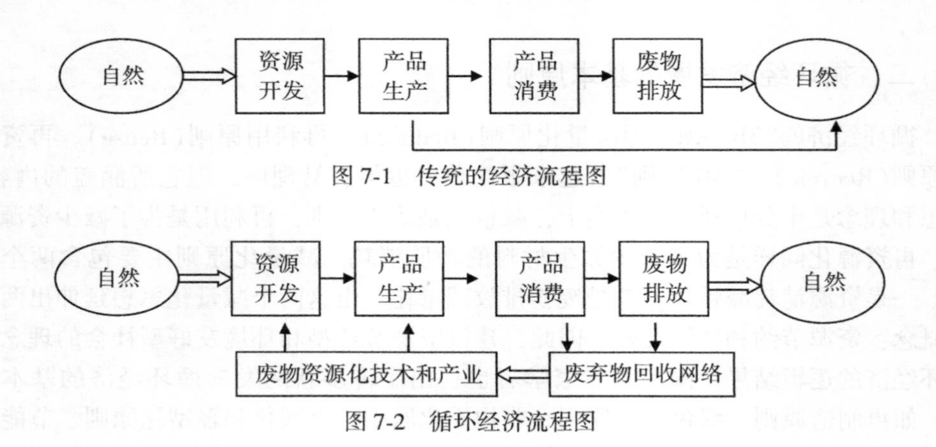

图 7-1　传统的经济流程图

图 7-2　循环经济流程图

循环经济为我们提供了这样一种开阔的思路，它是按照生态规律来利用自然资源和环境容量，实现经济活动的生态转向，因此在本质上是一种生态经济。通过大力发展循环经济来降低经济社会活动对自然资源的需求和生态环境的影响，以最少的资源消耗、最小的环境代价实现经济的可持续增长，从根本上解决经济发展与环境保护之间的矛盾，走出一条生产发展、生活富裕、生态良好的文明发展道路。

1. 减量化原则(Reduce)：减少资源的消耗

循环经济的"减量化"原则是在"生产—分配—交换—消费"经济活动过程各个环节都应该考虑的原则。该原则要求在经济活动的输入端对物质投入进行控制，旨在减少由此进入其后的生产和消费流程中的物质量，从而从根本上减少废弃物的排放量，希望能消耗较少的资源就能够达到既定的生产或消费目标。

"减量化"原则的提出意味着人们必须研究怎样来预防废弃物的产生而不是产生之后的治理，它把人们的视线从经济活动的末端拉到起点，使人们发现对废弃物的治理不是只能处于被动而是可以采取主动，使经济发展由传统的粗放型的高开采、高排放模式转向从源头入手控制的低开采、低排放，强调生产和消费效率的模式。

2. 再利用原则(Reuse)：延长产品的生命周期

循环经济的再利用原则指对投入的物质在经济活动中的过程控制，通过延长对生产余料、废料，报废、淘汰物品以及消费领域的消费品的再利用，来延长产品和服务时间的强度，使物品不会过早的成为废弃物。

例如，很多产品经过使用后或者被部分损耗但没有完全毁坏，如轮胎表面的纹路被磨损，塑料制品的破裂，铁制品损坏或者表面生锈；或者其原有的使用价值基本消失(如报纸等时效性产品)，但是其承载体材料并没有被破坏，饮料容器在饮用后容器本身并没有被消费掉，产品的包装在完成运输过程中的保护功能后，在用户使用产品的时候就不再会用了，以及消费量巨大的一次性用品，这些物品在首次使用之后还有很大的利用价值，但是在日常生活中常常被我们不经意地废弃掉了，而且很多被当作垃圾直接进入填埋场或者被焚烧，这意味着这些材料被永远地破坏而无法重新予以利用。

循环经济倡导将再利用原则应用于生产的全过程和消费的各个领域。从要求生产的产品质量可靠、使用寿命长，到要求尽量广泛统一按照行业尺寸标准进行设计和生产，以便产品进入消费领域后能可靠地使用较长时间而不会因质量因素被废弃，或者产品在使用过程中发生部件故障或损耗时，可以广泛选择可更换部件进行维护并继续使用，而不是做整体性废弃。再如现在大量使用的包装材料完全可以做到通用并重复使用。产品在设计时就应该考虑到再利用的问题，比如把易损耗的部分设计成便于拆卸和更换的部件，以便消费者在使用时可以只更换易损耗的部分而不是整个产品。在日常消费中我们应养成再使用的习惯，如不提倡使用不环保的一次性用品，生活中一些日常用品，可尽量发掘其新用途予以利用等。

3. 再资源化原则(Recycle)：废弃物的回收和再资源化

这是我们在经济活动进行到末端时应充分考虑的原则，是一种输出端方法，它要求把经济活动的废弃物进行资源化处理后重新流向生产的输入端，从而形成一种物质循环式的资源利用模式，而非以往的用后即扔的线性资源利用模式，体现了“反馈”这一生态学规律在经济活动中的指导应用。

经济活动就是资源利用的过程，若没有资源的支持就没有经济的发展。然而自然界中的资源终究是有限的，特别是那些不可再生或者再生周期很长的矿产资源，自然资源由于过去的过度开采渐显稀缺，如果仍然按照传统的高采、高耗、高废气的使用方式，势必影响经济的长远发展。

通过再资源化的循环，一方面减少了传统生产模式下对原始资源的消耗，从而进一步强化了循环经济减量化原则；另一方面也减少了各种产品废弃时填埋与焚烧等处理压力，减轻了人类活动对环境的负面影响。

在工业生产过程中，再资源化提倡把废弃物返回到工厂，在那里进行再资源化处理之后用于制造新产品，同时可以减少垃圾填埋和焚烧厂的压力。利用再生资源，有两种不同的再资源化方式：(1)最适合的资源化方式是原级资源化，即将消费者遗弃的废弃物资源化后生产与原来相同的新产品(报纸变成报纸、铝罐变成铝罐等)；(2)其次是次级资源化，即废弃物被变成其他类型的新产品。原级资源化在形成产品中可以减少20%~90%的原材料使用量，而次级资源化减少的原材料使用量最多只有25%。与再资源化过程相适宜，消费者和生产者应该通过选择最大比例再生资源制成的产品，使循环经济的整个过程实现闭合。

以再资源化技术加工可再生的这一过程，使再循环区别于重复利用，在后一种情况下产品可以简单地加以净化或恢复后再重复利用。为再循环而进行的废弃物回收有时称为再生。再循环的回收阶段可能需要进行废物收集和分离，特别是在可再循环物品与其他废物混合在一起的情况下。再循环可以就地进行，也就是说，废料是在其产生的地点重新加工的。然而，就地再循环兼备废物预防的很多特征，因而有时可以定义为清洁生产方法的组成部分而不算再循环。异地再循环涉及可再循环废物从其产生地点运输到具有独立加工设施的地点。铅电池的再循环就是这种情况，要将其运输到铅冶炼厂去再加工。

再循环有若干不同的加工形式。物理再循环指可再循环废物加工成新产品时不改变其化学结构。玻璃废物可以熔融并重新模塑成新的玻璃产品。废纺织品纤维可进行分离和分级，然后将其转变成新成品。化学再循环涉及可再循环废物分子结构的根本性改变。塑料可以“裂解”而产生更简单的分子用以制造一系列新产品等。

再资源化的方式大致有以下几种：

(1)工业生产的废料和余料的再资源化。实际的工业化过程中，生产原料不可能被全部用光，有些由于加工不合格、整块材料加工后留下的边角料等废料和余料，都是可以经过再资源化处理后再次使用的潜在资源，因此可以对其进行收集和再资源化。

(2)对工业产品的再资源化。工业产品一般都有一定的使用年限，超过使用年限之后，产品的性能或者安全性等方面可能不再符合要求，因此要被淘汰或者废弃，很多被直接当作垃圾而白白地丢掉。事实上，这些工业产品中有很多可以重新作为资源而再度利用。如家电产品很多部件可以重新作为资源返回生产，个人电脑的很多部件中还含有大量的贵金属，这些都是值得进行再资源化的潜在资源。

(3)城市生活垃圾的再资源化。城市生活垃圾一般被认为没有用处而被填埋，然而其中大量的有机成分很容易在被填埋缺氧的情况下和微生物发生反应，产生沼气和渗透液，渗透液会破坏地下水质，而沼气甚至会产生填埋场爆炸的危险。如果我们对其进行再资源化处理，看似无用的生活垃圾可以通过堆肥等再资源化方式有效产生沼气资源，同时得到很好的农用肥料。

同时，作为循环经济基本行为准则，“3R 原则”不仅提出了较高的技术创新要求，而且提出了较高的伦理转型要求，具有很大的社会变革意义。“3R 原则”所要求的减物质化和避免污染产生的思想，不仅适用于工业、农业、商业等生产和消费领域，还可以给人口控制、疾病防治、城市建设、交通控制、防灾抗灾等社会管理活动带来新的启示。一旦以“3R 原则”为具体表现的减物质化思想从经济领域辐射到社会各个领域，将会真正引起一场走向循环经济和可持续发展的社会变革。

三、循环经济是中国工业经济可持续发展的生态文明之路

循环经济是 21 世纪全新的生态文明发展观，它是对人类传统经济发展模式反思的结果，是人类可持续发展理念在经济发展过程中的具体体现。循环经济是一种新的发展观，它是人类对难以为继的传统经济发展模式反思的产物，它是在全球人

口剧增、资源短缺、环境污染和生态蜕变的严峻形势下，人类重新认识自然界、尊重客观规律、探索经济规律的产物。大力发展循环经济，建设资源节约型和环境友好型社会，已成为国家经济社会实现可持续发展的重大战略选择。循环经济不但是一种新的经济发展理念，而且是一种新的经济增长方式，更是一种新的环境保护和污染治理模式。可以说，循环经济是兼顾发展经济、节约资源和保护环境的一体化战略，体现了一种全面、协调、可持续的科学发展观。因此，循环经济是21世纪人类的新发展观，也是人类发展模式的新选择。

1. 可持续发展战略

可持续发展(Sustainable Development)是20世纪80年代提出的一个全新概念。可持续发展是指既满足当代人的要求，又不对后代人满足其需求的能力构成危害的发展。换句话说，就是指经济、社会、资源和环境保护协调发展，它们是一个密不可分的系统，既要达到发展经济的目的，又要保护好人类赖以生存的自然资源和环境，使子孙后代能够永续发展。它是一个重要的经济范畴，同时又是一个环境与经济相结合的社会范畴。

可持续发展强调：生态环境的承载力和自然资源是有限的，经济和社会的发展不可能长期超越自然生态环境的承载力，只有建立在生态环境平衡稳定基础上的经济发展才具有可持续性。这种以追求“人与自然之间协调”和“人与人之间和谐”为目标的可持续发展，不仅涉及一个国家或地区的人口、经济、社会、环境、生态、资源，而且还涉及政治制度、经济体制、文化教育、宗教信仰等方面的诸多因素。例如，可持续发展追求的环境目标是实现由环境与发展的“两难”境地到环境与发展的“双赢”局面的转换；生态目标是实现“生态服务价值”随着人类财富持续增长而保值和增值；资源目标是实现资源消耗的“零增长”，乃至“负增长”，资源利用效率数倍的提高。可持续发展观标志着当前人类对经济发展问题的最深层次的思考，使人类对经济、社会、环境的认识达到一个新的高度。

可持续发展战略的核心是经济发展与保护资源、保护生态环境协调一致，是为了让子孙后代能够享有充分的资源和良好的自然环境。走可持续发展之路，要求我们从经济与环境相结合的角度来认识可持续发展的特征，使经济的飞速发展不会成为环境的重要负担。

(1)可持续发展的和谐型

从人与自然的关系来认识。1987年世界环境与发展委员会在《我们共同的未来》报告中指出：“从广义上说，可持续发展的战略就是要促进人类之间及人类与自然之间的和谐。”如果每个人在考虑和安排自己的行动时，都能考虑到这一行动对其他人(包括后代人)及生态环境的影响，并能真诚地按“和谐”原则行事，那么人类与自然之间就能保持一种互惠共生的关系，也只有这样，可持续发展才能实现。人与自然的和谐性是可持续发展的基本特征。

(2)可持续发展的公平性

从人与人的关系来认识。这种公平性要求人们在利用自然资源发展经济的过程中，除了要实现当代人之间的公平，还必须重视代际公平。即不能以牺牲后代人赖以发展经济的生态系统资源为代价来追求现代高速发展的经济，通俗地讲，就是不能“吃了祖宗的饭，断了子孙的路”。

(3)可持续发展的持续性

从目前和长远的关系来认识。即人们必须正确认识和对待自然资源供给能力的有限性和生态环境容纳排污能力的有限性。这也就意味着，人们发展经济，必须正确处理当前和长远发展经济的需求，以及平衡当前和长远经济利益之间的关系。

2. 循环经济，可持续发展的基石

可持续发展的核心是既要发展经济又不牺牲环境，从而实现人与自然的和谐共生。那么要实现可持续发展，应以什么样的经济发展模式为依托呢？作为21世纪的新选择——循环经济，很好地兼顾了经济增长和环境保护二者的关系，能有效地促进人与自然和谐发展，从而使经济社会的可持续发展成为可能。因此，发展循环经济是实现可持续发展的保障，也是可持续发展的必由之路。

(1)循环经济完全区别于传统经济

循环经济是一种新型的经济发展模式。它以自然生态系统物质循环流动为特征，充分利用科技成果，使上一环节所形成的废弃物成为下一环节的原料，从而形成循环的产业生态链，达到污染的低排放甚至零排放，实现人与自然、经济、资源协调发展，最终实现可持续发展。

第一，循环经济是闭环式经济，而传统经济则是开环式经济。它要求把经济活动组织成“自然资源—产品和用途—废弃物—再生资源”的循环流程的闭环式经济，所有的原料和能源都在这个不断进行的经济循环中得到合理利用，从而把经济活动对自然环境的影响控制在尽可能低的程度。而传统工业社会则是一种由“自然资源—产品和用品—废弃物排放”线型流程组成的开环式经济，这样资源被大量耗竭，环境被严重破坏。

第二，循环经济的“资源”不仅指自然资源，还包括再生资源。它主张在生产和消费活动的源头控制废弃物的产生，并进行积极的回收和再利用，提高了资源的利用率，在环境方面表现为低污染排放甚至零排放。它充分体现了自然资源与环境的价值，促进整个社会减缓对资源与环境财产的损耗，确立了新型的资源供应渠道。据专家测算，按目前的技术水平，每利用1吨废钢可以炼好钢850公斤，节约了铁矿石3吨和标准煤1吨，减少“三废”污染负荷76%~97%；每利用1吨废纸可产生再生纸800千克，相当于节约烧碱300~450千克，木材4立方米，电512千瓦时和水250吨，减少“三废”污染负荷75%。目前许多西方国家都把资源开发的重点转向了废弃物资源的再生利用，其产量已接近或超过采掘业的产量，形成了新的再生资源的供应渠道。

第三，循环经济兼顾环境与经济双重效益。它不仅带来了全新的环境效益，也给人们带来了巨大的经济效益。循环经济的赚钱领域正在从净化废物的末端日益前移到利用和减少废弃物的前沿。目前德国、美国、日本和西欧发达国家已陆续建立了较为完善的废弃物资源化、无害化产业体系。

(2)循环经济与可持续发展的一致性

在循环经济和可持续发展一致的目标框架下，自然、社会和经济这3个子系统要相互协调，即子系统间相互联系、相互影响和相互促进，从而达到社会、经济、环境的协调和可持续发展。

第一，内涵上的一致性。循环经济与可持续发展在本质上都有一个共同点：不是不要发展，而是要怎样发展的问题。可持续发展为人类提供了战略原则、认识基础，而循环经济则为人类找到了战略原则下的实施途径和建立在认识基础上的新的增长方式。可持续发展是人类发展观、文明规划时代的进步，循环经济则是人类经济、社会领域跨世纪的革命。

第二，目标上的一致性。循环经济是一种新型的、先进的经济形态。但是，不能设想仅靠先进的技术就能推进这种经济形态，它是一门集经济、技术、社会和环境于一体的系统工程。循环经济所追求的基本目标是经济集约型增长，资源的永续利用，环境的有效保护，技术进步和社会公平，社会进步与人的生活质量的全面提高。总之，循环经济克服了传统经济发展模式的缺陷，在生产过程中充分考虑了自身的承载力，合理获取能量和原材料，优化高效地利用，并通过再循环尽可能将生产过程中和消费过程中产生的废弃物重新投入生产和消费。因此，循环经济理念在可持续发展中有着举足轻重的地位和作用。我国发展经济就要以循环经济的理念作为指导思想，努力实践全面、协调、可持续的科学发展观，使经济社会与环境资源协调发展。

3. 新型工业化道路：中国工业化进程的必由之路

循环经济是一种新的生产观，是走新型工业化道路的必然选择。众所周知，传统工业化的早期，人们普遍认为自然界有取之不尽、用之不竭的资源，不是自然资源的短缺，而是人类开发资源的能力不足。随着技术革命和工业革命发展，加上在利益最大化追求的驱动下，传统的工业化开始走向无节制地掠夺性开发，引发了对人类生存环境具有破坏性的污染，资源与环境成为制约工业生产进一步发展的瓶颈，引起人们关注和思考。发展中国家如何才能摆脱发达国家走过的老路："先污染，后治理"或"边污染，边治理"。为此，中国提出了走"新型工业化道路"。其实质就是循环经济发展模式在工业化发展领域的直接反映和具体体现。

长期以来，发展经济和保护资源环境是一对尖锐的矛盾，寻找一条既能加快经济发展，又能有效保护生态环境的可持续发展之路，是世界各国人民共同面临的一项课题。而新型工业化道路的提出是一项非常有意义的战略决策。走新型工业化道路是实现可持续发展的必然选择，而循环经济模式的出现为实现经济发展和环境保护和谐统一提供了有效的途径。

走出一条科技含量高、经济效益好、资源消耗低、环境污染少、人力资源优势得到充分发挥的新型工业化路子是中国现代化进程中艰巨的历史性任务。

(1)科技含量高：指的是实行信息化带动工业化的战略创新。新型工业化以科技进步和创新为动力，注重科技进步和劳动者素质的提高。一是大力发展以信息产业为龙头的高新技术产业。二是着力运用现代信息技术和信息管理技术，改造传统产业。以先进制造技术和现代管理模式，创造更好的生产方式和更高的劳动生产率，有效提高科技含量和实现对物质资源的替代与节省。所以，必须把握信息化发展的大趋势，采用最新的科学技术，实现社会生产力的跨越式发展。如采用环境无害技术，既能减少环境污染，又能合理利用资源和能源，更多地回收废弃物和产品，并以环境可接受的方式处置残余的废弃物。这样就能取得经济和环境双重效益。

(2)经济效益好：新型工业化道路是以信息技术为导向，在发展经济的过程中资源下降，而效益增加，环境污染少，因此效率能够提升。

(3)资源消耗低、环境污染少：新型工业化道路依托以信息技术为代表的科技革命，为在加快发展中降低资源消耗、减少环境污染提供强大的技术支撑，从而大大增强我国的可持续发展能力和经济后劲。

(4)人力资源优势得到充分发挥：指的是实行以人为本的战略创新。新型工业化道路，突出了以人为本的战略思想，把扩大就业、增加劳动者收入、解决与人民群众切身利益密切相关的问题、促进人的全面发展放到重要位置，并使人力资源的优势得到充分发挥。

走新型工业化道路，正确处理好提高劳动生产率和扩大就业的关系，正确处理好发展高新技术产业和传统产业的关系，正确处理好发展资金、技术密集型产业和劳动密集型产业的关系，把实施人才战略作为发展工业经济的重中之重，努力培养和引进优秀的人才，不断提高劳动者的素质，特别是建设好一支适应21世纪发展需要的企业家队伍，依靠高质量的人力资源加快发展现代工业。要继续推进国民经济和社会信息化，坚持以信息化带动工业化，构建技术高、效益好、消耗低、污染少、就业多的产业结构。要加快发展就业容量和市场潜力大、能源和资源消耗少的服务业，增强服务业对经济增长的拉动作用。要把能源产业的发展放到重要位置，坚持节约优先、立足国内、煤为基础、多元发展，构筑稳定、经济、清洁的能源供应体系。要着力调整原材料工业结构，加快矿产资源勘探开发，进一步完善水利、交通、信息等基础设施。

四、基于发展循环经济理念推进中国节能减排

当前我国正处在工业化和城市化快速发展阶段，能耗高、污染排放强度大的重化工产业高速增长，我国节能减排实践存在很大压力。

由于中国政府在“十四五”发展规划中，把节能减排提升到前所未有的战略高度，2005年以来，我国节能减排工作取得了相当大的进展。我国是能源消费大国，节能潜力巨大。2012年以来，我国单位国内生产总值(GDP)能耗累计降低24.6%，相当于减少能源消费12.7亿吨标准煤。2012—2019年，我国以能源消费年均2.8%的增长支撑了国民经济年均7%的增长，能源利用效率显著提高。到2025年，全国单位国内生产总值能源消耗将比2020年下降13.5%，能源消费总量得到合理控制，化学需氧量、氨氮、氮氧化物、挥发性有机物排放总量将比2020年分别下降8%、8%、10%以上、10%以上。节能减排政策机制更加健全，重点行业能源利用效率和主要污染物排放控制水平基本达到国际先进水平，经济社会发展绿色转型取得显著成效。到2025年，国内能源年综合生产能力达到46亿吨标准煤以上，原油年产量回升并稳定在2亿吨水平，天然气年产量达到2300亿立方米以上，发电装机总容量达到约30亿千瓦，能源储备体系更加完善，能源自主供给能力进一步增强。重点城市、核心区域、重要用户电力应急安全保障能力明显提升。单位GDP的CO_2排放五年累计下降18%。到2025年，非化石能源消费比重提高到20%左右，非化石能源发电量比重达到39%左右，电气化水平持续提升，电能占终端用能比重达到30%左右。节能降耗成效显著，单位GDP能耗五年累计下降13.5%。能源资源配置更加合理，就近高效开发利用规模进一步扩大，输配效率明显提升。电力协调运行能力不断加强，到2025年，灵活调节电源占比达到24%左右，电力需求侧响应能力达到最大用电负荷的3%~5%。能源行业环保水平显著提高，燃煤电厂污染物排放显著降低，具备改造条件的煤电机组全部实现超低排放。未来“减排”可以完成预定目标，但“节能”完成计划目标仍然任务艰巨。

“十四五”期间我国工业发展会遇到一些挑战：

(1)全球疫情对经济增长速度提出了新的目标。在2019—2022年，我国经济平均增速为3%，为促进经济快速增长，施行的宽松性宏观财政和货币政策使得大量高能耗、高污染、低效益的企业得以生存和发展。

(2)我国工业发展速度很快，特别是高能耗、高污染的重化工业。例如，电力、钢铁、有色金属、建材、石油加工、化工六大行业在这期间的平均增长速度继续增加。而这些行业能耗占到我国总能耗的70%以上，拖累了我国整体能源效率，使得我国整体的能耗水平居高不下。

(3)部分地方政府片面追求GDP的发展速度，政府的环保责任没有落实到位，节能法、环保法等执行力度差。

(4)较低的能源资源价格以及较低的污染排放成本，没有对企事业单位形成足够的成本压力，没有引起足够的重视。

(5)随着收入水平和家庭电气化、智能化程度迅速提高，居民家庭人均能源消费和废弃物排放逐渐上升。

(6)建筑节能没有取得相应进展。虽然有关部门颁布了建筑节能标准，但是绿色建材产品和关键技术的研发投入，性能优良的预制构件和部品部件的应用，城镇新建建筑中绿色建材应用比例，新型功能环保建材产品与配套应用技术都还有待提升。

(7)国家在高能耗行业推行的"扶大压小"调控政策并没有达到预期效果。2021年以来，国家在煤炭、钢铁、水泥、化工、电力等高能耗、高污染产业实施"扶大压小"、淘汰落后产能的政策，希望通过规模效应提升行业技术水平，实现节能减排。全国各地对此政策"积极响应"，纷纷建设大项目，新投资项目数量下降了，但在建项目规模普遍加大，而应压缩关闭的很多小企业和落后产能没有及时关闭和拆迁，一些小企业以各种名义规避淘汰政策。其结果是，重化工产业没有因为"扶大压小"而放慢增长速度，反而拉动整体经济与其能源消费量的快速增长。

在保持我国经济又快又好发展前提下，如何实现节能减排目标呢？转变经济发展方式，积极发展循环经济成为实现节能减排目标的必由之路。国务院于2021年6月发布了《国务院关于印发"十四五"节能减排综合工作方案》(以下简称《方案》)的通知。以习近平新时代中国特色社会主义思想为指导，全面贯彻党的十九大和十九届历次全会精神，深入贯彻习近平生态文明思想，坚持稳中求进工作总基调，立足新发展阶段，完整、准确、全面贯彻新发展理念，构建新发展格局，推动高质量发展，完善实施能源消费强度和总量双控、主要污染物排放总量控制制度，组织实施节能减排重点工程，进一步健全节能减排政策机制，推动能源利用效率大幅提高、主要污染物排放总量持续减少，实现节能降碳减污协同增效、生态环境质量持续改善，确保完成"十四五"节能减排目标，为实现碳达峰、碳中和目标奠定坚实基础。

该《方案》提出了多项具体政策措施，涵盖结构调整，加大行政管理力度，实施节能环保重点工程，加强节能减排投入，加强节能减排技术研究开发与推广应用，加快建立节能技术服务体系，推进资源节约与综合利用，深化循环经济试点，加强节能减排技术标准建设和监督管理体系，加大税收、投融资、价格收费等经济调控手段的改革力度，加强立法管理和宣传等诸多方面。

这些政策和管理措施中，经济手段和环境管理政策法规的落实至关重要。调查发现，在强大的环境保护成本和资源价格上涨的成本压力下，很多企业已经开始通过发展循环经济、加大技术改造力度，甚至引进最先进的技术设备等多种途径，推进节能减排。例如，在一些钢铁企业，针对450~550立方米高炉焦炭消耗高和污染排放大的问题，引进了高炉炉顶余压发电新技术，实施了高炉煤气和转炉煤气回收发电，废水回收循环利用，二次除尘，高炉渣制水泥、钢渣微粉制水泥、各种固体废弃物综合回收再利用等循环经济模式，大大降低了吨钢综合能耗和污染排放，实现了清洁生产。循环经济模式降低了单套装置的最小经济规模，降低了吨钢综合能耗，实现了增产减排，降低了生产成本，提高了经济效益。一些企业开始试验直接还原法，即用一步炼钢法来取消高炉的先进工艺。

实践证明，在增强可持续发展意识后，通过重构价格形成机制、加大资源税和环境使用成本，从生产的前端提升企业的进入门槛和成本，从生产的末端加大排放废弃物的成本，然后再通过财政、税收等优惠政策和服务措施，降低企业发展循环经济、节约资源和能源、减少废弃物排放的成本，可以有效地推进生产企业发展循环经济，推进节能减排。

第十章　结论与建议

本章首先对前面各章节的结论做一个完整的归纳整理，然后在此基础上提出改善我国工业能源效率并保持工业经济可持续发展的一些建议，最后指出本书研究中存在的问题及未来可以深入的方向。

第一节　主要研究结论

中国经济未来增长的主要动力，源于能源效率的提升和企业技术创新，我们研究在现有的能源效率研究成果的基础上，借鉴生产率理论、经济增长理论、运筹学、环境经济学、能源经济学以及产业经济学和现代计量经济学分析方法，分别从跨国、行业、省级三个维度，围绕我国工业能源效率水平如何、哪些因素影响我国工业能源效率、如何提升企业技术创新能力推动全要素生产率的问题展开论述。在研究过程中遵循"从现实问题出发→理论模型分析→实证分析→得出结论并提出建议"的思路。本书的主要结论有以下几点：

第一，当前有关能源效率的定义不统一，不同方法和指标测算出来的能源效率差异很大。鉴于传统单要素能源效率指标存在诸多缺陷，本书在全要素生产率框架下，引入能源和环境两个因素，运用非参数超效率 SE-SBM(super-efficiency slacks-based measure) 模型方法对不同国家、地区和工业行业的能源效率进行绩效评价，扩展了能源效率的研究视角和方向，为今后考察经济发展-能源-环境三者的协调性提供了思路。

第二，对于"中国能源效率水平在国际所处的位置"这一问题，以往基于物理和经济指标的比较无法给出一致的结论。本书采用 80 个国家(地区)2000—2020 年的面板数据，对全要素能源技术效率进行了测算和比较，结果显示，我国的全要素能源技术效率排名第 20 位，即便与经济规模或收入水平相近的经济体相比，能源效率仍靠后，主要原因在于我国经济的规模效率低下，而较低规模效率的深层原因是我国资本过度深化和财政分权导致市场分割所致，但我们同样观察到，我国全要素能源效率起点低，但改善速度却是最快的。

第三，我国正处于工业化进程中，工业耗能和污染排放占到全国总水平的 70%以上，因此，考察我国能源和环境问题，必然要研究我国工业能耗和污染排放。本书利用我国工业28个行业2004—2020年的面板数据测算了各行业综合环境因素的全要素能源效率，结果表明，我国工业行业全要素能源效率普遍较低且两极分化严重，除烟草加工业、电力蒸汽热水生产供应业、有色金属矿采选业、石油加工及炼焦业和非金属矿物制品业五个行业能源效率较高外，其他23个行业均不理想。从能源效率差异的变化趋势看，2002—2012年工业行业的能源效率差异呈缩小趋势，但2012—2020年呈发散趋势。

继续深化国有经济改革，降低国有经济比重，鼓励民营企业的发展，正确引导外资企业的进入，为不同经济成分提供良好竞争环境，在一定程度上有利于改善我国工业行业的能源效率。但资本深化对工业能源效率的影响比较复杂，一方面，资本深化可替代、节约能源，提升能源效率（杨文举，2006）；另一方面，资本过度深化违背了我国资源禀赋的比较优势，出现整体效率下降（林毅夫、刘培林，2003；申广军，2016）。

第四，中国不同地区的工业能源效率怎么样，是否存在显著的地区差异性呢？这对于制定不同地区工业节能减排政策提供了参考。本书利用我国30个省市2000—2020年面板数据测算了包含污染的全要素能源相对效率，从各区域的工业经济全要素能源相对效率的变化趋势看，东部省份遵循“先上升，再下降”的特征，转折点一般出现在2012年附近。如果从区域角度看，东部地区工业能源相对效率一直较为平稳，在0.7附近小幅波动，在2012年之后出现了小幅度下降，直至2014年才开始缓慢回升；中部地区在2004年急剧下降，但在2006年后有一个平稳的回落，一直持续到2020年到达低谷，低于全国平均水平；西部地区也在2004年出现大幅度下滑，随后在2006年之后一直小幅下降，维持在0.3的低水平小幅度波动。

加快工业经济结构升级，深化产权改革，推进企业集团化和自主创新，优化能源结构，积极开发天然气、水电、风电和核电等清洁能源，能有效提升我国工业能源效率。

第五，工业要发展，必然要消耗能源和排放污染物，如何协调三者之间的关系，实现我国工业的可持续发展呢？发展循环经济，推进节能减排成为我国经济发展的必由之路。

第六，2022年是我国“十四五”规划的关键节点，我国的减排目标提前完成，但是节能目标与计划目标还相差较大，能否如期完成原定的两个约束目标呢？本书利用我国工业37个行业2005—2007年的面板数据，对各行业的节能减排潜力、节能减排目标的可行性进行了分析，结果表明，大多数工业行业节能、减排潜力很大。从工业行业汇总数据看，我国2019年、2020年的能源消耗为303624万吨、311987万吨，节能潜力占我国一次能源消费总量的15%、18%；2019年、2020年平均可节约能源46208.01268万吨、56412.18724万吨，可减少CO_2排放量

228807.3629 万吨、312283.5818 万吨，占我国 CO_2 排放总量的 34%、45%。这说明，如果其中的 28 个制造业处于技术前沿上，在保持其他投入和经济产出不变的条件下，我国的能源投入量和二氧化碳的排放量会下降 15%和 30%，节能减排潜力非常之大。

根据《2022 年中国统计年鉴》中 2020 年的经济产出、能源消耗和污染排放数据，可以计算出 2021 年、2022 年能耗强度相对于 2020 年分别下降了 2.7%、5%，均完成年度阶段目标；而 2021 年和 2022 年 CO_2 排放总量没有下降，反而比 2020 年上升了 1.4%和 10.6%，未能完成阶段目标。

从这个角度来讲，“十四五”规划制定的 2021—2025 年能耗下降 13.5%，相当于每年下降 2.7%，2021—2022 年，能耗减少 14148 和 14607 万吨标准煤，排放量下降 10%，即每年下降 2%，减少能耗 2 亿吨以上；从实际数据来看，能源消耗“十四五”目标可以达到，但是 CO_2 排放量“十四五”目标在理论上可行，现实很难达到。

第七，在中国经济处于劳动力成本上升背景下实现创新转型，企业行为决策的异质性可能是阻碍企业进行创新转型的重要因素。当企业面临劳动力成本上升，短期行为(资本替代劳动力)可以短期内保持效率和经济回报；长期行为(创新)，可以实现长期可持续的产出增长。如果经济没有任何扭曲，长期行为的预期边际收益将高于短期行为的预期边际收益，这将促使企业尽快进行创新转型。然而，由于政策扭曲和人力资本投资不足的影响，长期行为的边际收益被恶化，导致这两种行为之间的利益不平衡。在利润最大化目标下，企业更多地依赖短期行为来应对劳动力成本的上升，而不是创新，这是企业理性的行为选择。因此，在劳动力成本上升的情况下，政府需要进一步深化市场化改革，消除任何政策扭曲现象。随着财政补贴和创新补贴的减少，创新资源将完全由市场分配，这将激发企业选择创新的内生动力。同时，政府需要投入更多的财政资金来改善教育，努力解决人力资本投资不足的问题，提升人力资本质量，推动企业创新科技转型。通过这些政策，可以有效地解决人力资本的瓶颈，这将促使更多的企业进行创新，提升企业全要素生产率以应对劳动力成本的上升。

第二节　中国节能减排政策建议

2015 年 5 月，习近平总书记赴浙江省舟山市考察调研。在定海区新建社区同村民座谈时，习近平指出：“绿水青山就是金山银山。”2022 年 10 月，习近平在全国生态环境保护大会上强调，绿水青山就是金山银山，贯彻创新、协调、绿色、开放、共享的发展理念，加快形成节约资源和保护环境的空间格局、产业结构、生产方式、生活方式，给自然生态留下休养生息的时间和空间。

现在，中国正处于工业化快速发展阶段，工业节能减排任务尤其艰巨，我们更要坚定贯彻习总书记的生态文明思想的经济发展之路，坚持环保理念，需要各级政府从法律法规、经济政策和行政手段上大力推进节能减排工作，还需要企业界和学术界从实践与理论上对节能减排实践给予重视，本书依据研究成果对改善我国能耗效率、推动节能减排，尤其是工业节能减排提供了一定的理论和实证分析，主要有以下几点建议：

第一，打破财政分权制度下的市场分割现象，鼓励跨区域、跨行业的企业并购、重组。20世纪90年代以来，我国通过引进国外先进装备、工艺技术提高生产技术水平，部分大型企业的能源效率已接近甚至超过国际先进水平，但是由于国内市场分割严重、各地重复建设、盲目投资等原因，造成了我国整体规模效率低下，出现了“微观”能效高、“宏观”能效低的现象。因此在继续深化对外开放、引进先进技术的同时，更需要建立适度的财政分权比重，在保持地区有效竞争的前提下避免重复建设，有效布局，打破区域间壁垒，建立和完善全国的统一市场，实现各种生产要素自由流动。

第二，因地制宜制定各地区、各产业的节能减排目标。我国各地区经济发展水平和工业化程度存在较大差异，导致目前不同地区的能源相对效率差距较大，东部地区普遍高于中、西部地区。因此在制定各地区节能减排目标上，避免“一刀切”政策，应综合考虑地区的发展差异、产业结构差异、节能潜力与节能规模，遵循“先易后难”的原则，优先从节能潜力与规模较大的地区、产业入手。

第三，改善我国工业能源效率，推进节能减排。改善工业能源效率的途径很多，除了产业结构调整、技术进步可提高能源效率之外，还可以通过大力发展清洁可再生能源、改善能源结构来提高经济的能源效率，同时降低污染排放；可以适度进行跨地区、跨行业的整合，通过扩大工业规模来获取规模效益；另外，在引进外商直接投资方面，要注重外资的质量与产业特征，引进自身需要的高水平外资来促进先进技术的外溢。当然，各地的发展水平、产业结构、开放程度、资源禀赋存在差异，在制定节能减排政策时要因地因时做出选择，不可盲目照搬。

第四，建立节能减排的内在动力机制。节能减排不仅需要中央政府大力推动，也需要地方政府、企业和个人的内在行动与之相容，即“激励相容”。“十三五”规划的前四年未能完成节能阶段性目标，其原因一方面是政策的出台、执行和落实有一定时滞性；另一方面，以行政等强制性手段为主的各种政策往往经济成本较高、持续性较差，且与激励不相容。在今后的“十四五”节能减排实践中，需要中央政府建立节能减排的内在动力机制，通过激励相容的机制设计、完善转移支付的配套制度等，缓解经济欠发达地区的GDP冲动。另外，还需要建立有效能源资源价格定价机制，引导企业技术创新转型提升全要素生产率，高效、自发地改善能源效率和减少污染排放。

第五，着手制定我国碳税政策。当前，我国工业碳排放居世界第一，而且还会继续增加，近年来我国在温室气体排放上引起世界许多国家的侧目，以美国为首的发达国家拟定在2020年对包括中国在内的不实施减排限额国家进口产品征收碳关税，为了应对美国的碳关税实施，我国应事先在国内对高能耗、高排放的产品征收碳关税，可避免税收外流。同时，碳税的征收可以缩小企业私人成本和社会成本的差异，促使企业利用技术创新转型，提升全要素生产率，使生产行为更合理，改善企业生产效率，减少污染排放。

本书今后有待继续展开的研究包括以下几点：

(1)污染物排放指标用CO_2的排放量指标来反映，而忽略其他污染物(如二氧化氮、化学需氧量以及氮氧化物等)对经济和环境的负面影响。若能综合考虑这些污染物指标，得到的结果可能更客观，能更好地反映经济增长的质量，同时比较污染对企业技术创新转型的影响。

(2)尽管从理论、逻辑上，本书基于全要素生产率框架的能源效率指标要优于单要素能源生产率指标，但迄今为止研究领域仍未建立全球各国(地区)统一的能源效率的比较标准，因此对于目前各种指标的评价和比较结果，无法提供稳健和可信的检验，还需要进一步对此深入的研究，同时对比研究不同国家企业层面的能源效率、创新对于全要素生产率的促进作用等。

(3)在进行跨国(地区)能源效率比较时，考虑到各国(地区)的工业方面数据难以获取，又由于能耗消耗和污染排放主要来自工业，一国(地区)的能耗水平基本能反映该国(地区)工业的能耗水平，所以，没有直接比较各国(地区)的工业能源效率，而是比较各国家(地区)综合的能源消耗强度；这样处理，还是存在一些偏误，因为欧美等发达国家已经完成了工业化过程，工业能耗占全国能耗总量的比重相对一些工业化未完成的国家(地区)要低。

附录1 资本存量的估算

永续盘存的计算方法为：

$$K_{it} = I_{i,\ t} + (1 - \delta_i)K_{i,\ t-t}$$

其中，K_{it}是国家(地区)i第t年的资本存量，$I_{i,t}$是国家(地区)i在第t年的投资，δ_i是该国固定资产的折旧率，如果选择一定的基期，则可以通过迭代将上式转化为：

$$K_{i,\ t} = K_{i,\ 0}(1 - \delta_i)^t + \sum_{k=1}^{t} I_{i,\ k}(1 - \delta_i)^{t-k}$$

可以从式中看出，为了估算第i国(地区)在每一年的资本存量，需要确定：

(1)资本折旧率，此处假定δ_i对于各国(地区)各个时期而言均为7%(King and Levine，1994；Benhabib and Spiegel，1997)。

(2)各国投资序列$I_{i,t}$，可以利用PWT10.0表中的"实际GDP"与"投资占GDP比重"这两个指标相乘，即可得到以2000年固定价格计算的投资序列。

(3)基期初始资本存量$K_{i,0}$，可以根据King and Levine(1994)的方法进行估算，假定在稳态条件下资本-产出比例是恒定的，因此，稳态条件下的资本产出比可表示为：

$$k_i = \frac{i_i}{\delta + \lambda g_i + (1 - \lambda)g_w}$$

其中，i_i是第i国(地区)在稳态时的投资率，可以用该国在1980—2000年的平均投资率来表示，$\lambda g_i + (1 - \lambda)g_w$是在稳态时的经济增长率，通过该国(地区)的增长率与世界经济增长率的加权获得，其中λ为增长率均值的一个测度，一般取值为0.25(Easterly、Kremer等，1993)，g_i是该国(地区)1980—2000年的平均增长率，g_w是世界经济增长率，近似等于4%。

初始资本存量(这里选择1980年)可以表示为：

$$K_{i,\ 1980} = k_i \cdot Y_{i,\ 1980}$$

其中，Y定义为实际GDP，通过上述方法即可计算出完整的资本存量序列。

附录2 样本国家(地区)及分组

第四章选择的80个国家(地区)样本及分组

分组	国家(地区)
高收入组 (45个)	澳大利亚、爱尔兰、奥地利、比利时、冰岛、丹麦、德国、法国、芬兰、加拿大、希腊、意大利、日本、韩国、卢森堡、荷兰、新西兰、挪威、葡萄牙、西班牙、瑞典、瑞士、美国、英国、以色列、新加坡、匈牙利、阿拉伯联合酋长国、智利、塞浦路斯、爱沙尼亚、克罗地亚、科威特、立陶宛、拉脱维亚、阿曼、波兰、卡塔尔、沙特阿拉伯、斯洛伐克、斯洛文尼亚、特立尼达和多巴哥、捷克、中国香港、中国台湾
中收入组 (34个)	**中高收入：**阿根廷、巴西、阿塞拜疆、保加利亚、白俄罗斯、中国、哥伦比亚、阿尔及利亚、厄瓜多尔、伊朗、哈萨克斯坦、秘鲁、俄罗斯、泰国、土库曼斯坦、马来西亚、墨西哥、罗马尼亚、南非、土耳其、委内瑞拉、伊拉克、北马其顿 **中低收入组：**印度、巴基斯坦、乌克兰、乌兹别克斯坦、越南、埃及、印度尼西亚、摩洛哥、菲律宾、斯里兰卡、孟加拉国
低收入组 (1个)	中非共和国

第四章选择的80个国家(地区)样本及分组

分组	国家(地区)
发达国家组和地区 (33个)	瑞典 挪威 芬兰 丹麦 冰岛 英国 爱尔兰 法国 荷兰 比利时 卢森堡 德国 瑞士 奥地利 意大利 西班牙 希腊 葡萄牙 马耳他 捷克 斯洛文尼亚 斯洛伐克 美国 加拿大 日本 韩国 新加坡 以色列 塞浦路斯 澳大利亚 新西兰 中国香港 中国台湾
发展中国家和地区 (46个)	阿尔及利亚 阿根廷 阿塞拜疆 孟加拉国 白俄罗斯 巴西 保加利亚 智利 中国 哥伦比亚 厄瓜多尔 埃及 爱沙尼亚 匈牙利 印度 印度尼西亚 伊朗 伊拉克 哈萨克斯特 科威特 拉脱维亚 立陶宛 马来西亚 墨西哥 摩洛哥 北马其顿 阿曼 巴基斯坦 秘鲁 菲律宾 波兰 卡塔尔 罗马尼亚 俄罗斯 沙特阿拉伯 南非 斯里兰卡 泰国 特立尼达和多巴哥 土耳其 土库曼斯坦 乌克兰 阿拉伯联合酋长国 乌兹别克斯坦 委内瑞拉 越南

续表

分组	国家(地区)
不发达国家和地区(1个)	中非共和国

参考文献

外文文献

[1]Abbott M. The Productivity and Efficiency of the Australian Electricity Supply Industry[J]. Energy Economics, 2006, 28(36): 444-454.

[2]Afriat S N. Efficiency Estimation of Production Function [J]. Internet Economic Review, 1972, 13 (3): 568-598.

[3]Ali A I, Seliford L M. Translation Invariance in Data Envelopment Analysis[J]. Operations Research letters, 1993, 9 (18): 403-405.

[4]Anderson D. Energy Efficiency and the Economists: The Case for a Policy Based on Economic Principles[J]. Annual Review of Energy and the Environment, 1995, 20 (1): 495-511.

[5]Ang B W. Decomposition of Industrial Energy Consumption: The Energy Intensity Approach[J]. Energy Economics, 1994, 24(16): 163-174.

[6]Ang B W, Zhang F Q. A Survey of Index Decomposition Analysis in Energy and Environmental Studies[J]. Energy, 2000, 25 (12): 1149-1176.

[7]Arrow K J. The Economic Implication of learning by Doing[J]. Review of Economic Studies, 1962(29): 155-173.

[8] Acemoglu Daron. Directed Technical Change [J]. Review of Economic Studies, 2002, 69(4): 781-810.

[9]Aghion Philippe, Peter Howitt. A Model of Growth through Creative Destruction[J]. Econometrica, 1992, 60(2): 323-351.

[10]Acemoglu D, Zilibotti F. Productivity Differences [J]. Quarterly Journal of Economics, 2001, 116(2): 563-606.

[11]Acemoglu D, Autor D H. Skills, Tasks and Technologies: Implications for Employment and Earnings[J]. Elsevier: Handbook of Labor Economics, 2011, 4 (B): 1043-1171.

[12]Abowd J M, Kramarz F. The Costs of Hiring and Separations [J]. Labour Economics, 2003, 10(5): 499-530.

[13] Aghion P, Howitt P. The Economics of Growth[M]. MIT Press, 2009.

[14] Amiti M, Khandelwal A K. Import Competition and Quality Upgrading[J]. Review of Economics and Statistics, 2013, 95(2): 476-490.

[15] Zhang A, Huang G Q, Liu X. Impacts of Business Environment Changes on Global Manufacturing in the Chinese Greater Pearl River Delta: A Supply Chain Perspective [J]. Applied Economics, 2012, 44(34): 4505-4514.

[16] Brandt L. Policy Perspectives from the Bottom-up: What do Firm-level Data Tell Us China Needs to Do [J]. Paper of Asia Economic Policy Conference: Policy Challenges in a Diverging Global Economy, 2016: 151-172.

[17] Brandt L, Van Biesebroeck J, Zhang Y. Creative Accounting or Creative Destruction? Firm Level Productivity Growth in Chinese Manufacturing[J]. Journal of Development Economics, 2012, 97(2): 339-351.

[18] Banker R D, Charnes A, Cooper W W. Some Models for Estimating Technical and Scale Inefficiencies in Data Envelopment Analysis[J]. Management Science, 1984, 30(9): 1078-1092.

[19] Barro R J, Sala-i-Martin X. Convergence[J]. Journal of Political Economy, 1992, 100 (2): 223-251.

[20] Battese G E, Coelli T J. A Model for Technical Inefficiency Effects in a Stochastic Frontier Production Function for Panel Data[J]. Empirical Economics, 1995(20): 325-332.

[21] Baumol W J. Productivity Growth, Convergence, and Welfare: What the Long-run Data Show[J]. The American Economic Review, 1986, 76 (5): 1072-1085.

[22] Baumol W J, Nelson R R, Wolff E N. Convergence of Productivity: Cross-national Studies and Historical Evidence[M]. Oxford University Press, 1994.

[23] Bejan A. Second-law Analysis in Heat Transfer [J]. Energy: The international Journal, 1980, 5 (8): 721-732.

[24] Benhabib J, Spiegel M M. Growth and Investment Across Countries: Are Primitive all that Matter? [R]. Federal Reserve Bank of San Fancisco, Working Paper, 1997.

[25] Berg S A, Forsund F R, Jansen E S. Malmquist Indices of Productivity Growth During the Deregulation of Norwegian Banking 1980-89[J]. Scandinavian Journal of Economics, 1992(94): 211-228.

[26] Berndt E R. Aggregate Energy, Efficiency and Productivity Measurement [J]. Review of Energy, 1978(3): 225-249.

[27] Berndt E R, Wood D O. Technology, Prices and the Derived Demand for Energy

[J]. Review of Economies and Statistics, 1975, 57(3): 259-268.

[28] Berry R S, Fels M F. Energy Cost of Automobiles[J]. Science and Public Affairs, 1973(9): 11-60.

[29] Birol B, Keppler J H. Prices, Technology Development and the Rebound Effect [J]. Energy Policy, 2000(28): 457-469.

[30] Boles J N. Efficiency Squared-efficient Computation of Efficiency Indexes [C]. Proceedings of the 39th Annual Meeting of the Western Farm Economic Association, 1966: 137-142.

[31] Boulding K E. Evolutionary Economics[M]. CA: Sage publications, 1981.

[32] Boyd G A, Pang J X. Estimation the Linkage Between Energy Efficiency and Productivity[J]. Energy Policy, 2000, 28 (5): 289-296.

[33] Brannlund R, Ghalwash T, Nordstrom J. Increased Energy Efficiency and the Rebound Effect: Effects on Consumption and Emissions [J]. Energy Economics, 2007(29): 1-17.

[34] Barro Robert, Jong-Wha Lee. International Data on Educational Attainment Updates and Implications[J]. Oxford Economic Papers, 2001, 53(3): 541-563.

[35] Basu S, Weil D N. Appropriate Technology and Growth[J]. Quarterly Journal of Economics, 1998, 113(4): 1025-1054.

[36] Blackburn M K, Neumark D. Unobserved Ability, Efficiency Wages, and Interindustry Wage Differentials [J]. Quarterly Journal of Economics, 1992, 107 (4): 1421-1436.

[37] Brandt Loren, Xiaodong Zhu. Accounting for China's Growth[J]. Institute for the Study of Labor (IZA) Discussion Paper, 2010(4764): 1-59.

[38] Cotton J L, Vollrath D A, Froggatt K L, et al. Employee Participation: Diverse Forms and Different Outcomes [J]. Academy of Management Review, 1988, 13 (1): 8-22.

[39] Card D, Cardoso A R, Heining J, Kline P. Firms and Labor Market Inequality: Evidence and Some Theory [J]. Journal of Labor Economics, 2018, 36 (1): 13-70.

[40] Chongen Bai, Jianyong Lu, Zhigang Tao. How does Privatization in China [J]. Journal of Comparative Economics, 2009, 37(3): 453-470.

[41] Cohen Daniel, Marcello Soto. Growth and Human Capital: Good Data, Good Results[J]. Journal of Economic Growth, 2007, 12(1), 51-76.

[42] Cunha F, Heckman J J, Schennach S M. Estimating the Technology of Cognitive and Noncognitive Skill Formation[J]. Econometrica, 2010, 78(3): 883-931.

[43] Cecilia Kwok, Ying Lam. Estimating Cross-country Technical Efficiency, Economic Performance and Institutions-A Stochastic Production Frontier Approach [C]. in Proceeding of 29th General Conference, Finland: Joensuu, 2006.
[44] Charnes A, Cooper W W, Rhodes E. Measuring the Efficiency of Decision-making Units[J]. European Journal of Operational Research, 1978, 3 (4): 339-383.
[45] Chien T, Hu J L. Renewable Energy and Macroeconomic Efficiency of OECD and Non-OECD Economies[J]. Energy Policy, 2007, 35 (7): 3606-3615.
[46] Chung Y H, Fare R, Grosskopf S. Productivity and Undesirable Outputs: A Directional Distance Function Approach[J]. Journal of Environmental Management, 1997, 51 (3): 229-240.
[47] Cleland A C, Earle M D, Boag I F. Application of Linear Regression to Analysis of Data from Factory Energy Survey [J]. Journal of Food Technology, 1981 (16): 481-492.
[48] Cline W R. The Economics of Global Warming[M]. Peterson Institute, 1992.
[49] Coelli T J, Rao D S P, O'Donnell C J, Battese G E. An Introduction to Efficiency and Productivity Analysis (2nd) [M]. Springer, 2005.
[50] Coelli T J. A Guide to DEAP Version 2.1: A Data Envelopment Analysis (Computer) Program [EB/OL]. Department of Econometrics, University of New England, Armidale, Australia, 1996.
[51] Collins C. Transport Energy Management Policies: Potential in New Zealand [R]. Wellington: Ministry of Commerce, 1992.
[52] Cooper W W, Seiford L M, Tone K. Data Envelopment Analysis: A Comprehensive Text with Models, Applications, References and DEA-Solver Software [M]. Springer, 2000.
[53] Daly H E. Beyond Growth: The Economics of Sustainable Development[M]. Beacon Press, 1996.
[54] Dasgupta P, Heal G M. The Optimal Depletion of Exhaustible Resources [J]. Review of Economics Studies, 1974(10): 3-28.
[55] Debreu G. The Coefficient of Resource Utilization [J]. Econometrica, 1951, 19 (3): 273-292.
[56] Denison E F. Why Growth Rates Differ: Postwar Experience in Nine Western Countries[M]. Washington: Brookings Institution Publishing, 1967.
[57] Domar E. Capital Expansion, Rate of Growth, and Employment[J]. Econometrica, 1946(14): 137-147.
[58] Duffy J, Kim M. Anarchy in the Laboratory (and the role of the state) [J]. Journal

of Economic Behavior & Organization, 2005, 56(3): 297-329.
[59] Easterly W, Kremer M, Pritchett L, Summers L H. Good Policy or Good Luck? Country Growth Performance and Temporary Shocks[R]. NBER Working Paper No. W4474, 1993.
[60] Elsadig Musa Ahmed, Geeta Krishnasamy. Are Asian Technology Gaps Due to Human Capital Quality Differences? [J]. Economic Modelling, 2013, 35(5): 51-58.
[61] Esteban J, Ray D. Social Decision Rules are not Immune to Conflict[J]. Economics of Governance, 2001, 2(1): 59-67.
[62] Erosa A, Koreshkova T, Restuccia D. How Important Is Human Capital? A Quantitative Theory Assessment of World Income Inequality[J]. Review of Economic Studies, 2010, 77(4): 1421-1449.
[63] Fan H, Lai L C, Li Y A. Credit Constraints, Quality, and Export Prices: Theory and Evidence from China[J]. Journal of Comparative Economics, 2015, 43(2): 390-416.
[64] Fox J, Smeets V. Does Input Quality Drive Measured Differences in Firm Productivity? [J]. International Economic Review, 2011, 52(4): 961-989.
[65] Fan Y, Liao H, Wei Y M. Can Market Oriented Economic Reforms Contribute to Energy Efficiency Improvement? Evidence from China[J]. Energy Policy, 2007, 35: 2287-2295.
[66] Farrell M J. The Measurement of Productivity efficiency[J]. Journal of the Royal Statistical Society, 1957(120): 253-281.
[67] Fare R, Grosskopf S, Hernandez-sancho F. Environmental performance: An Index Number Approach[J]. Resource and Energy Economics. 2004, 26(4): 343-352.
[68] Fare R, Grosskopf S, Noh D W, Weber W. Characteristics of a Polluting Technology: Theory and Practice[J]. Journal of Econometrics, 2005, 126(2): 469-492.
[69] Fare R, Grosskopf S, Lovell C A K. Production Frontiers[M]. Cambridge University Press, 1994.
[70] Fare R, Grosskopf S. In temporal Production Frontiers: With Dynamic DEA[M]. Boston: Kluwer Academic Publishers, 1996.
[71] Fare R, Grosskopf S, Carl A. Pasurka. Environment Production Function and Environment Direction Distance Functions[J]. Energy, 2007(32): 1055-1066.
[72] Fare R, Grosskopf S, Lovell C A K. The Measurement of Efficiency of Production[M]. Boston: Kluwer, 1985.

[73] Fare R, Grosskopf S, Lovell C A K, Yaisawarng S. Derivation of Shadow Prices for Undesirable Outputs: A Distance Function Approach [J]. The Review of Economics and Statistics, 1993, 75 (2): 374-380.

[74] Fare R, Lovell C A K. Measuring the Technical Efficiency of Koopmans[C]. in Activity Analysis of Production and Allocation, Cowles Commission for Research in Economics, Monograph No. 12, New York: Wiley, 1978.

[75] Fare R, Grosskopf S, Norris M, Zhang Z. Productivity Growth, Technical Progress, and Efficiency Change in Industrialized Countries [J]. The American Economic Review, 1994, 84(1): 66-83.

[76] Farrell M J. The Measurement of Productive Efficiency[J]. Journal of the Royal Statistical Society Series A, 1957, 120 (3): 253-290.

[77] Ferrier G D, Lovell C A K. Measuring Cost Efficiency in Banking: Econometric and Linear Programming Evidence[J]. Journal of Econometrics, 1990(46): 229-245.

[78] Field B C, Grebenstein C. Capital-Energy Substitution in U. S. Manufacturing[J]. Review of Economics and Statistics, 1980, 62 (2): 207-212.

[79] Fisher-Vanden K, Jefferson G H, Liu H M, Tao Q. What Is Driving China's Decline in Energy Intensity? [J]. Resource and Energy Economics, 2004(26): 77-97.

[80] Fisher-Vanden K, Jefferson G H, Jingkui M, Jianyi X. Technology Development and Energy Productivity in China[J]. Energy Economics, 2006(28): 690-705.

[81] Fisher-Vanden K. The Effects of Market Reforms on Structural Change: Implications for Energy Use and Carbon Emissions in China [J]. Energy Journal, 2003, 24 (3): 1-27.

[82] Fogel R W. A Quantitative Approach to the Study of Railroads in American Economic Growth: A Report of Some Preliminary Findings[J]. Journal of Economic History, 1962, 22(2): 163-197.

[83] Forsund F R, Hjalmarsson l. Frontier Production Functions and Technical Progress: A Study of General Milk Processing in Swedish Dairy Plants [J]. Econometrica, 1979, 47 (4): 883-900.

[84] Freeman S L, Niefer M J, Roop J M. Measuring Industrial Energy Intensity: Practical Issues and Problems[J]. Energy Policy, 1997(25): 703-714.

[85] Fuss M A. The Demand for Energy in Canadian Manufacturing: An Example of the Estimation of Production Structures with Many Inputs[J]. Journal of Econometrics, 1977, 5 (1): 89-116.

[86] Garbaccio R F, Ho M S, Jorgenson D W. Why Has the Energy-output Ratio Fallen

in China? [J]. Energy Journal, 1999, 20 (3): 63-92.

[87] Garg P C, Sweeney J L. Optimal Growth with Depletable Resources[J]. Resources and Energy, 1978(1): 43-56.

[88] Ghali K H, El-sakka. Energy Use and Output Growth in Canada: A multivariate Co- Integration Analysis[J]. Energy Economics, 2004, 26 (2): 225-238.

[89] Golany B, Roll Y. An Application Procedure for DEA [J]. Omega: The International Journal of Management Science, 1989(17): 237-250.

[90] Gollop F M, Swinand G P. From Total Factor to Total Resource Productivity: An Application to Agriculture[J]. American Journal of Agricultural Economics, 1998, 80 (3): 577-583.

[91] Griffin J, Gregory P. An Inter-country Translog Model of Energy Substitution Responses[J]. American Economic Review, 1976, 66 (5): 845-857.

[92] Groscurth H M, Kummel R, Van Gool W. Thermodynamic Limits to Energy Optimization[J]. Energy: The International Journal, 1989, 14 (2): 241-258.

[93] Gyftopoulos E P, Lazaridis L J, Widmer T F F. Potential Fuel Effectiveness in Industry: A Report to the Ford Foundation Energy Policy Project [R]. San Francisco: Ballinger Publishing Company, 1974.

[94] German Cubas, Ravikumar B, Gustavo Ventura. Talent, Labor Quality and Economic Development[J]. Review of Economic Dynamics, 2015, 20(1): 15-51.

[95] Grossman H I, Kim M. Swords or Plowshares? A Theory of the Security of Claims to Property[J]. Journal of Political Economy, 2000, 103(6): 1275-1288.

[96] Gan L, Hernandez M A, Ma S. The Higher Costs of Doing Business in China: Minimum Wages and Firms' Export Behavior[J]. Journal of International Economics, 2016(100): 81-94.

[97] Grout P A. Investment and Wages in the Absence of Binding Contracts: A Nash Bargaining Approach[J]. Econometrica, 1984, 52(2): 449-460.

[98] Garfinkel M R, Skaperdas S. Economic Perspectives on Peace and Conflict[M]. The Oxford Handbook of the Economics of Peace and Conflict, Oxford University Press, 2012.

[99] Hirshleifer D. Investor Psychology and Asset Pricing[J]. The Journal of Finance, 2001, 56 (4): 1533-1597.

[100] Hirshleifer J. The Dark Side of the Force[J]. Ucla Economics Working Papers, 1993, 11(1): 147-150.

[101] Hongbin Cai, Hanming Fang, Lixin Colin Xu. Eat, Drink, Firms, Government: An Investigation of Corruption from the Entertainment and Travel Costs of Chinese

Firms[J]. the Journal of Law & Economics, 2011, 54(1): 55-78.

[102]Hu A G Z, Peng Z, Zhao L. China As Number One? Evidence from China's most recent patenting surge [J]. Journal of Development Economics, 2016 (124): 107-119.

[103]Han X, Wei S J. Re-examining the Middle-income Trap Hypothesis (MITH): What to reject and what to revive[J]. Journal of International Money & Finance, 2017(73): 41-61.

[104] Hall Robert, Charles Jones. Why Do Some Countries Produce So Much More Output per Worker than Others? [J]. Quaterly Journal of Economics, 1999, 114 (1): 83-116.

[105]Hongbin Cai, Hanming Fang, Lixin Colin Xu. Eat, Drink, Firms, Government: An Investigation of Corruption from the Entertainment and Travel Costs of Chinese Firms[J]. The Journal of Law & Economics, 2011, 54(1): 55-78.

[106]Hayashi F. Econometrics[M]. Princeton, Princeton University Press, 2000.

[107]Halvorsen R. Energy Substitution in U. S. Manufacturing[J]. Review of Economics and Statistics, 1977, 59 (4): 381-388.

[108]Harrod R F. An Essay in Dynamic Theory[J]. Economic Journal, 1939(49): 14-33.

[109]Heston A, Summers R, Aten B. Penn World Table Version 6. 2[DB/OL]. Center for International Comparisons of Production, Income and Prices at the University of Pennsylvania, September, 2006.

[110]Hirst E. Improving Energy Efficiency in the USA: The Federal Role[J]. Energy Policy, 1991(19): 567-577.

[111]Hirst E, Fulkerson W, Carlsmith R, Wilbanks T. Improving Energy Efficiency: The Effectiveness of Government Action[J]. Energy Policy, 1982(10): 131-142.

[112]Horsley M. Engineering Thermodynamics[M]. London: Chapman and Hall, 1993.

[113]Hsieh C T, Klenow P J. Misallocation and Manufacturing TFP in China and India [J]. Quarterly Journal of Economics, 2009, 124(4): 1403-1448.

[114]Hu J L, Wang S C. Total-factor Energy of Regions in China[J]. Energy Policy, 2006(34): 3206-3217.

[115] Hu J L, Kao C H. Efficient Energy-saving Targets for APEC Economies[J]. Energy Policy, 2007, 35 (1): 373-382.

[116] Huang J P. Industry Energy Use and Structure Change: A Case Study of the People's Republic of China[J]. Energy Economics, 1993(15): 131-136.

[117] Huntington H G. Energy Economics[M]. The New Palgrave: A Dictionary of

Economics, Eatwell J, et al (Eds), The Macmillan Press, 1987.

[118] International Energy Agency. World Energy Outlook 2007 Edition[R]. http://www.worldenergyoutlook.org/2007.asp.

[119] International Federation of Institutes for Advanced Study. Energy Analysis Workshop on Methodology and Conventions [R]. IFIAS, Stockholm, Report No6, 1974.

[120] IPCC. Climate Change 2007: The Physical Science Basis of Climate Change[EB/OL]. http://www.ipcc.ch/.

[121] Islam N. Productivity Dynamics in a large Sample of Countries: A Panel Study[J]. Review of Income and Wealth, 2003(49): 247-272.

[122] Irarrazabal A, Moxnes A, Ulltveit-Moe K H. Heterogeneous Firms or Heterogeneous Workers? Implications for Exporter Premia and the Gains from Trade [J]. Review of Economics & Statistics, 2010, 95(3): 839-849.

[123] Jesper Bagger, Bent Jesper Christensen, Dale T. Mortensen Wage and Labor Productivity Dispersion: The Roles of Total Factor Productivity, Labor Quality, Capital Intensity and Rent Sharing[J]. Royal Holloway Discussion, 2014: 1-61.

[124] Jones B F. The Knowledge Trap: Human Capital and Development Reconsidered [J]. NBER Working Paper, 2008: 1-54.

[125] Jacobs P W. Forecasting Energy Requirements[J]. Chemical Engineering, 1981, 80 (6): 97-99.

[126] Jefferson G H, Rawski T G, Li W, Zheng Y X. Ownership, Productivity Change, and Financial Performance in Chinese Industry [J]. Journal of Comparative Economics, 2000(28): 786-813.

[127] Jefferson G H, Huamao B, Xiaojing G, Xiaoyun Y. R&D Performance in Chinese Industry[J]. Economics of Innovation and New Technology, 2006(15): 345-366.

[128] Jenne C A, Cattell R K. Structural Change and Energy Efficiency in Industry[J]. Energy Economics, 1983, 5 (2): 114-123.

[129] Jorgenson D W, Wilcoxen P J. Energy, the Environment, and Economic Growth [C]. Handbook of Nature Resource and Energy Economics, Elsevier, 1993.

[130] Jefferson G H. China's New Lost Generation: The Casualty of China's Economic Transformation[J]. Working Papers, 2016, 1-20.

[131] Klein Y L, Robison H D. Energy efficiency, Fuel Switching and Environmental Emissions: The Case of High Efficiency Furnaces[J]. Southern Economic Journal, 1992(58): 1088-1094.

[132] Koopmans T C. Efficient Allocation of Resource[J]. Econometrica, 1951, 19

(4): 455-465.

[133]Kumbhakar S C, Denny M, Fuss M. Estimation and Decomposition of Productivity Change when Production is not Efficient: A Panel Data Approach[J]. Econometric Reviews, 2000(4): 425-460.

[134]Krusell P, Ohanian L E, Violante G L. Capital-skill Complementarity and Inequality: A Macroeconomic Analysis [J]. Econometrica, 2000, 68 (5): 1029-1053.

[135]Khandelwal A. The Long and Short (of) Quality Ladders[J]. Review of Economic Studies, 2010, 77(4): 1450-1476.

[136]Kardanova E, Loyalka P, Chirikov I, et al. Developing Instruments to Assess and Compare the Quality of Engineering Education: The Case of China and Russia[J]. Assessment & Evaluation in Higher Education, 2016, 41(5): 1-17.

[137]Kumbhakar S C. Production Frontiers, Panel Data, and Time-varying Technical Inefficiency[J]. Journal of Econometrics, 1990(46): 201-211.

[138]Lin X, Polenske K R. Input-Output Anatomy of China's Energy Use Change in the 1980s[J]. Economic System Research, 1995, 7 (1): 67-84.

[139]Boqiang Lin, Lisha Yang, The Potential Estimation and Factor Analysis of China's Energy Conservation on Thermal Power Industry [J]. Energy Policy, 2013, 62 (1): 1590-1602.

[140]Liu W, Sharp J. DEA Models via Goal Programming [J]. Deutscher Universitätsverlag, 1999, 79-101.

[141] Liu X Q, Ang B W, Ong H L. Inter fuel substitution and decomposition of changes in industrial energy consumption[J]. Energy: The International Journal, 1992, 17 (7): 689-696.

[142]Liu Z Q. Foreign Direct Investment and Technology Spillover: Evidence from China [J]. Journal of Comparative Economics, 2002, 30 (3): 579-602.

[143]Lovell C A K. Production Frontier and Productive Efficiency? [C]. Fried H O, Lovell C A K, Schmidt S S. (Eds), The measurement of Productive Efficiency, New York: Oxford University Press, 1993: 3-67.

[144]Lucas R. Jr. On the Mechanics of Economics Development [J]. Journal of Monetary Economics, 1988, 22 (1): 3-42.

[145]Levinsohn J, Petrn N A, Estimating Production Functions Using Inputs to Control for Unobservables[J]. Review of Economic Studies, 2000, 70(2): 317-340.

[146]Luo R, Shi Y, Zhang L, et al. Nutrition and Educational Performance in Rural China's Elementary Schools: Results of a Randomized Control Trial in Shaanxi

Province [J]. Economic Development & Cultural Change, 2012, 60 (4): 735-772.
[147] Li H, Loyalka P, Rozelle S, et al. Human Capital and China's Future Growth [J]. Journal of Economic Perspectives, 2017, 31(1): 25-48.
[148] Li H, Meng L, Shi X, et al. Poverty in China's Colleges and the Targeting of Financial Aid[J]. China Quarterly, 2013(216): 970-992.
[149] Lardy N R. Markets over Mao, The Rise of Private Business in China [M]. Peterson Institute Press All Books, 2014.
[150] Liang W, Ming L U, Zhang H. Housing Prices Raise Wages: Estimating the Unexpected Effects of Land Supply Regulation in China [J]. Journal of Housing Economics, 2016(33): 70-81.
[151] Lazear E P, Rosen S. Male-Female Wage Differentials in Job Ladders[J]. Journal of Labor Economics, 1990, 8(2): 106-123.
[152] Maddison A. Growth and Slowdown in Advanced Capitalist Economics: Techniques of Quantities Assessment[J]. Economics Literature, 1987(25): 649-698.
[153] Mankiw N G, Romer D, Weil D N. A Contribution to the Empirics of Economic Growth[J]. Quarterly Journal of Economics, 1992, 107 (2): 407-437.
[154] Maudos J, Pastor J M, Serrano L. Convergence in OECD countries: Technical Change, Efficiency and Productivity [J]. Applied Economics, 2000 (32): 757-765.
[155] Maudos J, Pastor J M, Serrano L. Human Capital in OECD countries: Technical Change, Efficiency and Productivity [J]. International Review of Applied Economics, 2003, 17(4): 419-435.
[156] Meadous D H, Meadows D L, Randers J. Beyond the Limits [M]. Post Mills, VT: Chelsea Green publishing Co., 1992.
[157] Meadous D L. Limits to Growth-Report to the Club of Rome [M]. New York: University Books, 1972.
[158] Meyers S. Improving Energy Efficiency: Strategies for Supporting Sustained Market Evolution in Developing and Transitioning Countries [R]. Lawrence Berkeley laboratory, Berkeley, CA, Report LBL-41460, 1998.
[159] Miketa A, Mulder P. Energy Productivity Across Developed and Developing Countries in 10 Manufacturing Sectors: Patterns of Growth and Convergence [J]. Energy Economics, 2005(27): 429-453.
[160] Miller S M, Upadhyay M P. Total Factor Productivity and the Convergence Hypothesis[J]. Journal of Marcroeconomics, 2002, 24 (2): 267-286.

[161] Michael B, Cheng H M H P. Estimation and Inference in Short Panel Vector Autoregression with Unit Roots and Cointegration[J]. Econometric Theory, 2005, 21(4): 795-837.

[162] Nunnally J C. Psychometrics Methods[M]. New York: McGraw-Hill Company, 1978.

[163] Patterson M G. An Accounting Framework for Decomposition the Energy-to-GDP Ratio into its Structural Components of Change[J]. Energy: The International Journal, 1993, 18 (7): 741-761.

[164] Patterson M G. What is Energy Efficiency? Concepts, Indicators and Methodological Issues[J]. Energy Policy, 1996, 24 (5): 377-390.

[165] Reister D B. The Link Between Energy and GDP in Developing Countries[J]. Energy: The International Journal, 1987, 12 (6): 427-433.

[166] Reitler W, Rudolf M, Schaefer H. Analysis of the Factor Influencing Energy Consumption in Industry: A Revised Method[J]. Energy Economics, 1987, 9 (3): 145-148.

[167] Renshaw E F. Energy Efficiency and the Slump in Labour Productivity in the USA [J]. Energy Economics, 1981, 3 (1): 36-42.

[168] Richard G, Adam B. The Induced Innovation Hypothesis and Energy-saving Technological Change [J]. Quarterly Journal of Economics, 1999, 114 (3): 941-975.

[169] Romer P M. Increasing Returns and Long Run Growth[J]. Journal of Political Economy, 1986, 94(5): 1002-1037.

[170] Romer Paul. Endogenous Technological Change[J]. Journal of Political Economy, 1990, 98(3): 71-102.

[171] Samuels G. Potential Production of Energy Cane for Fuel in the Caribbean[J]. Energy Progress, 1984(4): 249-251.

[172] Shi Y, Zhang L, Yue M, et al. Dropping Out of Rural China's Secondary Schools: A Mixed-methods Analysis [J]. China Quarterly, 2015 (224): 1048-1069.

[173] Svejnar J. Bargaining Power, Fear of Disagreement, and Wage Settlements: Theory and Evidence from US Industry [J]. Econometrica, 1986, 54 (5): 1055-1078.

[174] Schott P, Across-Product versus Within-Product Specialization in International Trade[J]. Quarterly Journal of Economics, 2004, 119(2): 647-678.

[175] Serge Coulombe, Gilles Grenier, Serge Nadeau. Human Capital Quality and the

Immigrant Wage Gap[J]. IZA Journal of Migration, 2014, 3(1): 1-22.
[176] Shastry G K, Weil D N. How Much of Cross-Country Income Variation Is Explained by Health? [J]. Journal of the Eutope Economic Association, 2002, 1 (2): 387-396.
[177] Schmidt P, Sickles P C. Production Frontiers and Panel Data[J]. Journal of Business and Economic Statistics, 1984, 2 (4): 367-374.
[178] Schumpter J A. The Theory of Economic Development[M]. Cambridge, MA: Harvard University Press, 1934.
[179] Schurr S H. Energy Use, Technological Change and Productive Efficiency: An Economic-Historical Interpretation[J]. Annual Review of Energy, 1984 (9): 409-451.
[180] Shephard R W. Theory of Cost and Production Function[M]. Princeton: Princeton University Press, 1970.
[181] Sinton J E, Fridley D G. What Goes Up: Recent Trends in China's Energy Consumption[J]. Energy Policy, 2000(28): 671-687.
[182] Sinton J E, Levince M D. Changing Energy Intensity in Chinese Industry: The Relative Importance of Structure Shifts and Intensity Change[J]. Energy Policy, 1994, 22 (3): 239-255.
[183] Sinton J E, Levine M D, Wang Q Y. Energy efficiency in China: Accomplishments and Challenges[J]. Energy Policy, 1998(26): 813-829.
[184] Solow R M. A Contribution to the Theory of Economic Growth[J]. Quarterly Journal of Economics, 1956, 71 (1): 603-613.
[185] Stieglitz J E. Growth with Exhaustible Natural Resource: The Competitive Economy [J]. Review of Economic Studies, 1974(41): 139-152.
[186] Thomas Bolli, Mathias Zurlinden. Measuring Growth of Labor Quality and the Quality-Adjusted Unemployment Rate in Switzerland[J]. Applied Economics Quarterly, 2009(55): 121-145.
[187] Troske K R. Evidence on the Employer Size-Wage Premium from Worker-Establishment Matched Data[J]. Review of Economics & Statistics, 1999, 81 (1): 15-26.
[188] Torrie R D, Stone C. Understanding Energy Systems Change in Canada: 1. Decomposition of Total Energy Intensity[J]. Energy Economics, 2016, 56(2): 101-106.
[189] Troske K R. Evidence on the Employer Size-Wage Premium from Worker Establishment Matched Data[J]. Review of Economics and Statistics, 1999, 81

(1): 15-26.

[190]Wei S J, Xie Z, Zhang X. From ‘Made in China’ to ‘Innovated in China’: Necessity, Prospect, and Challenges[J]. NBER Working Papers, 2017, 31(1): 49-70.

[191]Wang Y, Yao Y D. Sources of China's Economics Growth 1952-1999: Incorporating Human Capital Accumulation[J]. China Economic Review, 2003, 14(2): 32-52.

[192]Wooldridge J. Econometric Analysis of Cross Section and Panel Data[M]. Cambridge, MIT Press, 2010.

[193]Wang H J, Ho C W, Estimating Fixed-effect Panel Stochastic Frontier Models by Model Transformation[J]. Journal of Econometrics, 2010, 157(2): 286-296.

[194]Wei Y M, Liang Q M, Ying F A. Scenario Analysis of Energy Requirements and Energy Intensity for China's Rapidly Developing Society in the Year 2020[J]. Technological Forecasting and Social Changes, 2006, 73(4): 405-421.

[195]Wei C, Shen M H. Impact Factors of Energy Productivity in China: An Empirical Analysis[J]. Chinese Journal of Population, Resources and Environment, 2007, 5(2): 28-33.

[196]Wei S J, Xie Z, Zhang X. From ‘Made in China’ to ‘Innovated in China’: Necessity, Prospect, and Challenges[J]. NBER Working Papers, 2017, 31(1): 49-70.

[197]Xiaobei Li, Xin Qin, Kaifeng Jiang, Sanbao Zhang, Fei-Yi GaoHuman. Resource Practices and Firm Performance in China: The Moderating Roles of Regional Human Capital Quality and Firm Innovation Strategy[J]. Management and Organization Review, 2015, 11(2): 237-261.

[198]Yi H, Zhang L, Luo R, et al. Dropping Out: Why are Students Leaving Junior High in China's Poor Rural Areas? [J]. International Journal of Educational Development, 2012, 32(4): 555-563.

[199]Zhang Z X. Why Has the Energy Intensity Fallen in China's Industrial Sector in the 1990s? The Relative Importance of Structure Change and Intensity Change[J]. Energy Economics, 2003, 25: 625-638.

[200]Zhou P, Ang B W, Poh K L. A Survey of Data Envelopment Analysis in Energy and Environmental Studies[J]. European Journal of Operational Research, 2008, 189(1): 1-18.

[201]Zhou P, Ang B W, Zhou D Q. Measuring Economy-wide Energy Efficiency Performance: A Parametric Frontier Approach[J]. Applied Energy, 2012(90):

196-200.

中文文献

[1]白旭云，王砚羽，苏欣．研发补贴还是税收激励——政府干预对企业创新绩效和创新质量的实证分析[J]. 科研管理，2019(6)：9-18.
[2]陈雯，孙照吉．劳动力成本与企业出口二元边际[J]. 数量经济技术经济研究，2016(9)：22-39.
[3]陈维涛，王永进，李坤望．地区出口企业生产率、二元劳动力市场与中国的人力资本积累[J]. 经济研究，2014（1）：83-96.
[4]陈维涛，王永进，毛劲松．出口技术复杂度、劳动力市场分割与中国的人力资本投资[J]. 管理世界，2014（2）：6-20.
[5]陈钊，陆铭，金煜．中国人力资本和教育发展的区域差异：对于面板数据的估算[J]. 世界经济，2004（12）：25-31，77.
[6]陈红敏．包含工业生产工程碳排放的产业部门隐含碳研究[J]. 中国人口·资源与环境，2009(6)：25-30.
[7]蔡昉．中国经济增长如何转向全要素生产率驱动型[J]. 中国社会科学，2013(1)：56-71，206.
[8]蔡昉．人口转变、人口红利与刘易斯拐点[J]. 经济研究，2010（4）：4-13.
[9]蔡昉，都阳，王美艳．经济发展方式转变与节能减排内在动力[J]. 经济研究，2008(6)：4-11，36.
[10]成刚．数据包络分析方法与 MaxDEA 软件[M]. 北京：知识产权出版社，2014.
[11]查建平，唐方方，别念民．结构性调整能否改善碳排放绩效？——来自中国省级面板数据的证据[J]. 数量经济技术经济研究，2012(11)：18-33.
[12]钞小静，沈坤荣．城乡收入差距、劳动力质量与中国经济增长[J]. 经济研究，2014（6）：30-43.
[13]代谦，别朝霞．FDI、人力资本积累与经济增长[J]. 经济研究，2006（4）：15-27.
[14]戴彦德，朱跃中．应慎重看待能源效率水平评价的国际比较[J]. 石油与化工节能，2005(12)：6-8，78.
[15]段文斌，余泳泽．全要素生产率增长有利于提升我国能源效率吗？——基于35个工业行业面板数据的实证研究[J]. 产业经济研究，2011(7)：78-88.
[16]丁锋，姚新超．外商投资、技术溢出与能源效率[J]. 工业技术经济，2018(6)：154-160.
[17]戴觅，余淼杰，Madhura Maitra. 中国出口企业生产率之谜：加工贸易的作用

[J]. 经济学, 2014 (2): 675-698.
[18]高建刚. 基于SBM模型的中国省际全要素能源效率和污染排放效率研究[J]. 产业经济评论, 2014(5): 51-64.
[19]高辉, 吴昊. 区域工业能源效率差异研究——基于产业结构与技术进步的视野[J]. 贵州财经大学学报, 2014(3): 58-64.
[20]高振宇, 王益. 我国能源生产率的地区划分及影响因素分析[J]. 数量经济技术经济研究, 2006(9): 46-57.
[21]国家发展改革委员会, 国家统计局. 千家企业能源利用状况公报(2007)[R]. http://www.eri.org.cn/manage/englishfile/80-2007-10-11-804695.pdf.
[22]干春晖, 郑若谷, 余典范. 中国产业结构变迁对经济增长和波动的影响[J]. 经济研究, 2011 (5): 4-16, 31.
[23]侯丹丹. 中国省际能源效率和排放效率的收敛性研究[J]. 哈尔滨商业大学学报(社会科学版), 2016(5): 41-52.
[24]韩智勇, 魏一鸣, 范英. 中国能源强度与经济结构变化特征研究[J]. 数理统计与管理, 2004(1): 1-6, 52.
[25]何洁. 外商直接投资对中国工业部门外溢效应的进一步精确量化[J]. 世界经济, 2000(12): 29-36.
[26]何亦名. 成长效用视角下新生代农民工的人力资本投资行为研究[J]. 中国人口科学, 2014 (8): 58-69, 127.
[27]胡鞍钢, 郑京海, 高宇宁, 张宁, 许海萍. 考虑环境因素的省级技术效率排名(1999—2005)[J]. 经济学季刊, 2008(4): 158-185.
[28]胡鞍钢, 鄢一龙, 杨竺松. 关于"十三五"规划基本思路的建议[J]. 经济研究参考, 2013(10): 71-78.
[29]胡一帆, 宋敏, 郑红亮. 所有制结构改革对中国企业绩效的影响[J]. 中国社会科学, 2006(4): 50-64.
[30]何枫, 祝丽云, 马栋栋, 姜维. 中国钢铁企业绿色技术效率研究[J]. 中国工业经济, 2015(7): 84-98.
[31]蒋昆, 王宝玲. 可再生能源替代率、能源效率与宏观经济效应[J]. 统计与决策, 2023(4): 108-113.
[32]蒋金荷. 提高能源效率与经济结构调整的策略分析[J]. 数量经济技术经济研究, 2004(10): 16-23.
[33]金三林. 能源约束对我国潜在产出增长的影响及对策[J]. 改革, 2006(10): 36-42.
[34]李彦华, 焦德坤. 数字化水平对区域能源效率差异影响的实证研究[J]. 系统工程, 2021(7): 1-13.

[35]李小胜，安庆贤，申真．“十二五”时期中国能源全要素生产率研究[J]．系统工程理论与实践，2017(6)：1489-1498.
[36]李春霄，王晓娟，何珊．产业结构合理化对全要素能源效率的影响研究——一个非径向DEA模型分析框架[J]．工业技术经济，2017(5)：147-155.
[37]李磊，等．中国最低工资上升是否导致了外资撤离[J]．世界经济，2019(8)：97-120.
[38]李兰冰．中国能源绩效的动态演化、地区差距与成因识别——基于一种新型全要素能源生产率变动指标[J]．管理世界，2015(11)：40-52.
[39]李春顶．中国出口企业是否存在“生产率悖论”：基于中国制造业企业数据的检验[J]．世界经济，2010 (7)：64-81.
[40]李向东，李南，白俊红，谢忠秋．高技术产业研发创新效率分析[J]．中国软科学，2011 (2)：52-61.
[41]李廉水，周勇．技术进步能提高能源效率吗？——基于中国工业部门的实证检验[J]．管理世界，2006(10)：82-89.
[42]李斌，赵新华．中国全要素生产率的估算：1979—2006[J]．统计与决策，2009(14)：103-105.
[43]黎文靖，郑曼妮．实质性创新还是策略性创新？——宏观产业政策对微观企业创新的影响[J]．经济研究，2016(4)：60-73.
[44]刘伟，张立元．经济发展潜能与人力资本质量[J]．管理世界，2020(1)：8-24，230.
[45]罗世华，王栋．碳交易政策对省域全要素能源效率的影响效应[J]．经济地理，2022(7)：53-61.
[46]林伯强．电力消费与中国经济增长：基于生产函数的研究[J]．管理世界，2003(11)：18-27.
[47]林伯强，杜克锐．要素市场扭曲对能源效率的影响[J]．经济研究，2013(9)：125-136.
[48]林毅夫，刘培林．中国经济发展战略与地区收入差距[J]．经济研究，2003(3)：19-25，89.
[49]刘红玫，陶全．大中型工业企业能源密度下降的动因探析[J]．统计研究，2002(9)：30-34.
[50]刘伟，李绍荣．所有制变化与经济增长和要素效率提升[J]．经济研究，1995(7)：3-9，93.
[51]刘小玄．国有企业与非国有企业的产权结构及其对效率的影响[J]．经济研究，1995(7)：11-20.
[52]刘小玄．中国工业企业的所有制结构对效率差异的影响——1995年全国工业

企业普查数据的实证分析[J]. 经济研究，2000(2)：17-25，78-79.
[53]刘小玄，李利英. 企业产权变革的效率分析[J]. 中国社会科学，2005(2)：4-16，204.
[54]刘小玄. 民营化改革制对中国产业效率的效果分析——2001 年全国普查工业数据分析[J]. 经济研究，2004(8)：16-26.
[55]刘小玄，李双杰. 制造业企业相对效率的度量和比较及其外生决定因素(2000—2004)[J]. 经济学(季刊)，2008(4)：843-868.
[56]鲁晓东，连玉君. 中国工业企业全要素生产率估计：1999—2007[J]. 经济学(季刊)，2012(2)：541-558.
[57]陆雪琴，文雁兵. 偏向型技术进步、技能结构与溢价逆转——基于中国省级面板数据的经验研究[J]. 中国工业经济，2013(10)：18-30.
[58]刘青，张超，吕若思. 跨国公司在华溢出效应研究：人力资本的视角[J]. 数量经济技术经济研究，2013 (9)：20-36.
[59]罗楚亮，李实. 人力资本、行业特征与收入差距——基于第一次全国经济普查资料的经验研究[J]. 管理世界，2007 (10)：19-30，171.
[60]罗勇，王亚，范祚军. 异质型人力资本、地区专业化与收入差距——基于新经济地理学视角[J]. 中国工业经济，2013 (2)：31-43.
[61]聂辉华，江艇，杨汝岱. 中国工业企业数据库的使用现状和潜在问题[J]. 世界经济，2012 (5)：142-158.
[62]马飒. 劳动力成本上升削弱了中国出口优势吗——基于不同贸易方式和地区的比较研究[J]. 财贸研究，2015(4)：47-56.
[63]马草原，朱玉飞，李廷瑞. 地方政府竞争下的区域产业布局[J]. 经济研究，2021(4)：141-156.
[64]彭水军，包群. 中国经济增长与环境污染——基于广义脉冲响应函数法的实证研究[J]. 中国工业经济，2006(5)：15-23.
[65]齐建国. 中国经济高速增长与节能减排目标分析[J]. 财贸经济，2007(10)：3-9，128.
[66]齐志新，陈文颖，吴宗鑫. 工业轻重结构变化对能源消费的影响[J]. 中国工业经济，2007(2)：35-42.
[67]邱东，陈梦根. 中国不应在资源消耗问题上过于自责——基于“资源消耗层级论”的思考[J]. 统计研究，2007(2)：14-26.
[68][美]乔舒亚·安格里斯特，约恩-斯特芬·皮施克. 基本无害的计量经济学：实证研究者指南[M]. 郎金焕，李井奎，译. 上海：上海三联书店，2012.
[69]饶品贵，岳衡，姜国华. 经济政策不确定性与企业投资行为研究[J]. 世界经济，2017(2)：27-51.

[70]村上直树，申寅荣．中国企业的效率和生产率及其决定因素——基于包络线分析的讨论[J]. 世界经济文汇，2006(5)：1-20.
[71]沈坤荣，李剑．中国贸易发展与经济增长影响机制的经验研究[J]. 经济研究，2003(5)：32-40，56-92.
[72]师傅，沈坤荣．市场分割下的中国全要素能源效率：基于超效率 DEA 方法的经验分析[J]. 世界经济，2008(9)：49-59.
[73]孙广生，杨先明，黄玮．中国工业行业的能源效率(1987—2005)——变化趋势、节能潜力与影响因素研究[J]. 中国软科学，2011(11)：29-39.
[74]施发启．对我国能源消费弹性系数变化及成因的初步分析[J]. 统计研究，2005(5)：8-11.
[75]施炳展，冼国明．要素价格扭曲与中国工业企业出口行为[J]. 中国工业经济，2012(2)：47-56.
[76]宋立刚，姚洋．改制对企业绩效的影响[J]. 中国社会科学，2005(2)：17-31，204.
[77]孙刚．污染、环境保护和可持续发展[J]. 世界经济文汇，2004(5)：47-58.
[78]史丹，吴利学，傅晓霞，吴滨．中国能源效率地区差异及其成因研究——基于随机前沿生产函数的方差分解[J]. 管理世界，2008(2)：35-43.
[79]史丹．中国经济增长过程中能源利用效率的改进[J]. 经济研究，2002(9)：49-56，94.
[80]史丹．中国能源效率的地区差异与节能潜力分析[J]. 中国工业经济，2006(10)：49-58.
[81]史丹．中国能源需求的影响因素分析[D]. 武汉：华中科技大学，2003.
[82]申广军．比较优势与僵尸企业：基于新结构经济学视角的研究[J]. 管理世界，2016(12)：13-24，187.
[83]邵帅，张可，豆建民．经济集聚的节能减排效应：理论与中国经验[J]. 管理世界，2019(1)：36-60，226.
[84]涂正革，肖耿．中国的工业生产力革命——用随机前沿生产模型对中国大中型工业企业全要素生产率增长的分解及分析[J]. 经济研究，2005(3)：4-15.
[85]涂正革．全要素生产率与区域工业的和谐快速发展——基于 1995—2004 年 28 个省市大中型工业的非参数生产前沿分析[J]. 财经研究，2007(12)：90-102.
[86]涂正革．环境、资源与工业经济增长的协调性[J]. 经济研究，2008(2)：93-105.
[87]魏楚，郑新业．能源效率提升的新视角——基于市场分割的检验[J]. 中国社会科学，2017：90-111，206.
[88]王军，李宏伟，苏展波. 工业集聚与绿色能源效率提升——基于黄河流域的实

证分析[J]. 工业技术经济，2023(4)：117-123.
[89]王兵，吴延瑞，颜鹏飞．中国区域环境效率与环境全要素生产率增长[J]. 经济研究，2010(5)：95-109.
[90]王春雷，林瑞跃．基于超效率 DEA 模型的能源效率评价方法及其应用[J]. 温州大学学报(自然科学版)，2019(2)：22-29.
[91]王兵，颜鹏飞．中国的生产率与效率：1952—2000——基于时间序列的 DEA 分析[J]. 数量经济技术经济研究，2006 (8)：22-30.
[92]王立军，胡耀岭，马文秀．中国劳动质量与投入测算：1982—2050——基于偏好惯性视角的四维测算方法[J]. 中国人口科学，2015 (3)：55-68，127.
[93]王秋实．人力资本积累的劳动供给效应：结构视角的研究[D]. 杭州：浙江大学，2013.
[94]吴明隆．SPSS 统计应用实务：问卷分析与应用统计[M]. 北京：科学出版社，2010.
[95]吴延兵，刘霞辉．人力资本与研发行为——基于民营企业调研数据的分析[J]. 经济学(季刊)，2009 (4)：1567-1590.
[96]汪晓文，慕一君．中国省际环境技术效率及收敛性分析[J]. 统计与决策，2019(4)：88-92.
[97]王兵，颜鹏飞．技术效率、技术进步与东亚经济增长——基于 APEC 视角的实证分析[J]. 经济研究，2007(5)：91-103.
[98]王庆一．中国的能源效率及国际比较[J]. 节能与环保，2005(6)：10-13.
[99]王玉潜．能源消耗强度变动的因素分析及其应用[J]. 数量经济技术经济研究，2003(8)：151-154.
[100]王志刚，龚六堂，陈玉宇．地区间生产效率与全要素生产增长率分解(1978—2003)[J]. 中国社会科学，2006(2)：55-66，206.
[101]王少平，杨继生．中国工业能源调整的长期战略与短期措施[J]. 中国社会科学，2006(4)：88-96，207.
[102]魏楚，沈满洪．能源效率及其影响因素：基于 DEA 的实证分析[J]. 管理世界，2007 (8)：66-76.
[103]魏楚，沈满洪．能源效率与能源生产率：一个基于 DEA 方法的省级比较[J]. 数量经济技术经济研究，2007(9)：110-121.
[104]魏楚，沈满洪．工业绩效、技术效率及其影响因素——基于 2004 年浙江省经济普查数据的实证分析[J]. 数量经济技术经济研究，2008(7)：18-30.
[105]魏楚，沈满洪．结构调整能否改善能源效率：基于中国省级数据的研究[J]. 世界经济，2008(11)：77-85.
[106]魏峰，荣兆梓．竞争性领域国有企业与非国有企业技术效率的比较和分

析——基于2000—2009年20个工业细分行业的研究[J]. 经济评论，2012(5)：75-81.
[107]吴巧生，成金华，王华. 中国工业化进程中的能源消费变动——基于计量模型的实证分析[J]. 中国工业经济，2005(4)：30-37.
[108]吴巧生，成金华. 中国能源消耗强度变动及因素分解：1980—2004[J]. 经济理论与经济管理，2006(10)：34-40.
[109]谢科进. 劳动力成本上升对我国吸引FDI的影响研究[J]. 管理世界，2018(7)：166-167.
[110]徐舒，左萌，姜凌. 技术扩散、内生技术转化与中国经济波动——一个动态随机一般均衡模型[J]. 管理世界，2011(3)：22-31，187.
[111]夏良科. 人力资本与R&D如何影响全要素生产率——基于中国大中型工业企业的经验分析[J]. 数量经济技术经济研究，2010(4)：78-94.
[112]杨刚强，李梦琴. 财政分权、政治晋升与能源生态效率提升——基于中国257个城市的实证[J]. 宏观经济研究，2018(8)：41-51.
[113]杨高举，黄先海. 中国会陷入比较优势陷阱吗？[J]. 管理世界，2014(5)：5-22.
[114]袁开洪. 中国制造业发展与劳动力质量优化配置研究[D]. 武汉：华中科技大学，2006.
[115]杨红亮，史丹. 能源研究方法和中国各地区能源效率的比较[J]. 经济理论与经济管理，2008(3)：12-20.
[116]杨文举. 技术效率、技术进步、资本深化与经济增长：基于DEA的经验分析[J]. 世界经济，2006(5)：73-83，96.
[117]于峰，齐建国. 开放经济下环境污染的分解分析——基于1990—2003年间我国各省市的面板数据[J]. 统计研究，2007(1)：47-53.
[118]姚洋，章奇. 中国工业企业技术效率分析[J]. 经济研究，2000(10)：13-19，28-95.
[119]姚战琪，夏杰长. 资本深化、技术进步对中国就业效应的经验分析[J]. 世界经济，2005(1)：58-67，80.
[120]尹宗成，丁日佳，江激宇. FDI、人力资本、R&D与中国能源效率[J]. 财贸经济，2008：95-98.
[121]闫坤，刘陈杰. 我国“新常态”时期合理经济增速测算[J]. 财贸经济，2015(1)：17-26.
[122]杨汝岱. 中国制造业企业全要素生产率研究[J]. 经济研究，2015(2)：61-74.
[123]张杰，郑文平. 创新追赶战略抑制了中国专利质量么[J]. 经济研究，2018

(5): 28-41.
[124]章祥荪，贵斌威．中国全要素生产率分析：Malmquist 指数评述与应用[J]. 数量经济技术经济研究，2008(6)：111-122.
[125]周春应，杨红强．中国工业能源利用效率的行业差异与节能潜力研究[J]. 山西财经大学学报，2013(9)：84-93.
[126]张车伟，薛欣欣．国有部门与非国有部门工资差异及人力资本贡献[J]. 经济研究，2008 (4)：15-25，65.
[127]张涛，张若雪．人力资本与技术采用：对珠三角技术进步缓慢的一个解释[J]. 管理世界，2009 (2)：75-82.
[128]朱美峰，韩泽宇．中国产业结构升级、全要素能源效率与碳排放(英文)[J]. Journal of Resources and Ecology，2023(4)：445-453.
[129]朱钟棣，李小平．中国工业行业资本形成、全要素生产率变动及其趋异化——基于分行业面板数据的研究[J]. 世界经济，2005(9)：51-62.
[130]中国能源发展战略与政策研究课题组．中国能源发展战略与政策研究[M]. 北京：经济科学出版社，2004.
[131]赵丽霞，魏巍贤．能源与经济增长模型研究[J]. 预测，1998(11)：32-35，49.
[132]曾先锋，李先国．各地区的农业生产率与收敛：1980—2005[J]. 数量经济技术经济研究，2008(5)：81-92.
[133]张建波，张丽．中国外资工业企业全要素生产率的增长特征及其空间差异——基于2001—2007年省域面板数据的随机前沿分析[J]. 当代经济科学，2015(3)：67-73，126.

后　记

时光如梭，几经周折，这篇书稿终于中得以完成，其中多少艰辛惆怅，想起总会令人驻足良久，不能自已。

总是回首2002在武汉大学高级研究中心基地班旁听学习现代经济学和数学；2004年秋考入武汉大学读经济学硕士，师从严清华教授，感谢严老师的言传身教；2007年秋怀着梦想与忐忑再次踏入武汉大学，从事博士阶段学习，跟随谭崇台先生学习发展经济学。谭崇台先生品行高洁、视野开阔、心态包容、治学严谨，从学术到生活上都给予了我巨大的帮助和指导，心内犹存感激之情。

感谢同学刘玮博士在书稿成文过程中付出辛勤汗水，在相互的学术讨论和课题研究中，收益良多。在撰写过程中，车瑞副教授、李唐副教授、彭国洪书记、宋新辉校长、廖金玲校长、朱幼恩主任、尹冬梅教授和战国强院长等学者给予了我宝贵的建议和帮助，郑酌基和尹玉平同学在数据收集和分析上对文章提出了独到的见解，同时，也对朱占峰教授、王任祥教授、朱锡明书记、王世表副教授、邵万青副教授、郭跃教授、王沫文硕士、王擎辉博士、柯戈硕士、徐海博士、林超博士、邓文博教授、周杨蕾硕士、王晓玥硕士、林璇华老师、彭星元主任、张向东主任、裴祥静硕士、巫威眺副教授、伍志杰和王晓威在工作中的支持，在此一并表示衷心的感谢。

此书得以顺利出版，感谢浙江省哲学社会科学规划基金的资助和宁波工程学院的大力支持，也感谢广东省教育厅教育规划课题(2022GXJK516)的资助，在此一并表示衷心的感谢！最后，感谢我的家人，也感谢关心和帮助过我的朋友和同学王重阳、陈金坤、任杰和李义鹏，和你们在一起我是开心和快乐的。

经济学著述汗牛充栋，惶恐之余，恳请方家多予正谬。

余祖伟

广东生态工程职业学院

2023年5月30日